시크한 보라고양이의 핸드메이드

유쾌한 수다
바느질 교실

시크한 보라고양이의 핸드메이드

유쾌한 수다
바느질 교실

조애희

리얼북스
RealBooks

우연 그리고 인연

저는 사진 찍기를 아주 좋아했던 광고장이입니다. 그런데 회사를 운영하다 보니 사진기를 둘러메고 밖으로 나가기가 쉽지 않았죠. 지금 생각해보면 사진 찍는 걸 좋아했다기 보다 저만의 취미를 갖고자 하는 게 더 컸던 것 같아요. 그래서 찾게 된 나만의 취미들…. 캘리그라피와 포장, 인형 만들기, 가죽으로 가방 만들기, 그리고 제가 제일 못하는 요리까지, 이곳저곳을 기웃거리며 어지간히 많은 시간을 보냈더랍니다.

그러다 우연히 잡게 된 자그마한 바늘, 정말 심심한 나머지 회사에서 바느질을 시작한 거죠. 세상에! 재밌어도 정말, 너무 재미있더라고요. 이렇게 재미있는 걸 나 혼자 알고 있는 게 너무 아깝다는 생각이 들어, 사무실에서 그냥 놀고 있는 3미터도 훌쩍 넘는 테이블 위에 놓고 사진을 찍으며, 블로그에 혼자서 막 자랑질을 시작했어요.

어쩌다 보니 블로그는 조금씩 알려지게 되었고, 제가 만든 가방을 보았던 이웃 몇몇 분이 제게 바느질을 좀 알려줄 수 없느냐며 저를 찾아오시길 몇 번, '아~~~ 그냥 나 바느질 교실을 열까?' 혼자서 고민하고 고민하다가 블로그에 무작정 수다 바느질 교실을 시작한다고 공지를 했어요. 그랬더니 이렇게 저렇게 해서 저를 찾아오는 분들과 바느질을 하면서 하나둘씩 인연이라는 걸 쌓아가기 시작했죠. 지금도 수다 바느질 교실에서 알게 된 인연과 수다모임이라는 이름으로 매달 만나고 있답니다. 제가 우연히 알게 된 바늘이 지금의 인연을 만들어 준 거죠.

배움과 나눔

워낙에 시크한 성격이던 저는 남들과 잘 소통하는 편이 아니었어요. 지인들의 페이스북이나 카카오스토리에도 댓글 한 번 제대로 남긴 적 없는 그런 무심한 사람이었으니까요. 그런 제가 블로그를 통해 이웃이란 인연을 맺게 된 분들과 편안하고 자연스럽게 이야기를 하는 거예요. 그들의 글에 답글을 달고 또 그 답글에 또 답글을 달며, 어느새 저는 이웃들과 활발히 소통하고 있더라고요. 그러면서 저는 조금씩 조금씩 배웠습니다. 내가 먼저 다가가는 방법을요. 저란 사람 지금은 아주 많이 달라졌어요. 우리 이웃님들에게 배우고 또 그 이웃님들에게 저만이 알고 있는 것들을 나누며, 그렇게 정말로 보라가 되어가고 있더라고요. 여러분 감사하고 정말 고맙습니다.

감사 더하기 행복

이번에 책을 내면서 단 한 번의 투덜거림 없이 묵묵히 몇 달 동안 촬영을 해 준 동생에게도 고맙고, 늦은 밤까지 가방을 만든다며 밥 한 번 제대로 못 챙겨줘도 여전히 그런 엄마가 자랑스럽다며 저를 응원해줬던 두 딸도 감사하고, 요리 솜씨 없는 각시 만나서 혼자 고생해야 했던 남편도 고맙네요. 그리고 며느리가 책을 쓴다고 밤마다 전화하셔서 저녁은 챙겨 먹으며 해야 한다고 늘 격려를 해주셨던 우리 어머니, 감사합니다. 책을 쓰다가 중간에 조금 아파서 멈췄을 때 우리 이웃님들의 응원 메시지도 많은 힘이 되었고요.

정말 다들 너무 감사합니다.

여러분이 있어서 저 많이 행복한 거 아시죠?

이번 책은 모든 과정을 사진으로 보여주었습니다. 밑에 글을 읽지 않아도 사진만으로 충분히 만들 수 있게 했는데 여러분이 보기엔 어떨지 모르겠습니다. 과정 사진을 하나라도 더 넣기 위해 여러분이 기본적으로 알아야 할 간단한 팁들은 제가 알고 있는 수준에서 최소한으로 실었습니다. 부족함이 많은 책이지만 가방과 소품을 만드는 데 도움이 되었으면 하구요. 책을 봐도 잘 모르는 부분이 있으면 언제라도 제게 연락을 주세요. 성심성의껏 도와드리겠습니다.

감사합니다.

가을, 시크한 보라고양이가

contents

원단 사이즈

원단을 주문할 때는 이렇게 마 단위로 주문을 하게 되는
데요. 식서방향을 잘 확인하고 재단하세요.

원단의 방향

· 식서–원단 길이 방향이며 늘어나지 않아요
· 재단을 하실 때 식서방향을 지켜주어야 제품이 틀어지지 않
  습니다.
· 푸서–원단 폭 방향이고 원단이 늘어 난답니다.
· 바이어스–원단은 45도로 신축성이 좋아 곡선 처리를 할 때
  사용합니다.

리퍼

자그마한 구멍을 낼 때도 좋고
하다가 망친 부분을 다시 뜯을 때도 좋아요.

쪽가위

실을 자를 때 사용하는
우리들의 필수품이네요.

자수용 가위(4인치)

겸자

작은 작품에서 창구멍으로 뒤집을
때 사용하면 좋고, 인형 만들 때도
사용한답니다.
저는 가위마다 제것을 표시하기
위해 빨간실로 묶어두었어요.

킹어가위(8인치)

세상에 이렇게 좋은 가위도
있나 싶을 만큼 좋아요.

화이트마카펜

어두운 원단에 사용하면 잘 보입니다.
다림질 할 때 지워지는 사실을
잊으면 안돼요.

보빈 보관함과 핀쿠션

미싱할 때 늘 곁에 두는 고마운 녀석. 핀
을 절대로 잃어버릴 일이 없어요.

수성펜

재단선을 그릴 때
사용하는 펜입니다.
분무기로 뿌려주면 다 지워져요.

카리스마 샤프펜 0.9mm

검정, 하양, 핑크 이렇게 세가지 색
깔로 된 샤프펜입니다.
물로 지워지는 펜이라서 좋아요.

시접라이너

곡선의 시접을 그릴때 따로 시접을 잴
필요없이 필요한 사이즈의 라이너를
도안에 끼워서 펜과 함께 굴리면 쉽게
시접라인을 그릴 수 있습니다.

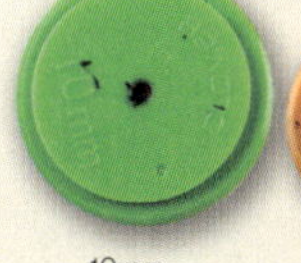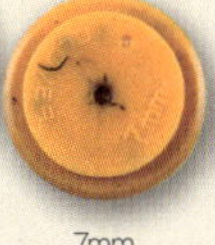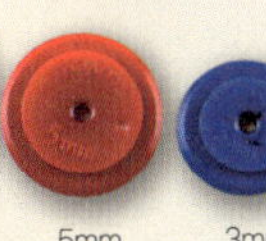

10mm　　　7mm　　　5mm　　　3mm

양면 접착심지

두께가 많이 앏고 양면으로 접착력이
있어서 한 번 접착이 된 후에는 절대로
떼어낼 수 없어요. 겉감이 우는 현상이
싫으신 분은 한 번 사용해 보세요.

시침 클립

시침 클립은 시침 핀으로 고정하
기 힘든 원단을 고정할 때 사용하
면 좋아요.

시침 핀

아주 가는 시침 핀이라서 좋아요.
핀머리가 유리재질로 다리미에
녹지도 않구요.

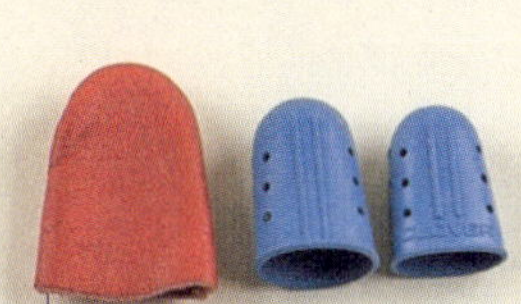

골무

가죽골무와 고무골무는 꼭 있어야
예쁜 손이 보호되요.

문진

문진은 여러개 있으면 도안으로
재단선을 그릴 때 도안이
움직이지 않아 사용하기
편리합니다.

올풀림 방지액

원단이나 올풀림을 방지하는 올풀림 방지액입니다.
건조가 빨라서 이렇게 원단에 발라주고 주변을 가위
로 잘라주어 사용하면 더욱 더 편리합니다.

원단용풀

원단을 임시 고정할 때 사용하는 풀인데 빨리
붙고 마른 다음 딱딱해지지 않아요. 그래서 저는
지퍼 주머니 입구를 만들어 줄 때 사용합니다.

아플리케용 접착제

아플리케를 할 때 일시적으로 붙여주는 접착
제인데 접착력이 정말 좋아요. 다 마른 다음에
도 딱딱해지지 않구요. 물론 물에도 녹으니 정
말 좋겠죠?

수용성 양면테이프(8mm)

시접을 접어줄 때 사용하는
테이프인데 물에도 잘 녹아요.

센스 있는 여자의 재발견,
미니백&크러치백

어렵게만 느껴졌던 바느질.
사각파우치를 만들어 보고 자신감 만땅이 되었었다.
그냥 눈으로 볼 때랑은 다른 바느질
겁부터 집어먹지 말고 일단 만들어 보면
뭐가 나와도 나오지 싶다.
그렇게 용기를 내어 처음 만들어 본 사각파우치,

사각파우치는 바느질교실에서도
만들어 봤는데 생전 처음 바늘을 잡아 본 사람도
너끈히 만들어 낼 정도로 쉬운 아이다.
초보인 주제에 가르친다고 겁 없이 달려들었던 수다 바느질교실~
그때 만났던 인연으로 수다 모임이 생겼다.
내게는 소중한 인연들.
그 인연으로 내 행복은 두 배가 되었다.

바느질 겁먹지 말자

사각파우치

사각파우치

재료
겉감 1/8마, 안감 1/8마, 접착솜 4온스 1/8마,
30cm 지퍼 1개, 참장식, 라벨, 수용성 양면테이프

원단·부자재 출처 : 엔조이퀼트

겉감 재단 **배치도(27.5×45cm)**

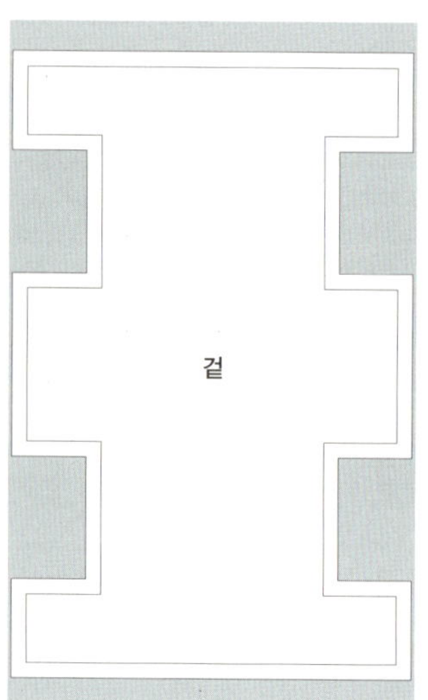

안감 재단 **배치도(27.5×45cm)**

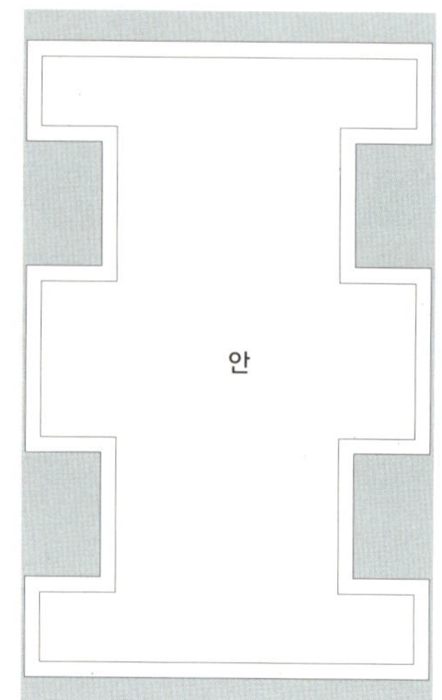

01

: 겉감 준비하고 지퍼 달아주기

01 겉감 1장, 안감 1장, 접착솜 1장, 30cm지퍼 1개를 준비하세요.

02 도안대로 겉감과 접착솜을 자르고 겉으로 뒤집어서 다림질을 하세요.

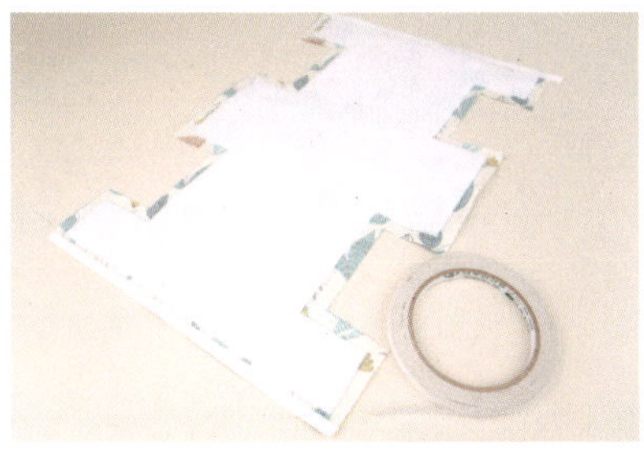

03 수용성 양면테이프는 상단에 붙여서 지퍼를 달아 주기 위해 접어서 준비합니다.

04 0.8cm 수용성 양면테이프는 지퍼를 달아 줄 곳에 붙였습니다.

05 한쪽부터 지퍼를 박음질해주고, 나머지 부분도 박음질하세요.

02

: 고리 만들고
　겉감과 안감 박음질하기

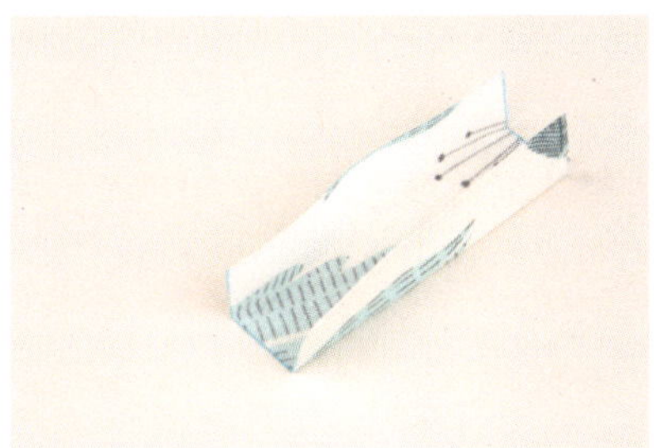

06 겉감을 자를 때 나온 원단은 버리지 말고 이렇게 접어서 고리로 사용하면 됩니다.

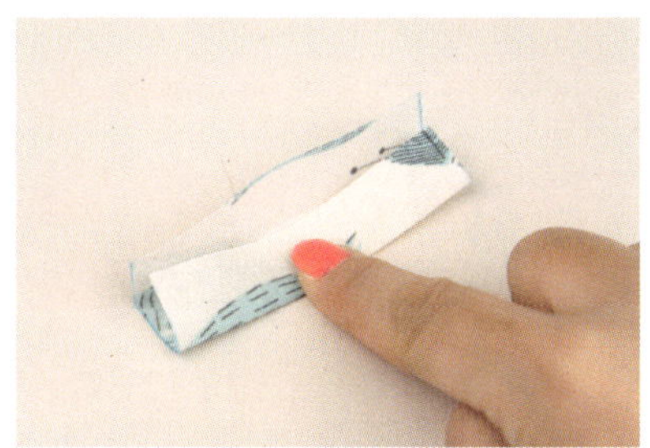

07 한 번 접고

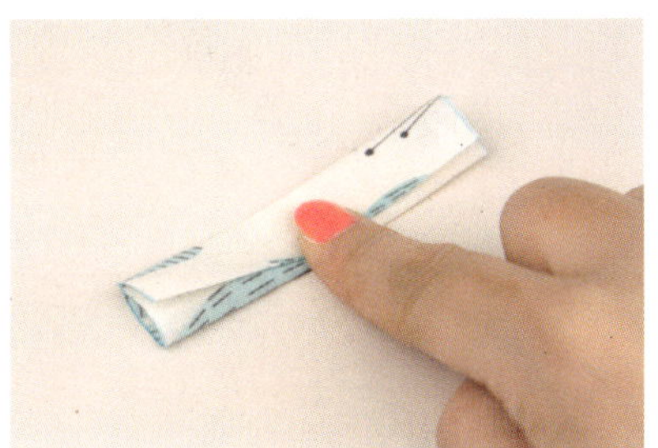

08 이렇게 또 접어서

09 박음질해놓은 지퍼의 양 끝에 고리를 임시로 고정시켜주세요.

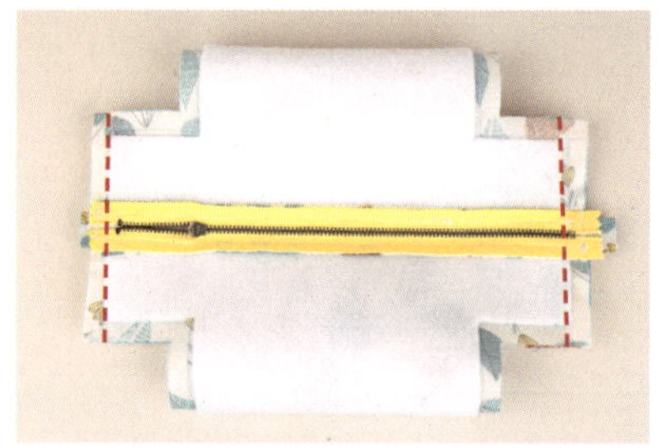

10 표시된 부분부터 박음질하세요.

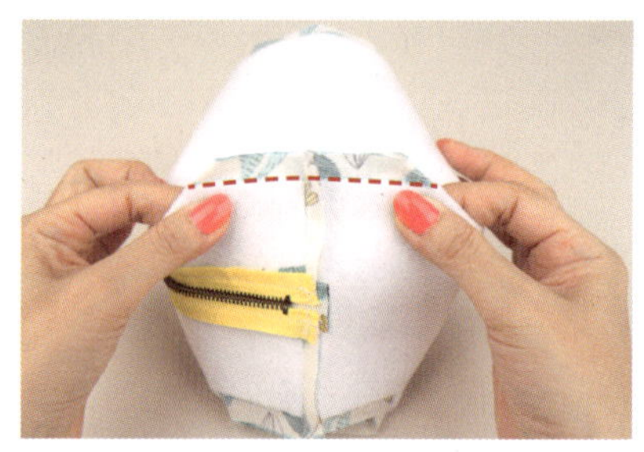

11 그리고 나머지 부분을 이렇게 잡아서 박음질해줍니다.

12 안감은 1cm 시접을 두고 재단한 후 양 끝을 박음질하세요.

13 가운데를 벌려서 표시된 부분부터 박음질해줍니다.

14 양 끝이 이렇게 벌어져야 해요.

15 11번 이미지처럼 잡아서 박음질하세요.

03

: 겉감과 속감 합쳐주고 마무리

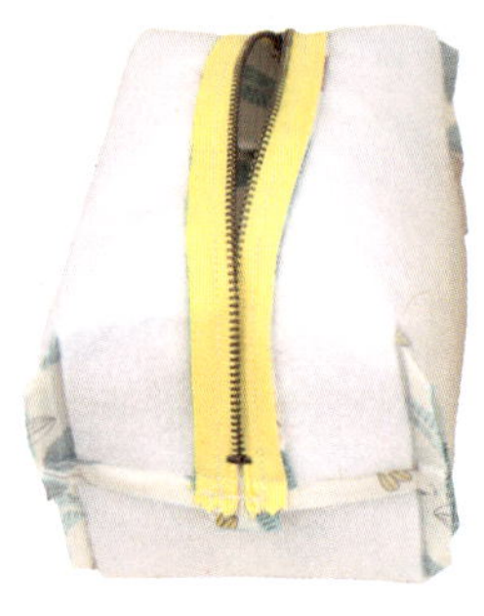

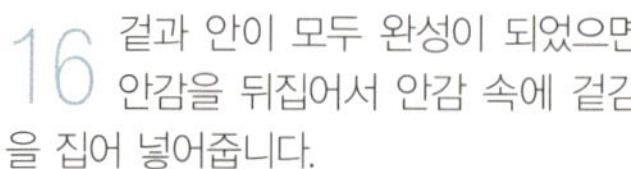

16 겉과 안이 모두 완성이 되었으면 안감을 뒤집어서 안감 속에 겉감을 집어 넣어줍니다.

17 안감 속에 겉감을 넣었습니다.

18 표시된 부분은 공그르기 하세요.

19 공그르기가 완성된 후 뒤집어서 라벨을 달아주면 사각파우치가 완성입니다.

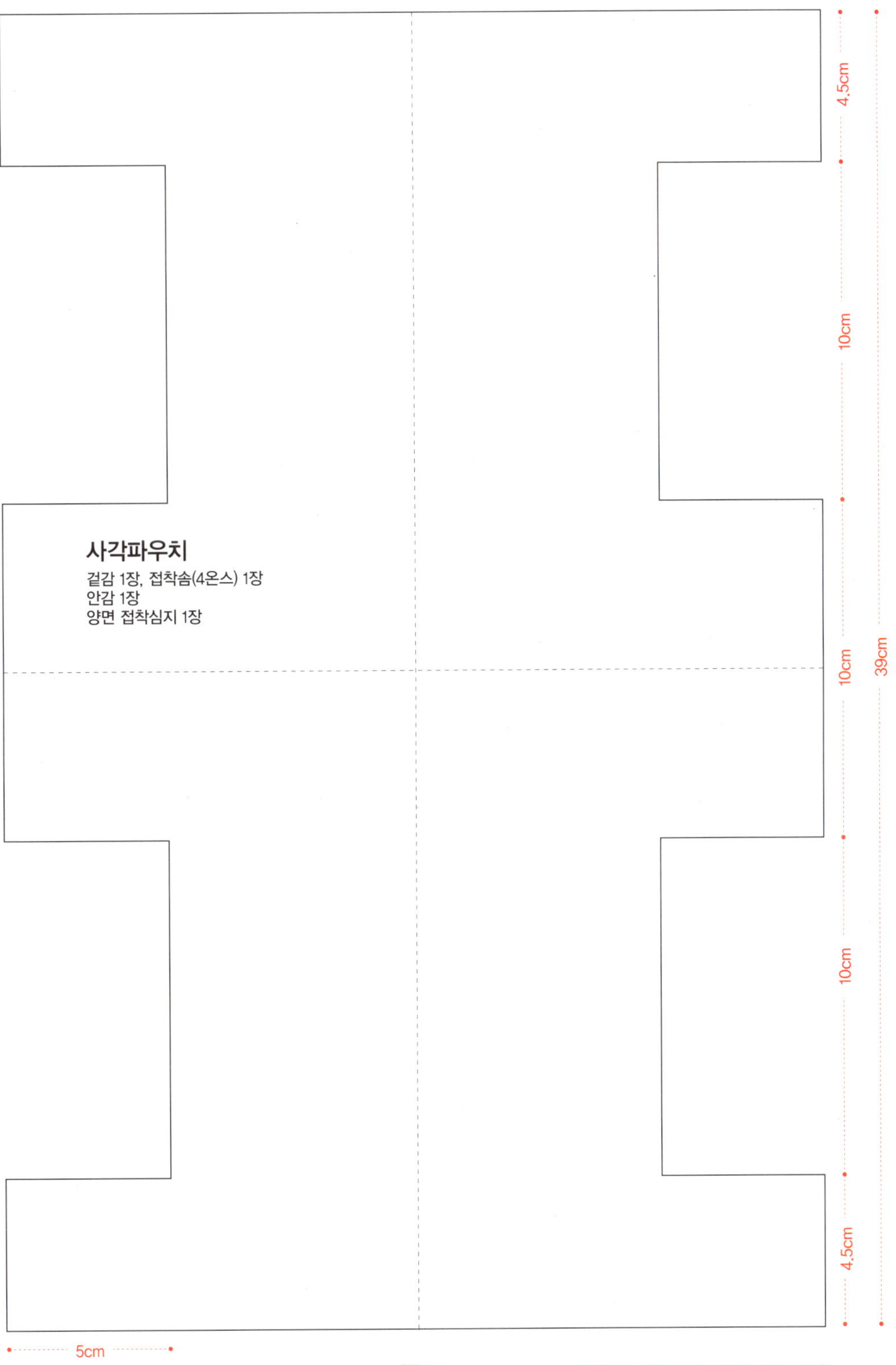
사각파우치
겉감 1장, 접착솜(4온스) 1장
안감 1장
양면 접착심지 1장
4.5cm
10cm
10cm
39cm
10cm
10cm
4.5cm
5cm
20cm

조개파우치

내가 바느질 왕초보일 때

자주 만들던 조개파우치다.

그때는 이것도 어려워서 쩔쩔매던 기억이 난다.

이렇게 쉬운 파우치는 어떤 책에도 없어서

블로그, 카페 이곳저곳을 기웃거리며

눈동냥으로 만들었는데…….

사이즈만 조금 키우고 가방 손잡이만 달아주면

너끈히 가방이 되고도 남는 아이템이라는 사실,

알고 보면 뭐든 다 쉽다니께~~

조개파우치

재료
겉감 1/4마, 안감 1/4마, 접착솜 4온스 1/4마, 양면
접착심지 1/4마, 지퍼 25cm 1개, 바이어스테이프

원단·부자재 출처 : 엔조이퀼트

겉감 재단 **배치도(55×45cm)**

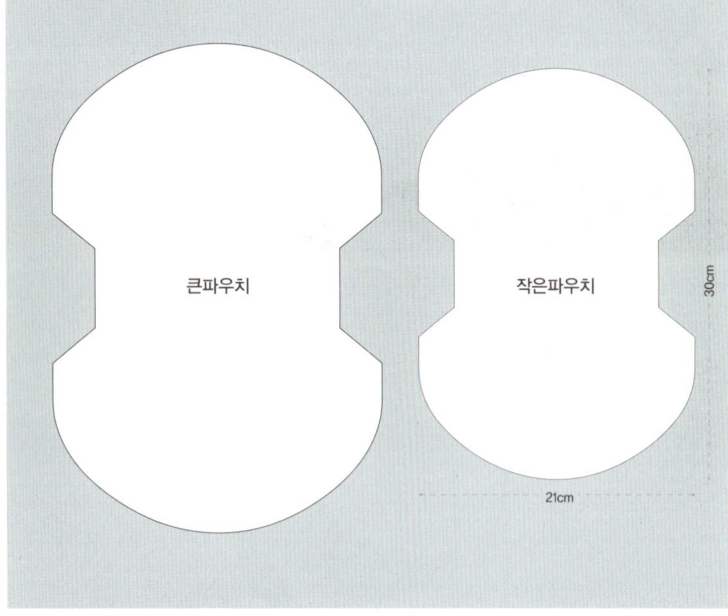

01

: 겉감과 안감을 박음질하기

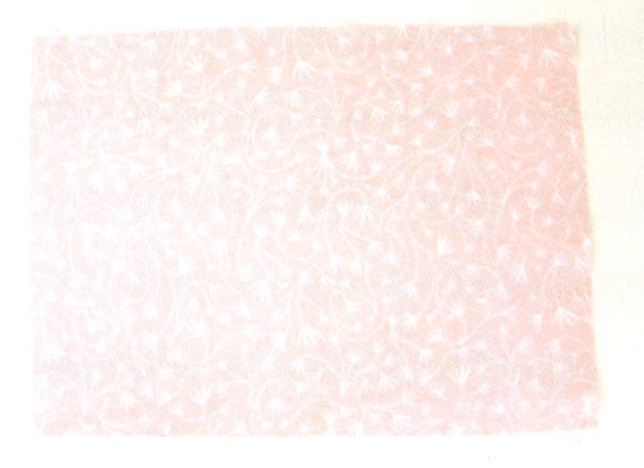

01 먼저 안감을 준비합니다.

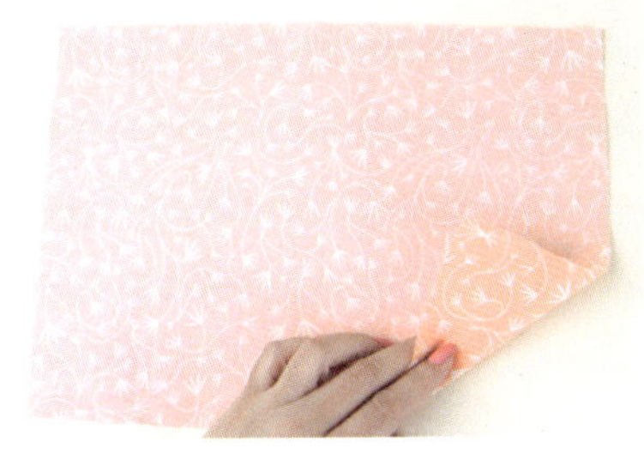

02 안감의 안쪽이 겉으로 오게 올려 놓고

03 양면 접착심지와 접착솜을 올려놓으세요.

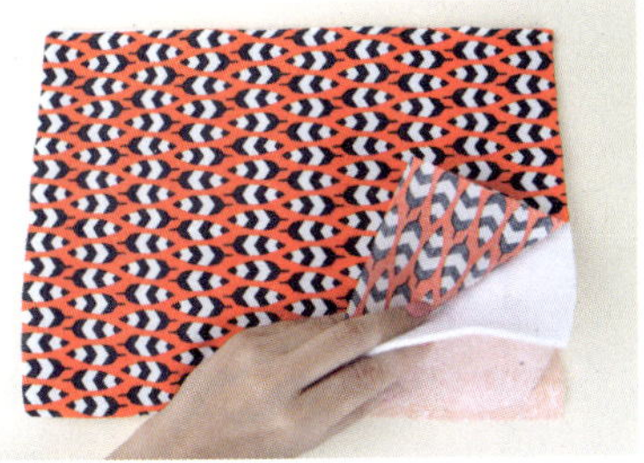

04 그리고 그 위에 겉감이 겉으로 보이게 올려 놓고 겉감 쪽으로 다림질을 해주세요.

05 다림질을 마친 원단 위에 도안지를 놓고 그려줍니다.

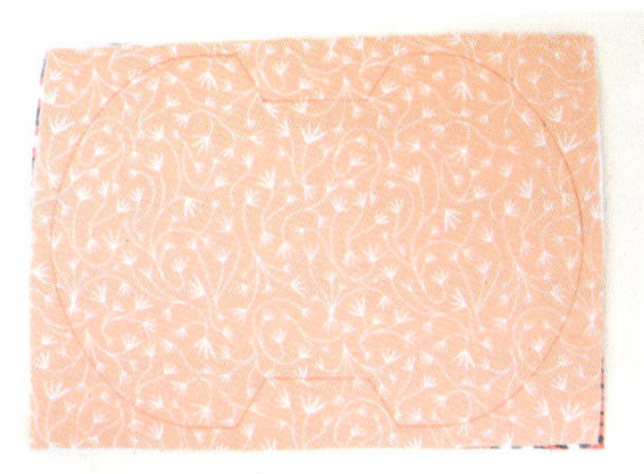

06 이렇게 사방의 여분이 남게 그려주세요.

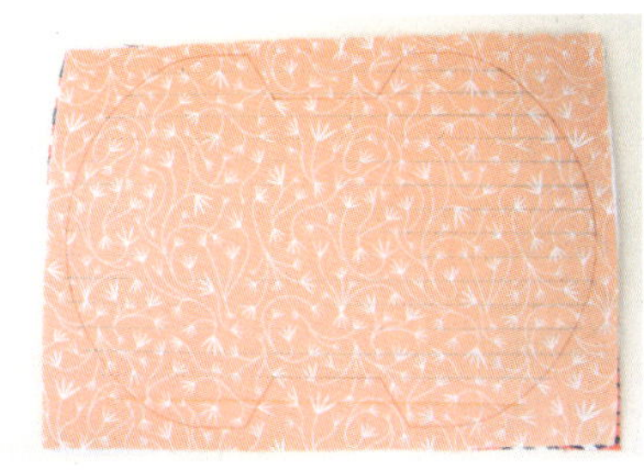

07 안감 쪽에 박음질해 줄 선(원단 전용 수성펜)을 그려줍니다.

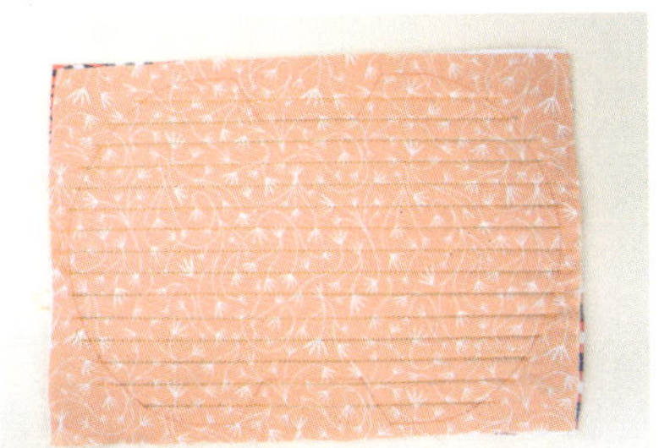

08 일정한 간격으로 박음질합니다.

09 저는 1cm 간격으로 박음질해 주었습니다.

10 겉에도 박음질해줘서 원단이 튼튼해졌습니다.

: 도안대로 재단하기

11 도안 선대로 잘라주세요.

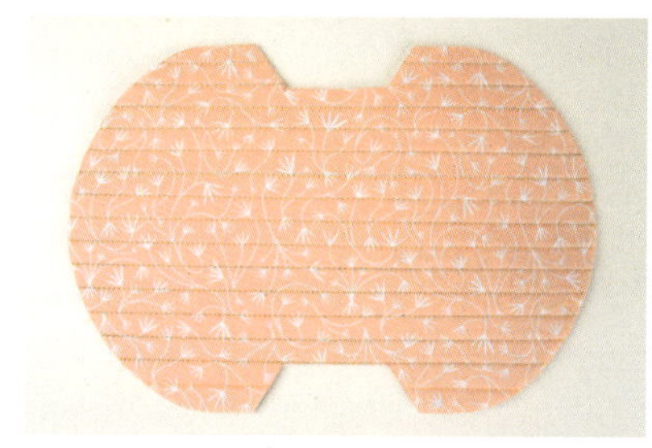

12 안감 쪽으로 잘린 모습입니다.

13 겉감 쪽으로 잘린 모습입니다.

14 분무기로 물을 뿌려 도안 선을 없애주세요.

03

: 바이어스 테이프 두르기

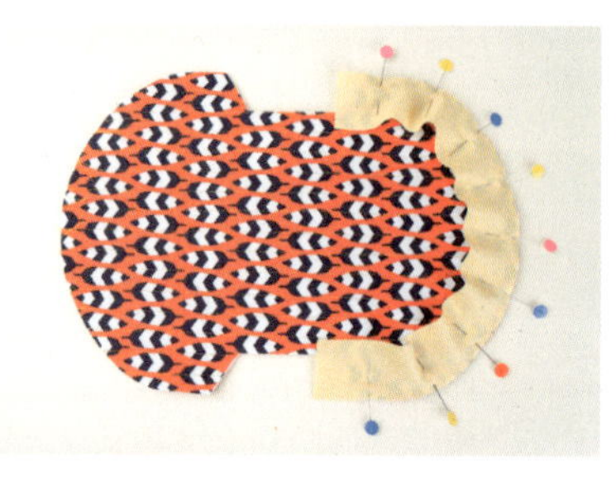

15 준비된 바이어스 테이프를 둥근 부분에 시침 핀으로 고정해주세요.

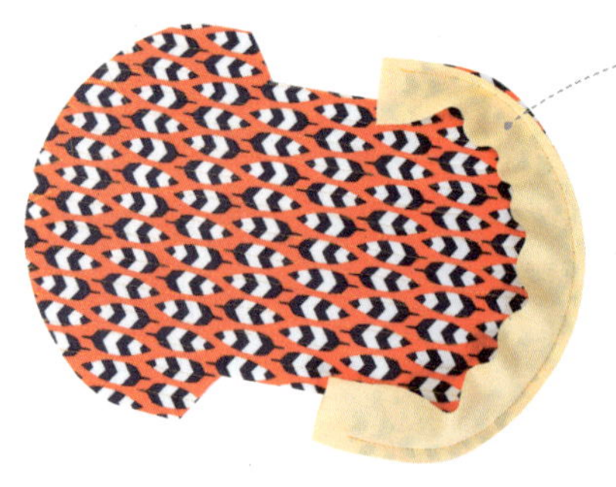

16 0.5cm의 여분을 두고 박음질을 해줍니다.

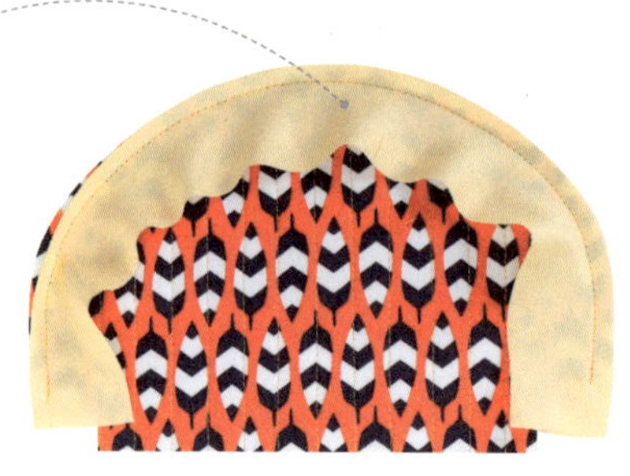

17 바이어스 테이프의 두께에 따라 더 넓게 혹은 더 좁게 해도 좋습니다.

18 양쪽 모두 박음질 해준 다음 안으로 접으세요.

19 한 번 더 접어서 시침 클립으로 고정을 한 뒤

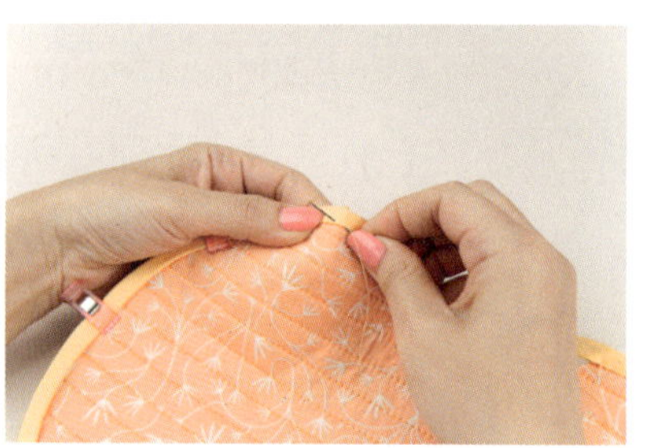

20 공그르기로 마무리를 하면 됩니다.

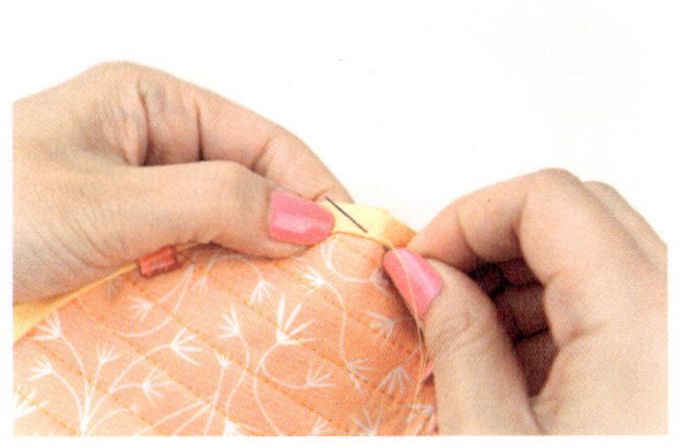

21 바이어스와 같은 실로 공그르기를 하면 감쪽 같아요.

22 양 끝에 나와 있는 바이어스는 도안 선대로 잘라주고

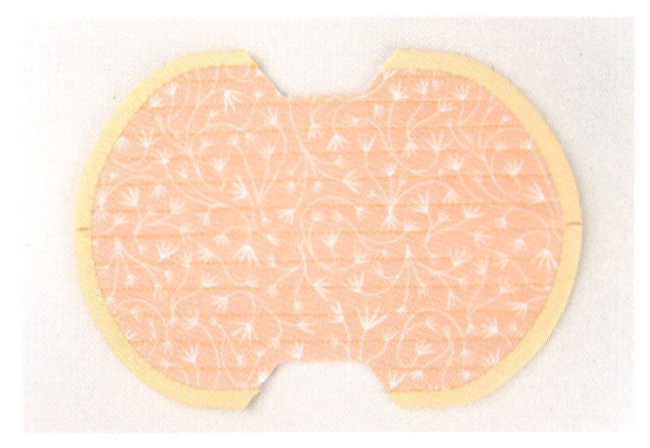

23 중심 표시를 해주세요.

04

: 지퍼달고 마무리하기

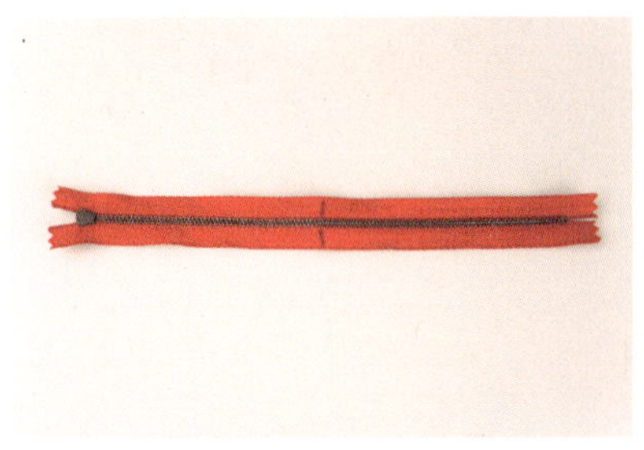

24 25cm 지퍼의 중앙에도 표시를 해두세요.

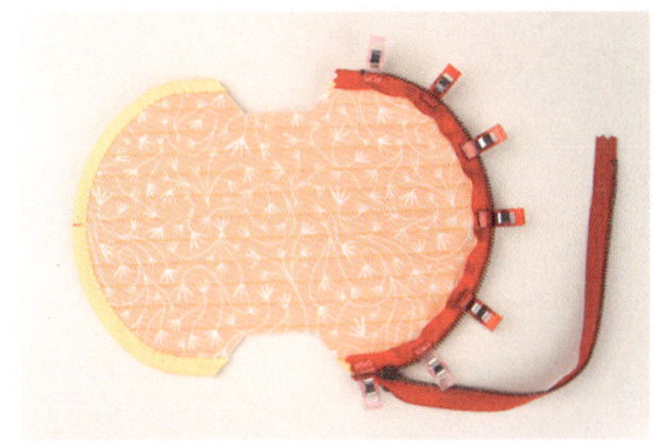

25 표시를 해놓은 중앙부터 시침 클립을 꽂아주고 지퍼를 고정하기 위해 손바느질을 해주세요.

26 반대편도 중앙부터 시침 클립을 꽂아주고 바느질을 합니다.

27 지퍼의 끝이 조금 보이게 시침 클립을 꽂으면 됩니다.

28 지퍼가 이 정도만 나오게 꽂으면 나중에 파우치가 아주 예쁘게 나와요.

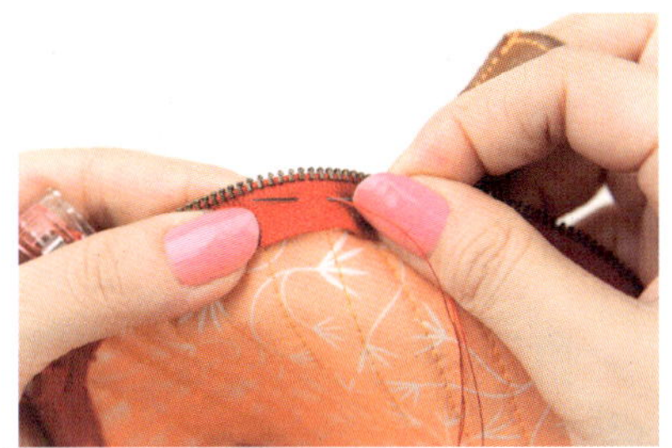

29 꿰맬 때의 요령. 지퍼에 두 줄의 선이 보이는데 그 안쪽의 줄로 바느질을 하면 됩니다.

30 이렇게 지퍼와 같은 실로 꿰매주면 됩니다.

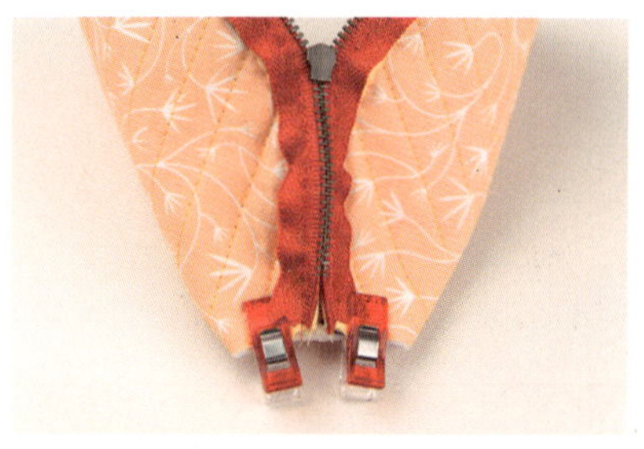
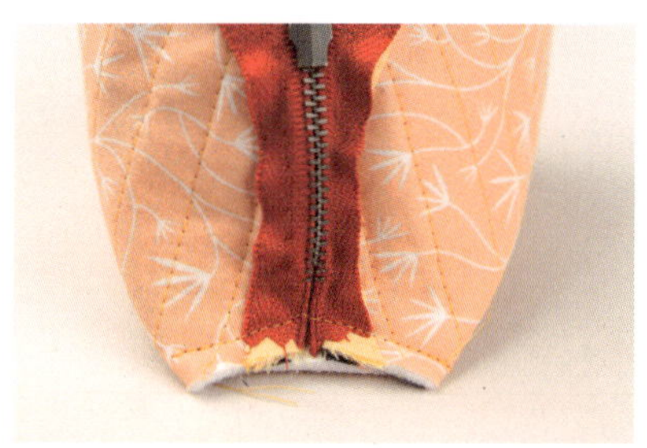

31 지퍼를 다 했으면 양 끝을 시침 클립으로 고정을 시키고

32 위로 박음질합니다.

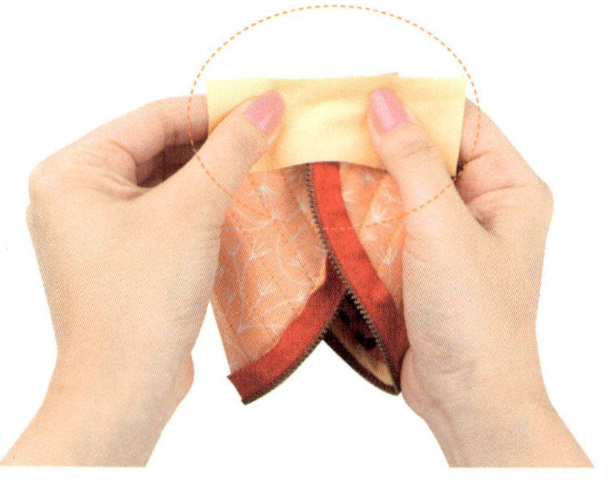
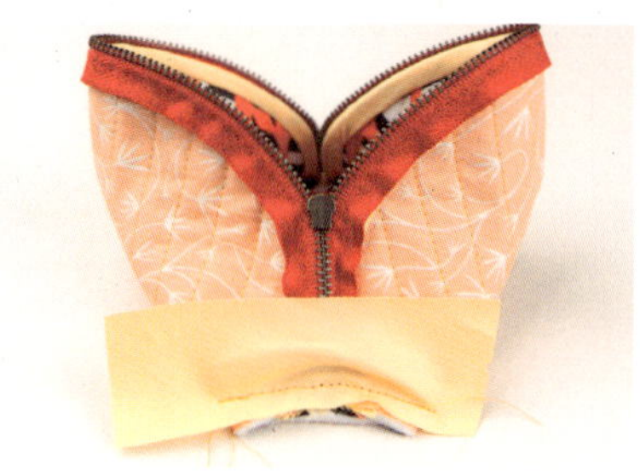
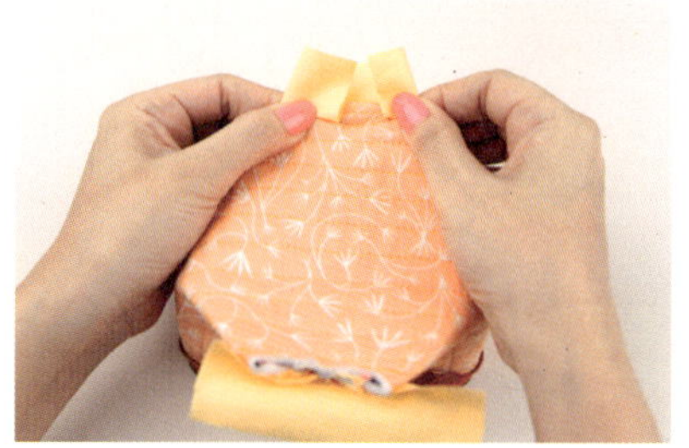

33 박음질 해준 위로 바이어스를 적당히 잘라서 한 번 더 박음질하세요.

34 한 번 더 박음질 해준 선이 보이시죠?

35 이제는 바이어스 양쪽을 안으로 집어 넣어 손바느질로 고정을 해줍니다.

36 손바느질로 이 부분을 고정해야 나중에 한 번 더 접을 때 편리합니다.

37 아래로 한 번 접고

38 또 한 번 접어준 후에

39 공그르기로 깔끔하게 마무리를 하면 됩니다.

40 완성이 되었으면 이렇게 겉으로 뒤집어 주세요.

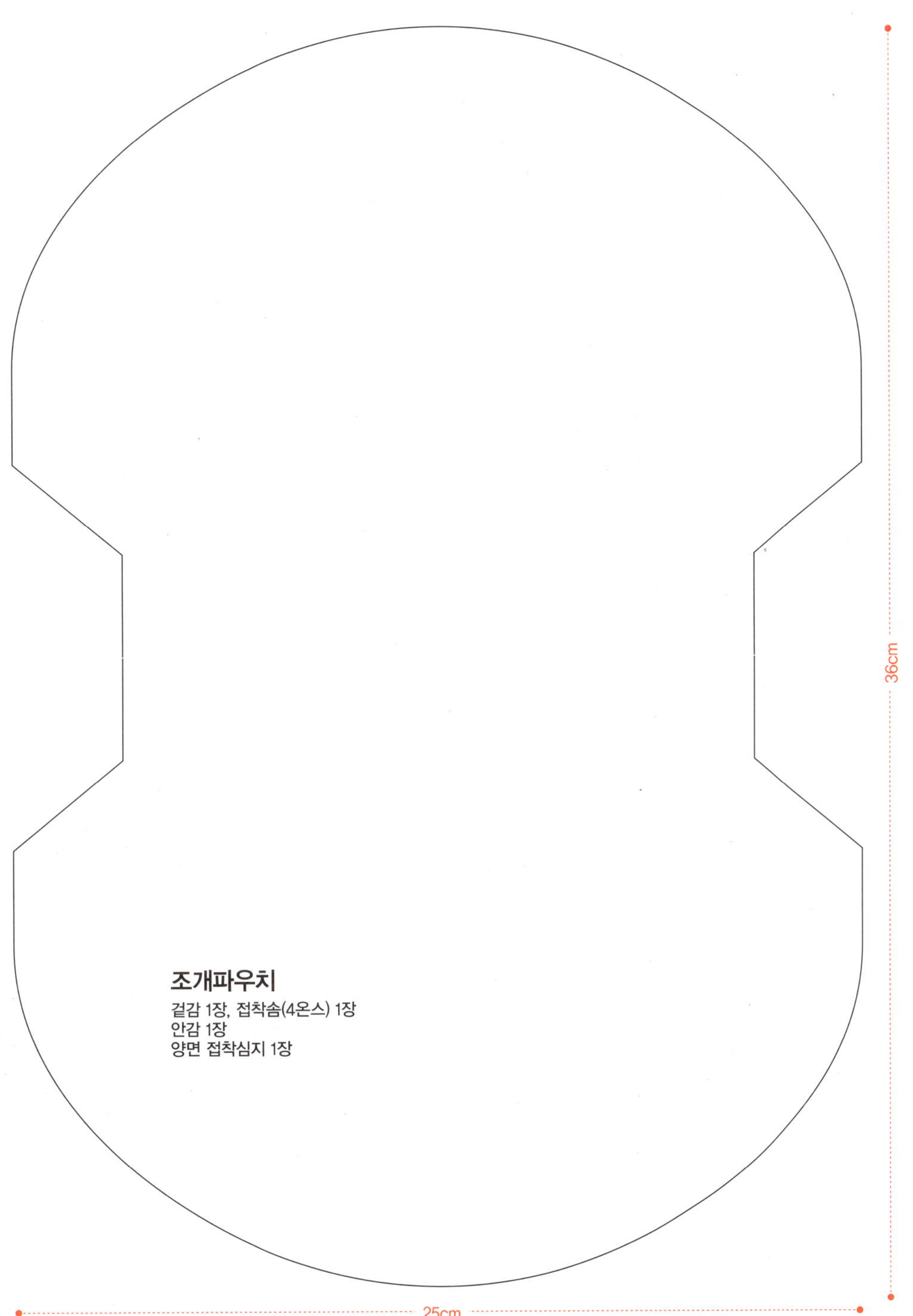

조개파우치
겉감 1장, 접착솜(4온스) 1장
안감 1장
양면 접착심지 1장

미니파우치

여자들에게 파우치란 참 뭐랄까?
그냥 자그마한 애교라고나 할까?
화장을 고치기 위해 살포시
꺼내 들 때의 앙증맞음이란….
예쁘고 세련된 파우치를 꺼내는 여자를 보면
뭔가 정리를 잘하는 사람이구나.
깔끔한 사람이네… 등등등.
나는 적어도 그렇게 보인다.

가방 속에 정신없이 돌아다니는 자그마한 소품들을
미니파우치에 넣고 다녀보자.
맘 속까지 다 개운함을 느끼게 될 것이다.

미니파우치

재료
겉감 8/1마, 안감 1/4마, 접착솜 4온스 1/8마, 20cm
지퍼 1개

원단·부자재 출처 : 청바지, 엔조이퀼트

겉감 재단 **배치도(27.5×45cm)**

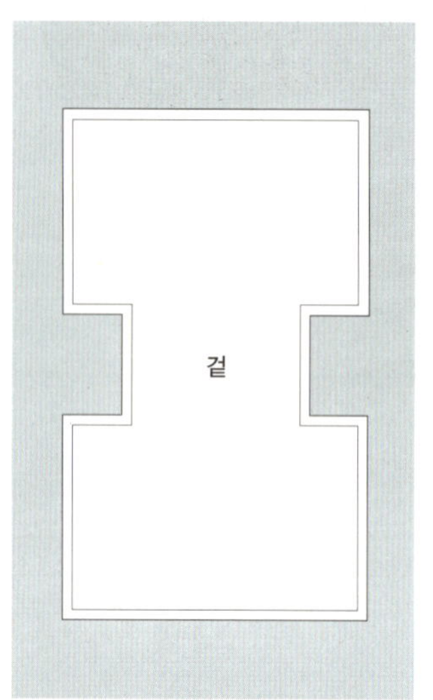

안감 재단 **배치도(55×45cm)**

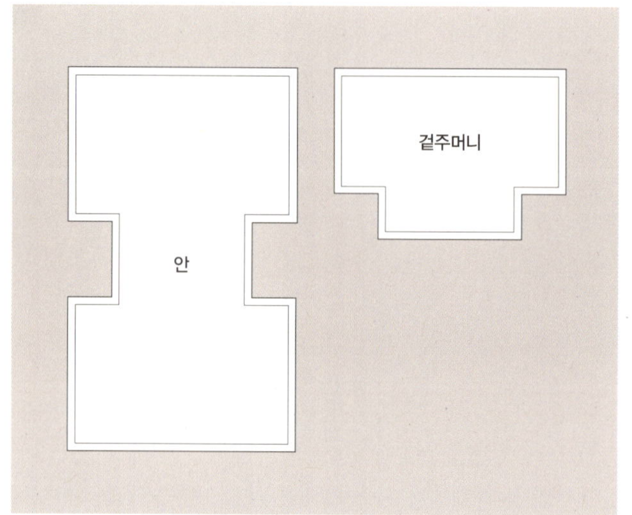

01

: 겉감 만들기

01 겉감과 앞주머니를 재단하세요.

02 앞주머니의 시접을 박아준 뒤 겉감 위에 올려 놓고 양쪽을 박음질하세요.

03 겉감의 바닥끼리 맞대어서 놓고

04 바닥 부분을 박음질하세요.

05 시접은 가름솔을 해서 상침으로 박음질하세요.

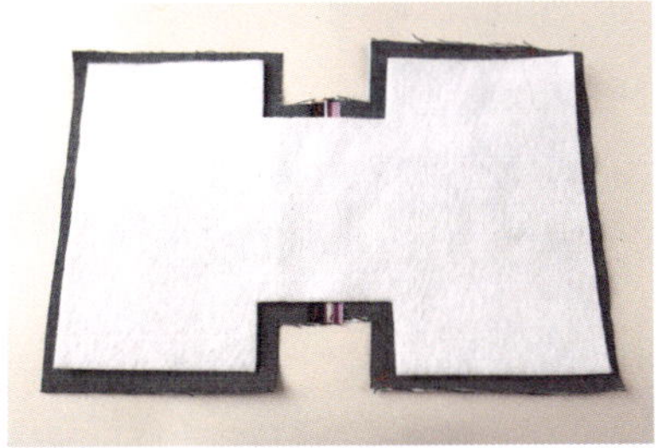

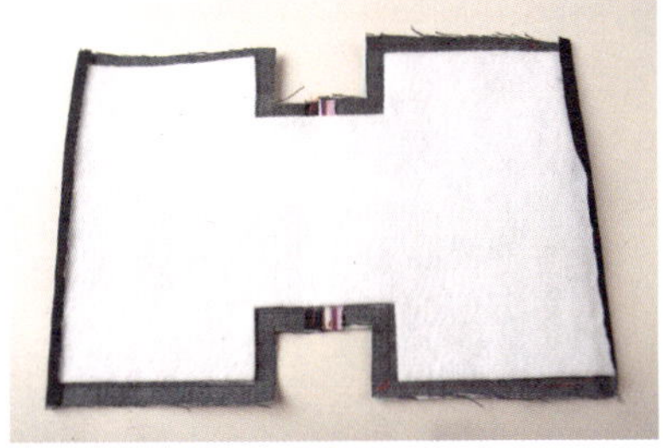

06 겉감 위에 접착솜(4온스)을 올려 놓고, 겉감의 겉쪽으로 다림질을 한 다음

07 지퍼를 박음질 할 위쪽의 시접을 접착풀이나 수용성 양면테이프를 이용해 붙여주세요.

08 지퍼를 아래에 놓고 겉감을 위로 올려준 후 박음질하세요.

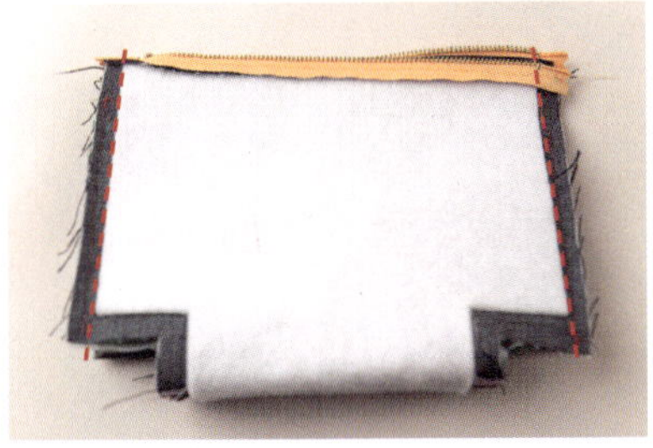

09 지퍼의 반대편도 같이 박음질하세요.

10 겉감을 반으로 접어 놓고 양쪽을 박음질하세요.

11 바닥은 이렇게 맞대어서 박음질하면 겉감은 완성입니다.

02

12 재단한 안감에는 바닥에만 접착솜을 붙이고

13 위쪽의 시접은 1cm만 접어서 다림질을 한 다음

14 양옆을 박음질하세요.

15 바닥은 겉감과 마찬가지로 맞대어서 박음질을 하면 안감도 완성입니다.

16 완성된 겉감은 뒤집어 주고, 안감은 그대로 놔두세요.

17 겉감 속에 안감을 집어 넣은 후

18 안에서 바느질 하면

19 이렇게 미니파우치가 완성입니다.

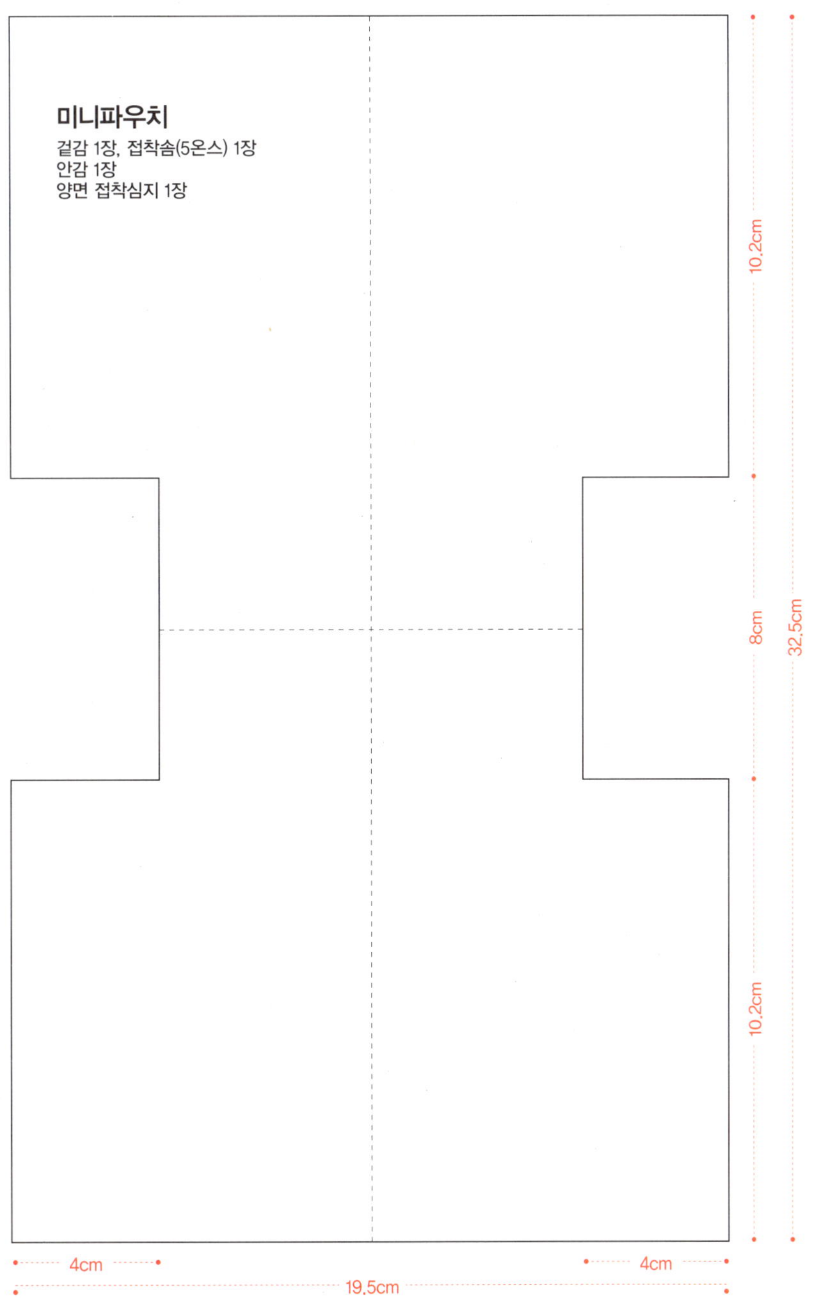

미니파우치
겉감 1장, 접착솜(5온스) 1장
안감 1장
양면 접착심지 1장
10.2cm
8cm
32.5cm
10.2cm
4cm
4cm
19.5cm

똑딱이 프레임 파우치

바느질을 시작하고 첨 만들어 선물한 것이 똑딱이 프레임 파우치였다.
선물을 받은 동생이 지금도 가지고 다니는 것을 보면
어찌나 몸이 오그라들고 부끄러운지.
그것도 바느질이라고 선물까지 하는 용기는 도대체 어디서 나왔을까?
다시 만들라고 하면 대빵 잘 만들 자신이 있는디 말여.
그래도 열심히 잘 가지고 다녀주는 동생이 고마워서 또 만들어 봤다.
이젠 업그레이드 된 실력으로 ^^

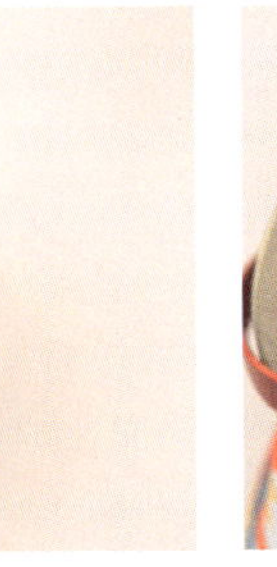

똑딱이 프레임 파우치

재료 : 겉감 1/4마, 안감 1/4마, 접착솜 4온스 1/4마,
접착솜 2온스 1/4마, 양면 접착심지 1/4마, 가방 손
잡이, 12.5cm 똑딱이 둥근프레임

원단·부자재 출처 : 엔조이퀼트, 샬롱드마젤

겉감 재단 **배치도**(55×45cm)

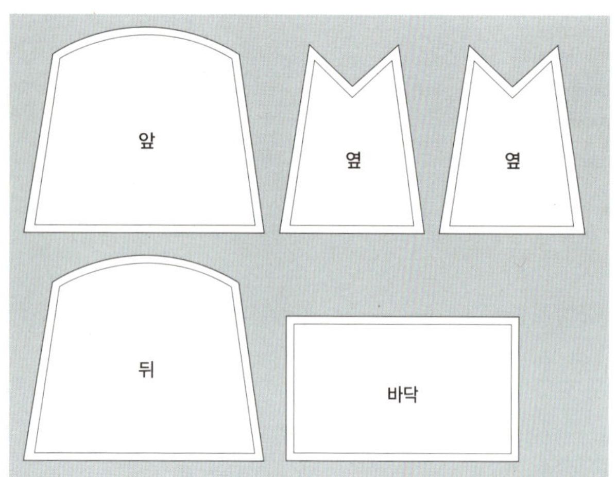

안감 재단 **배치도**(55×45cm)

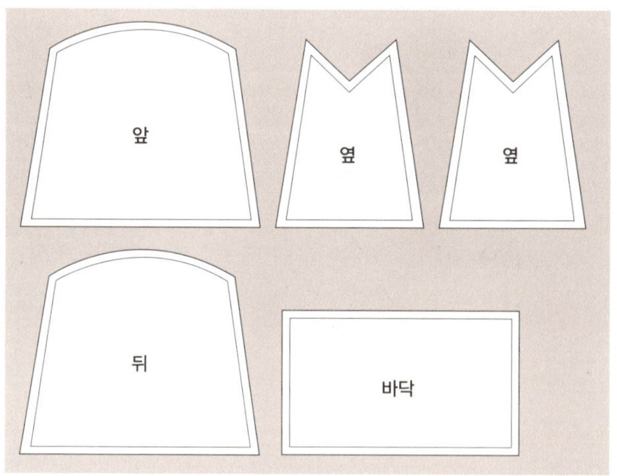

01

: 겉감 연결하기

01 우선 겉감과 접착솜을 준비해 주세요.

02 겉감의 뒷면에 양면 접착심지와 접착솜을 올려놓아요.

03 가운데 양면 접착심지가 있어야 나중에 다림질을 할 때 겉감이 우는 일이 없어요.

04 접착솜과 양면 접착심지를 모두 붙인 겉감을 나란히 올리고, 표시된 점선대로 먼저 박음질하세요.

05 표시된 부분은 박음질을 하지 않아요.

06 점선으로 표시된 부분을 박음질하세요.

07 양옆을 모두 재봉하고 나면 나머지 몸통도 점선대로 박음질하고

08 양쪽에 표시(★)된 부분도 맞대어서 박음질하세요.

09 겉감의 몸통과 옆면을 모두 박음질 했습니다.

: 겉감과 안감 바닥 완성하기

10 이제는 바닥을 몸통에 박음질 할 차례인데 이렇게 시침 핀으로 고정을 하고 긴 쪽부터 점선대로 박음질하세요.

11 나머지 긴 쪽도 점선대로 박음질하세요.

12 옆면도 잘 바느질하기 위해서 시침 핀으로 고정을 하고 하나씩 빼어가며 박음질 해 줍니다.

13 동그랗게 표시된 부분을 유의해서 시침 핀으로 꽂아주세요.

14 모서리가 이렇게 나누어져 박혀 있어야 파우치의 옆선 각이 잘 살아서 예쁘답니다.

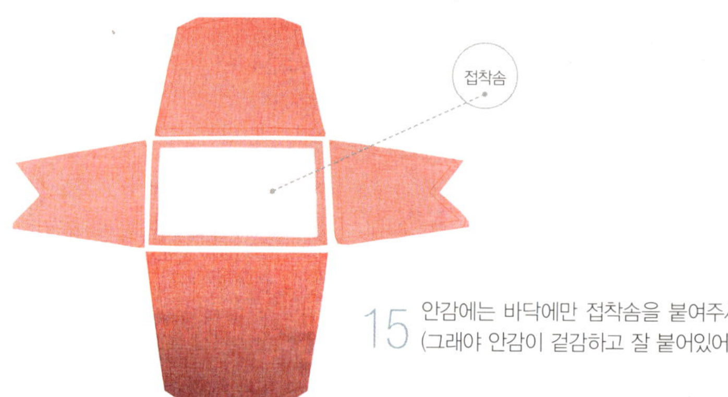

15 안감에는 바닥에만 접착솜을 붙여주세요 (그래야 안감이 겉감하고 잘 붙어있어요).

16 안감도 겉감의 순서(4~13번)로 박음질 하는데 바닥 부분에 10cm 정도 창구멍을 빼고 하세요.

17 안감도 역시 겉감처럼 모서리 부분을 이렇게 하면 편리해요.

18 겉감은 뒤집지 않고 안감만 뒤집어 줍니다.

03

: 안감을 겉감에 넣어
완성하기

19 집어넣은 안감은 모양을 잘 잡아주세요.

20 그리고 시침 핀으로 상단 부분을 고정하고

22 점선으로 표시된 부분을 박음질하세요.

22 위쪽을 다 박았으면 V자로 가위집을 내어
줍니다(곡선 부분은 모두 가위집).

23 점선으로 표시된 부분은 가위집을 해주
세요.

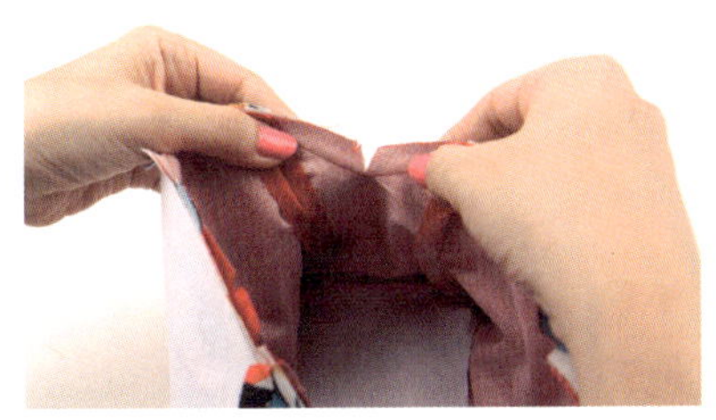

24 옆부분의 V라인 끝부분도 가위집을 꼭 내
야 뒤집었을 때 울지 않습니다.

25 창구멍을 이용해 겉감을 꺼내어
주세요.

26 뚫어놓은 창구멍을 공그르기로 바느질하
세요.

27 몸통이 완성되었습니다.

28 프레임에 수월하게 넣기 위해서는 상침을 해주시면 편리해요.

04

: 똑딱이 프레임 달고 완성하기

29 점선 속의 몸통 모서리 와 프레임 모서리가 잘 맞게 고정해 주세요.

30 끝 부분을 먼저 고정 시켜야 나중에 파우 치가 뒤틀리지 않습니다.

31 양쪽을 먼저 고정 하면서 가운데 부분까 지 고정하고 가운데는 맞주름 잡아서 고정 하세요.

32 프레임을 달때는 맨 처음 바늘을 프레임 옆부터 넣어주고

33 안쪽에서 바깥으로 첫번째 구멍으로 빼어 줍니다.

34 밖에서 안으로 들어갈때는 첫번째 구멍
과 두번째 구멍의 중간에 넣어줍니다.

35 프레임의 끝까지 계속 한쪽 방향으로만
바느질을 해줍니다.

36 모두 한방향으로 바느질을 한 상태입니다.

37 끝까지 간 바늘을 되돌아 올 때는 구멍과
구멍의 중간에 넣어서 돌아오면 됩니다.

38 똑딱이 프레임의 고리에 가방 손잡이를
넣어주면

39 이렇게 한손에 쏘옥 들어오는 주름있는
똑딱이 프레임 파우치가 완성되었습니다.

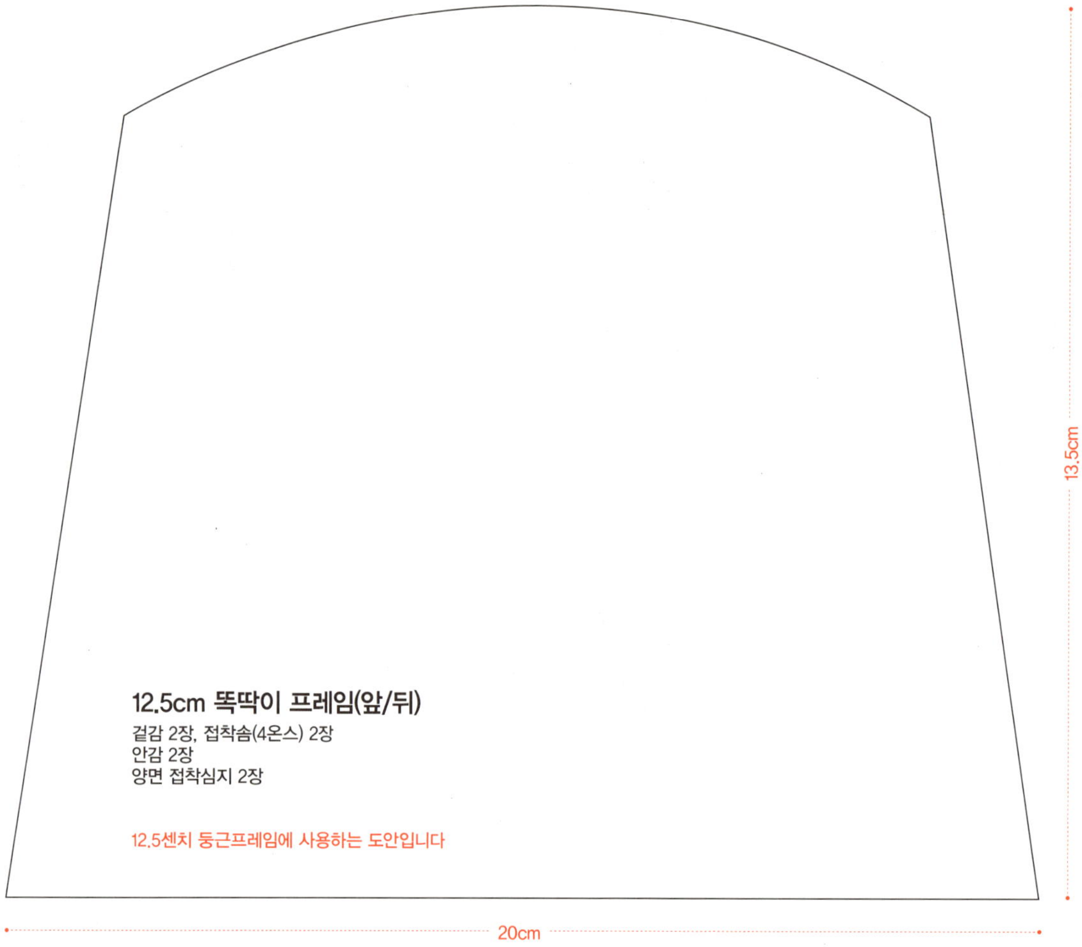

12.5cm 똑딱이 프레임(앞/뒤)
겉감 2장, 접착솜(4온스) 2장
안감 2장
양면 접착심지 2장

12.5센치 둥근프레임에 사용하는 도안입니다

13.5cm

20cm

12.5cm 똑딱이 프레임(옆)

겉감 2장, 접착솜(4온스) 2장
안감 2장
양면 접착심지 2장

11.8cm

9.2cm

12.5cm 똑딱이 프레임(바닥)

겉감 1장, 접착솜(4온스) 2장
안감 1장
양면 접착심지 1장

9.2cm

16.2cm

미니백

내 말이라면 무조건 오케이 해주는 친구,
무조건 니가 맞아~ 언제나 그렇게 말해주는 친구.
알고 지낸 지 꽤 되었지만 내가 틀렸다고
단 한 번도 말하지 않는 고마운 친구.
그 친구 덕분에 더 힘 나고 신나서
나는 뭐든 할 수 있었다.

그 친구에게 만들어 줬던 미니백~
아마도 아까워서 들고 다니지도 못했을 테지만
나는 그 친구에게 뭘 줘도 아깝지가 않다.
고맙다. 친구야
내가 항상 옳다고 해줘서
덕분에 엄청나게 힘 나는 거 알쥐?

한권 씩 열람하신 후
제자리에 꽂아주세요

미니백

재료
겉감 1/4마, 안감 1/4마, 접착솜 5온스 1/4마, 접착
솜 2온스 1/4마, 양면 접착심지 1/4마, 가방 손잡
이, 지퍼 15cm 1개, 지퍼 25cm 1개

원단·부자재 출처 : 모던패브릭, 샬롱드마젤

겉감 재단 **배치도**(55×45cm)

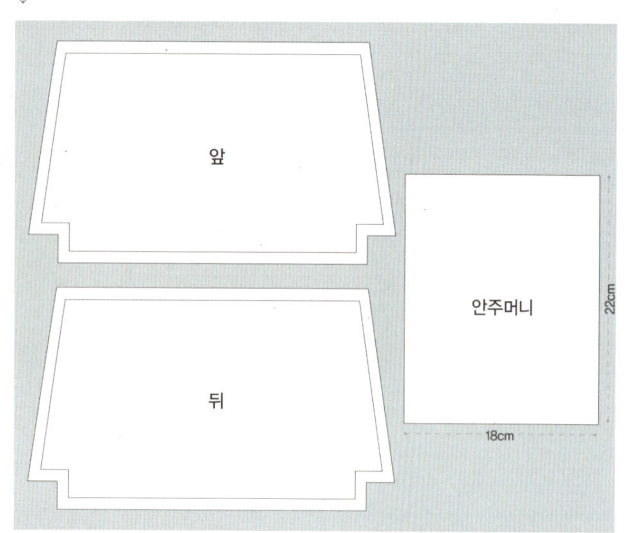

안감 재단 **배치도**(55×45cm)

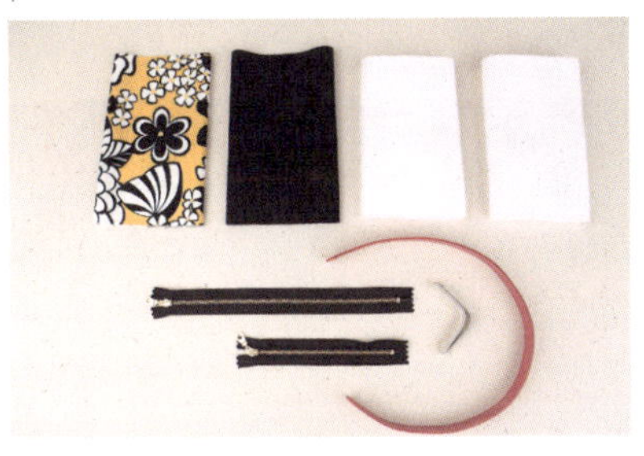

01 재료를 준비합니다.

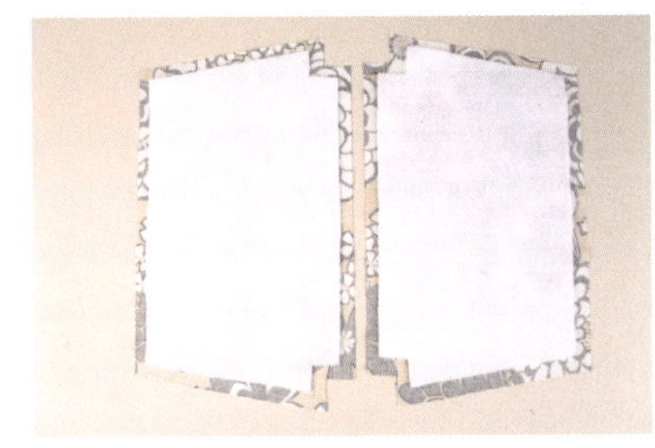

02 겉감을 시접 1cm로 그려서 재단하고, 접착솜은 시접 없이 재단을 해서 다림질을 해 줍니다.

01

: 지퍼 주머니 만들기

03 안감 역시 도안대로 그려주고, 시접은 역시 1cm로 하면 됩니다.

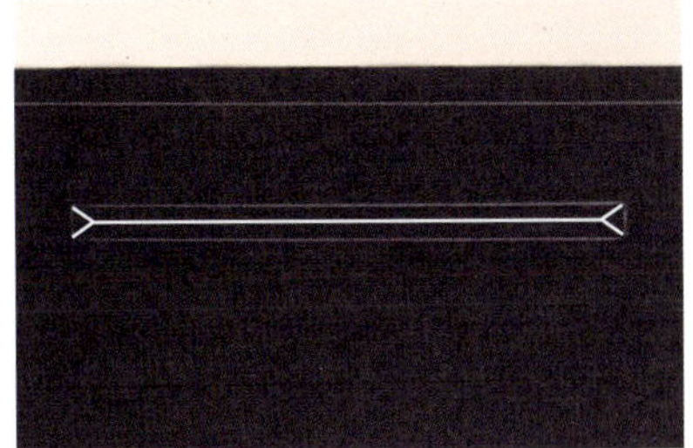

04 표시된 선대로 지퍼 구멍을 재단하여 주세요.

05 지퍼 구멍의 양 끝이 이렇게 세모 모양이 되어야 잘 된 것입니다.

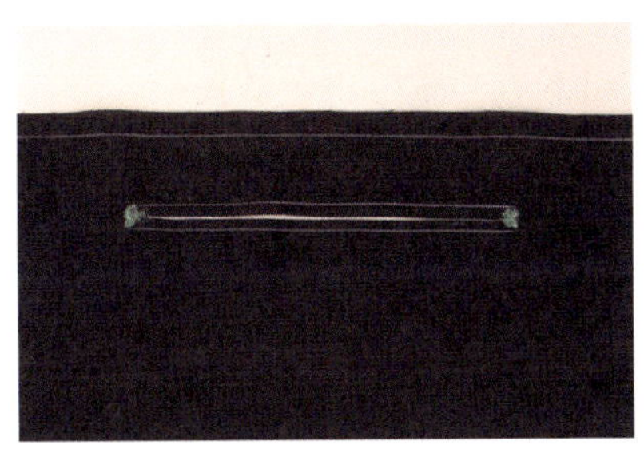

06 양 끝의 세모 부분에 패브릭전용풀을 발라서 양쪽으로 붙여주고

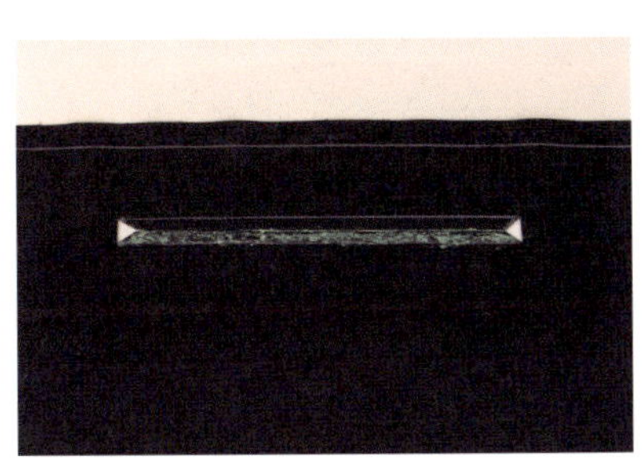

07 아랫부분에 패브릭전용풀을 바른 후

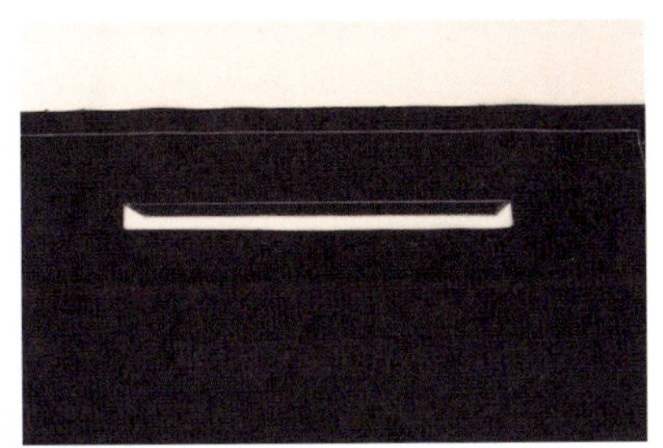

08 아래로 접어서 붙여주세요.

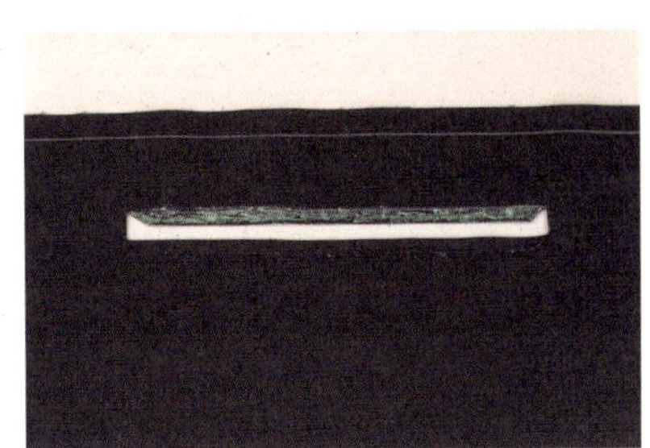

09 윗부분도 패브릭전용풀을 발라

10 붙여주면 됩니다.

11 접착솜 5온스는 지퍼 구멍보다 0.5cm 더 크게 사방을 그려주고

12 이렇게 잘라주세요.

13 잘린 접착솜을 지퍼 구멍이 있는 안감 위에 올려놓으세요.

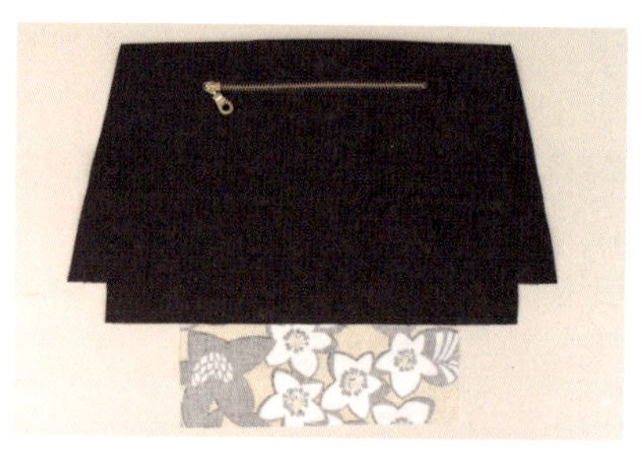

14 지퍼고리가 오른쪽으로 가고 주머니 겉감이 겉으로 오게 올려놓으세요.

15 지퍼 주머니 위에 안감을 올려놓고

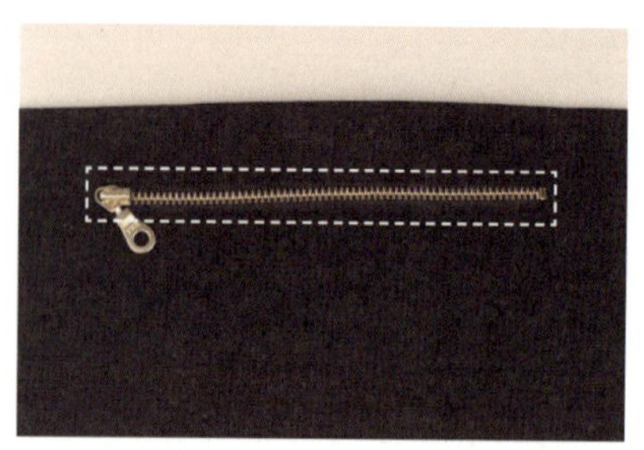

16 표시된 선대로 박음질을 합니다.

17 주머니 원단 아래를 위로 올려서 박음질해 주시는데

18 상단은 이렇게 지퍼와 주머니 원단만 잡아서 박음질하고

20 왼쪽도 역시 겉감을 옆으로 접은 다음 주머니감과 지퍼를 같이 박음질해줍니다.

19 오른쪽은 겉감을 옆으로 놓고, 주머니감과 지퍼를 같이 박음질해줍니다.

02

: 겉감과 안감에 지퍼 달아주기

21 안감과 겉감의 상단 시접 부분에 수용성 양면테이프를 붙여주세요.

26 양면테이프는 물에 한번 빨면 녹아 없어지는 테이프이기 때문에 걱정 안해도 돼요.

23 테이프를 붙였으면 안쪽으로 시접을 접어줍니다.

24 안감을 놓고 그 위에 지퍼를 뒤집어서 올려놓은 다음

25 표시된 선대로 먼저 박음질하세요.

26 박음질을 한 안감 위에 겉감을 올려 놓고 박음질하면 됩니다(안감–지퍼–겉감).

04

: 겉감과 안감 박아주고
손잡이 달아 완성하기

27 겉감은 겉감끼리 안감은 안감끼리 맞대어 놓고 표시된 선대로 박음질해주는데 지퍼는 꼭 열어놓고 박음질하세요.

28 바닥은 이렇게 박음질하면 됩니다.

29 겉감과 안감 양쪽 모두 이렇게 박음질하세요.

30 안감에 있는 창구멍으로

31 겉감을 꺼내어 주는데 지퍼를 꼭 열고 박음질해야 나중에 이렇게 꺼내실 수 있습니다.

32 창구멍은 공그르기로 마무리를 합니다.

33 가방 옆쪽에 손잡이(샬롱드마젤에서 구매)를 달아주세요.

34 예쁜 미니백이 완성되었습니다.

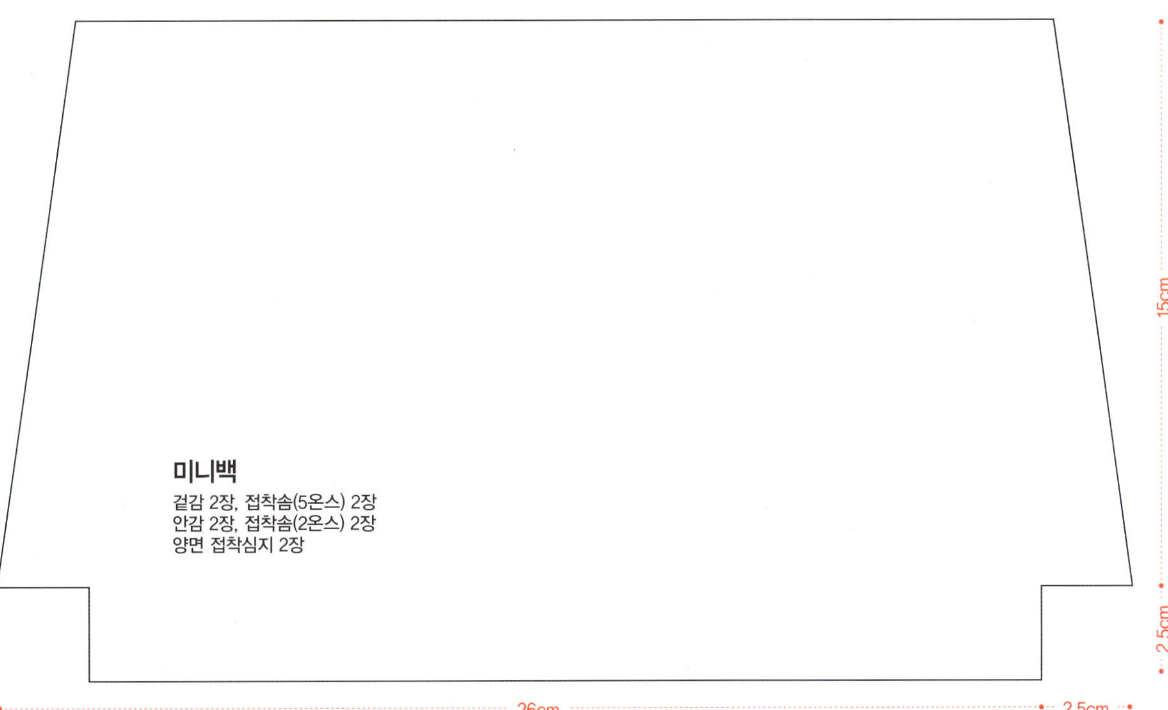
미니백
겉감 2장, 접착솜(5온스) 2장
안감 2장, 접착솜(2온스) 2장
양면 접착심지 2장
15cm
2.5cm
26cm
2.5cm

뚜껑 있는 장지갑

직접 손으로 만드는 것들이 다 그렇듯
내 손으로 만들면 더 소중하고 값진 것으로 생각된다.
굳이 왜 만드느냐고 내게 핀잔을 주는 사람도 있다.
그럴 때면 나는 혹 만들어 봤느냐고 되묻는다.
만들어 본 사람만 아는 손맛.
직접 만들어서 선물하는 기분을 어찌 알겠는가.
나는 그 맛을 알기에 바늘에 찔리면서도 늘 웃고 만다.
혼자서 내게 말한다. 체하는 일은 절대 없겠어. ㅋㅋ
내 손끝은 굳은살과 터짐으로 늘 성할 날이 없지만
그래도 난 좋다. 바느질이.

뚜껑 있는 장지갑

재료
겉감 1/8마, 안감 1/4마, 접착솜 3온스 1/8마, 양면 접착심지 1/8마, 가방 후크, 15cm지퍼 1개, 파이핑 끈

원단·부자재 출처 : 엔조이퀼트

겉감 재단 **배치도**(27.5×45cm)

안감 재단 **배치도**(55×45cm)

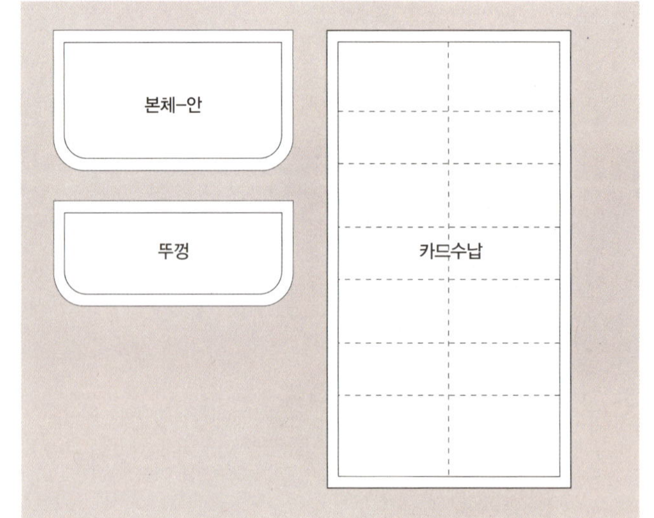

01

: 장지갑 본체 재단하고
  뒷면에 지퍼 주머니
  위치 만들기

01 재료를 준비합니다.

02 먼저 장지갑 본체 뒤쪽 부분부터 도안을
   그려 재단하세요.

03 2번의 표시대로 재단을 하면 가장자리가
   이렇게 세모로 나와야 합니다.

04 패브릭전용풀로 세모 부분을 발라주고

05 양쪽으로 벌려서 붙여줍니다.

06 위아래는 패브릭풀을 발라 붙여줍니다.

07 5온스 접착솜에 도안을 그릴 때 지퍼 선도
   같이 그려줍니다.

08 도안선보다 사방 0.5cm 더 크게 그린 후
   잘라주세요.

09 잘라진 접착솜을 원단 위에 올
   려놓고 겉면에서 다림질하세요.

: 지퍼 주머니 만들기

10 지퍼(15cm) 고리가 오른쪽으로 가게 주머니 겉감 위에 올려놓고, 표시된 대로 박음질하세요.

11 지퍼를 위로 올린 후 옆으로 뒤집어주세요.

12 지퍼 주머니 위에 주머니 자리를 만들어 놓은 겉감 뒤를 올려주고 박음질하세요.

13 주머니의 아래를 지퍼 선까지 위로 올린 후

14 상단을 지퍼와 주머니를 같이 잡아서 박음질합니다.

15 주머니의 오른쪽을 박음질하고

16 주머니의 왼쪽도 박음질하세요.

03

: 파이핑 끈 두르기

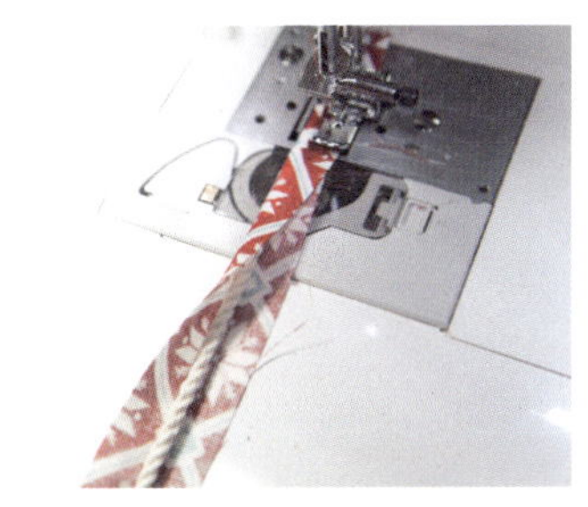

17 파이핑을 두르실 파이핑 전용 끈을 준비하고

18 가로 3cm 폭으로 파이핑 끈을 감쌀 원단을 잘라주고, 파이핑 전용 노루발을 이용해 박음질해줍니다.

19 다 박아놓은 파이핑 끈을 지갑의 뒷면에 시침 핀으로 고정하면서 둘러줍니다.

20 둥근 부분은 이렇게 가위집을 내어주면서 둘러주세요.

21 장지갑의 뚜껑 부분에도 접착솜을 시접없이 잘라서 겉면 쪽에서 다림질을 해주세요.

22 지갑의 뒷면을 할때와 마찬가지로 파이핑 끈을 둘러주세요.

23 파이핑 끈을 고정시킨 뚜껑의 안감을 올려주고

24 표시된 선대로 박음질하세요.

25 둥근 부분은 이렇게 V자로 가위집을 내어줍니다.

26 가위집을 내었으면 뒤집어 주세요.

04

: 겉감 앞뒤 맞대어 박음질하기

29 장지갑(본체)의 도안을 시접 1cm를 주고 잘라 접착솜을 붙여주세요.

30 겉감의 뒷면에 앞면을 올려놓으세요.

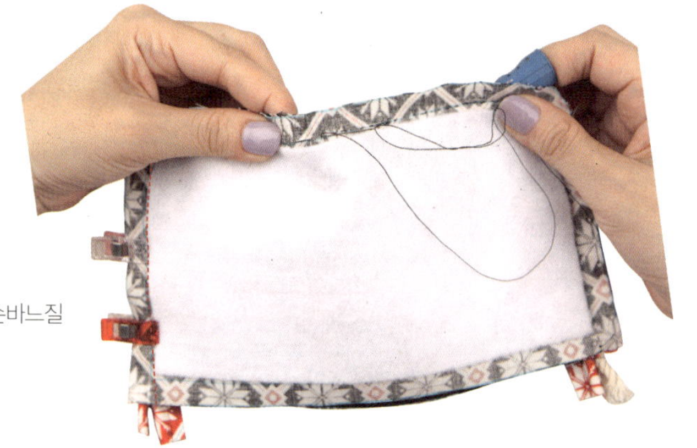

31 옆과 밑은 손바느질 해주세요.

32 박음질로 해도 되고 홈질을 하셔도 무방 합니다.

33 바느질이 다 끝난 지갑의 둥근 부분은 가 위집을 내어주세요.

34 이렇게 V자로 가위집을 내어주면 뒤집었을 때 둥근 부분이 잘 살아납니다.

05

: 안쪽에 카드주머니 달기

35 카드를 넣을 안감을 만들 차례인데 도안대로 선을 그려가며 차근차근 다림질을 해줍니다.

36 한단계씩 병풍접기를 하듯이 하면 됩니다.

37 가운데 중심 부분은 꼭 그려주어야 틀어지는 일이 없으니 유의하세요.

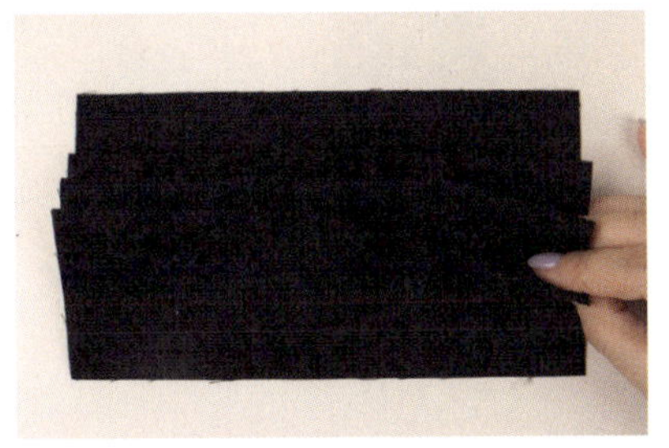

38 안감의 겉면으로 잘되었는지 한 번 더 확인을 합니다.

39 가운데 중심선을 따라 박음질해줍니다.

40 장지갑(안감) 도안을 시접 1cm로 그린 후 재단해주세요.

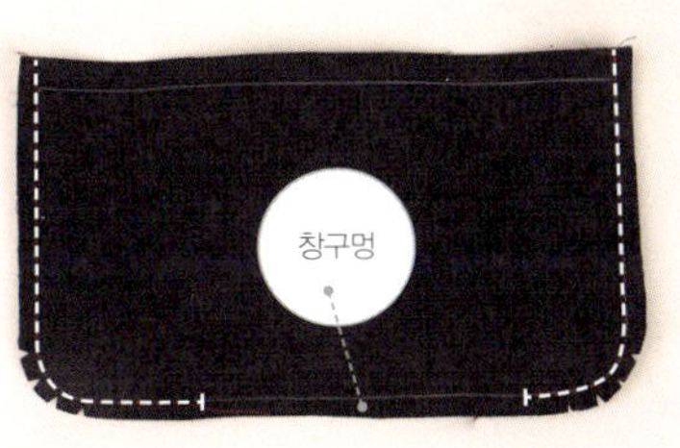

41 카드 안감 위에 올려서 창구멍을 제외하고 박음질하세요.

06

: 안감을 겉감 속에 넣어
박음질하기

42 안감은 뒤집어 주고 겉감은 뒤집지마세요.

43 양쪽 각을 잘 잡아서 꼼꼼히 집어 넣은 후

44 시침 클립으로 고정을 해서 움직이는 것
을 막아준 후 상단을 박음질하세요.

45 안감을 우선 빼내어 줍니다.

46 창구멍을 이용해 겉감을 꺼내어 곱게 펴줍
니다.

07

: 장지갑 뚜껑에
후크 달아주기

47 장지갑 뚜껑에 가방 후크를 달아 주는데

48 반으로 접어 중심에 후크를 달 위치를 표
시해주세요.

49 망치로 가볍게 두드려서 후크를 고정시킵
니다.

50 본체에도 후크를 달아줄 위치를
표시합니다.

51 실뜬개를 이용해서 후크 구멍을 뚫어줍니다.

52 아랫쪽 구멍도 실뜬개를 이용해서 뚫어줍니다.

53 후크를 뚫어 준 구멍에 넣고

54 뒤쪽에 안전고리를 끼워넣어

55 후크를 양쪽으로 벌려서 마무리를 해줍니다.

56 창구멍은 이렇게 맞잡아서 공그르기로 마무리를 해주세요.

57 나만의 개성있는 장지갑이 완성되었습니다.

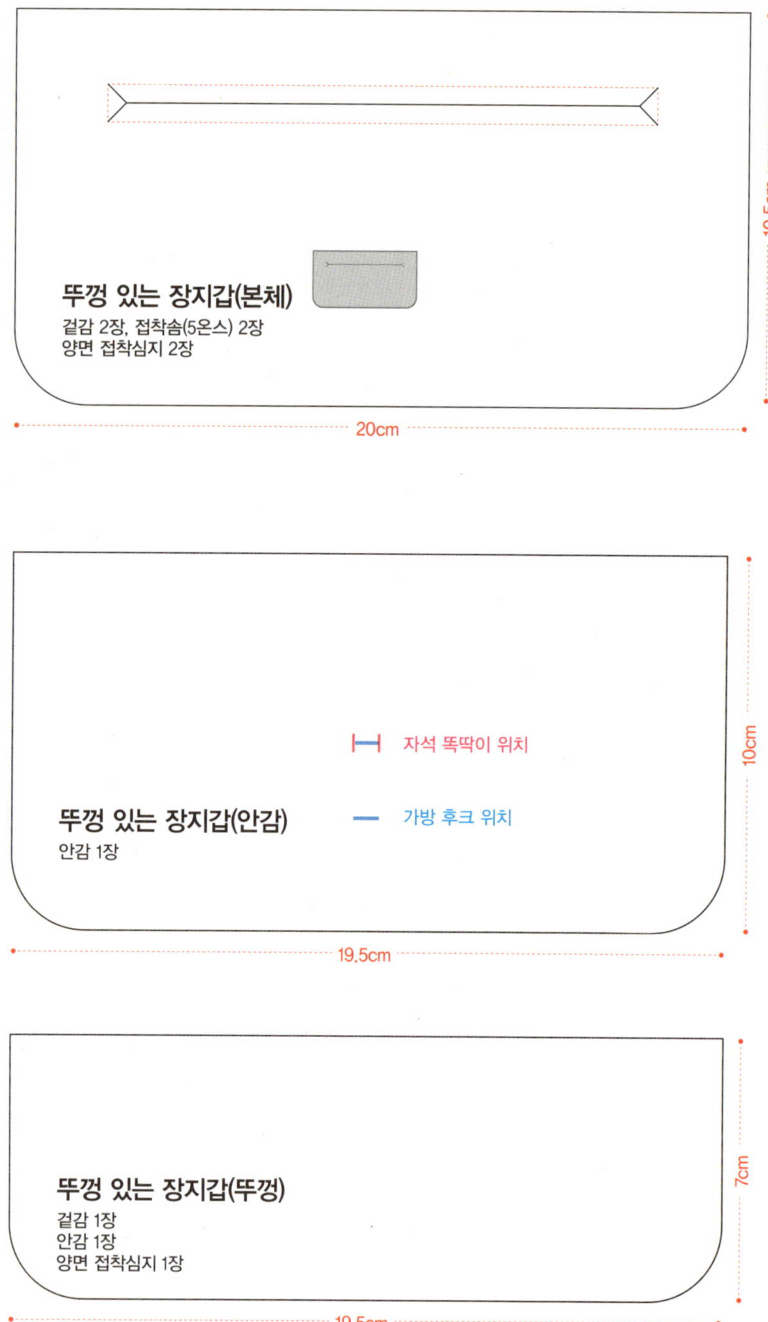
뚜껑 있는 장지갑(본체)
겉감 2장, 접착솜(5온스) 2장
양면 접착심지 2장
10.5cm
20cm

자석 똑딱이 위치
가방 후크 위치
뚜껑 있는 장지갑(안감)
안감 1장
10cm
19.5cm

뚜껑 있는 장지갑(뚜껑)
겉감 1장
안감 1장
양면 접착심지 1장
7cm
19.5cm

뚜껑 있는 장지갑(카드)

안감 1장

1 6cm

2 4.5cm

3 5.5cm

4 4.5cm

5 5.5cm

6 4.5cm

7 7cm

37.5cm

19.5cm

정장에 잘 어울리는

크러치백

정장을 멋지게 입고 나설 때 손이 허전하면
들고 나가기 딱 좋은 것이 크러치백이다.
예전에 어떤 파티에 갔을 때
나만 커다란 가방을 들고 나가
살짝 민망했던 적이 있었다.
그래서 어떤 옷에도 잘 어울리는
크러치백을 만들고 싶었다.
근데 이 녀석이 아주 딱 맞지 뭐야
이제는 정장 입고 작은 파티든 큰 파티든,
요 이쁜 나만의 크러치 백을 들고 나가
막 자랑질을 하리라. ㅋㅋ

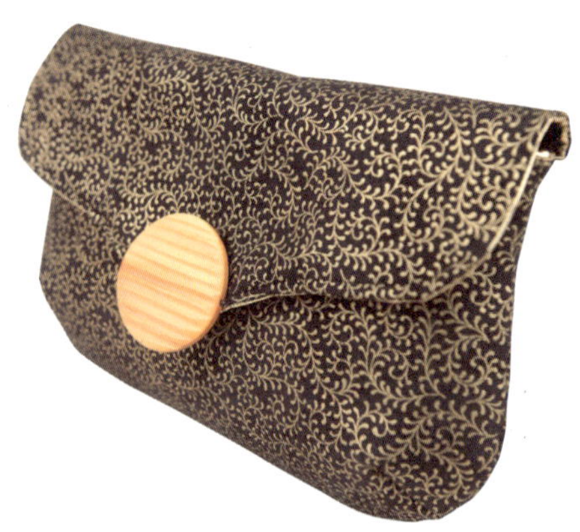

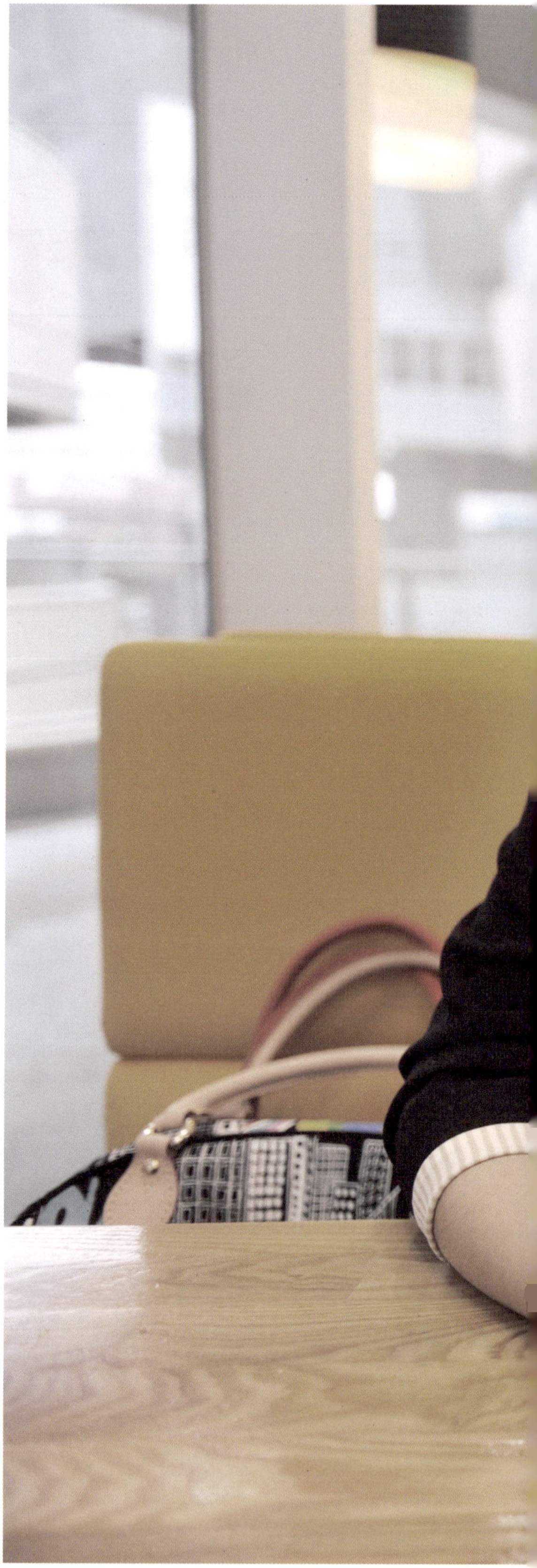

크러치백

재료
겉감 1/4마, 안감 1/4마, 접착솜 5온스 1/4마, 15cm
지퍼 1개, 스냅 자석단추 1쌍, 장신구용 브로치

원단·부자재 출처 : 엔조이퀼트

겉감 재단 **배치도**(55×45cm)

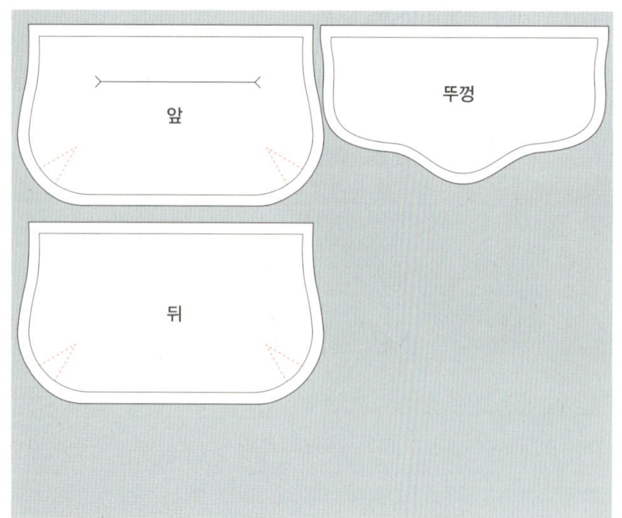

안감 재단 **배치도**(55×45cm)

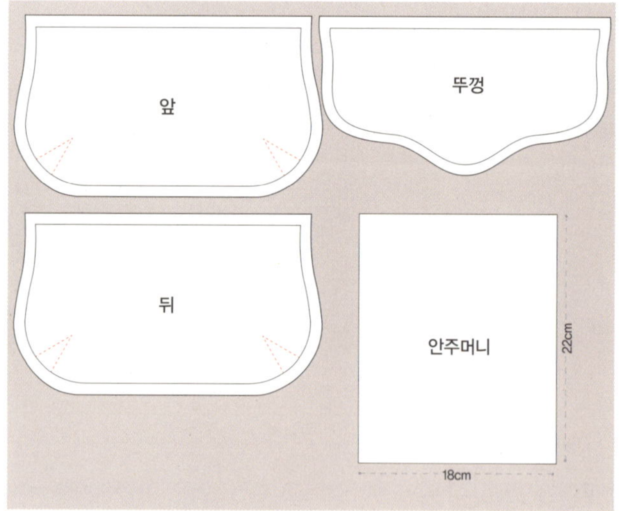

01

: 겉감에 지퍼 주머니 만들기

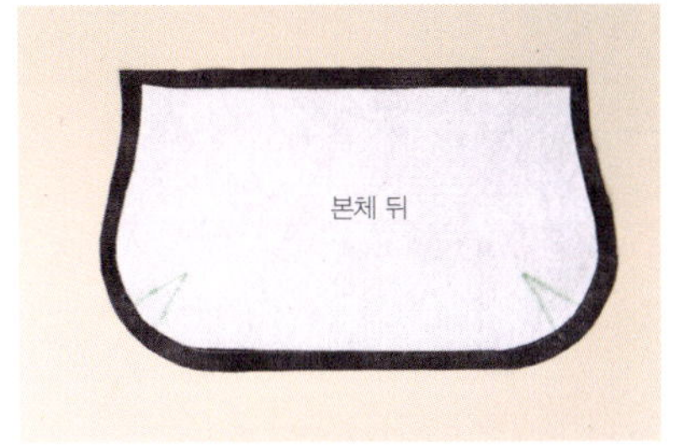

02 도안으로 본체 뒷면을 시접 1cm로 재단하고 접착솜을 붙여주세요.

03 도안에 있는 본체 앞면 지퍼 선까지 그려서 시접 1cm를 두고 재단하세요.

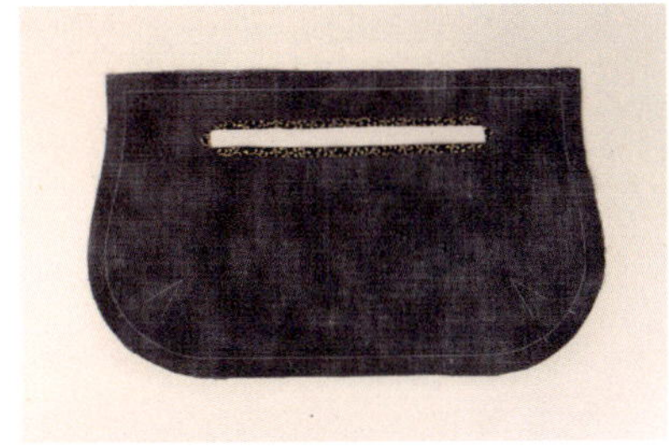

04 모양대로 잘라서 사방을 붙여줍니다.

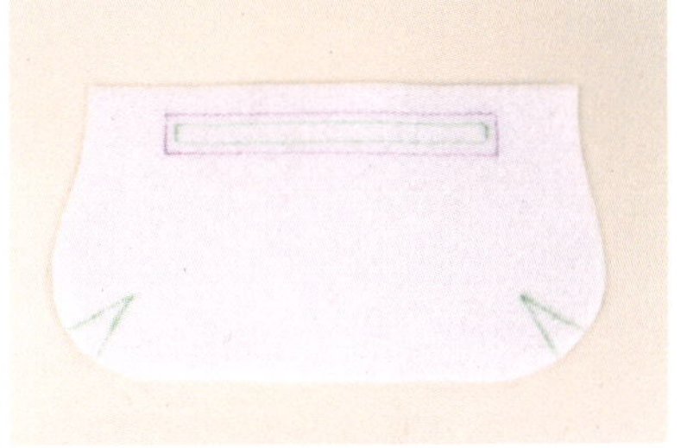

05 접착솜은 시접없이 재단하고 지퍼 선은 사방 0.5cm 더 크게 그려주고

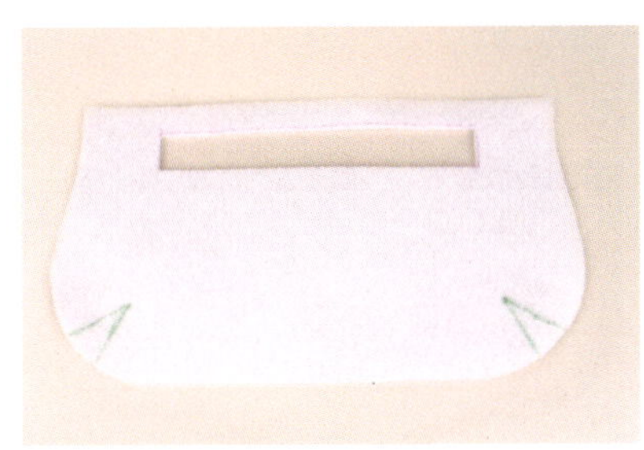

06 지퍼선 둘레를 재단하세요.

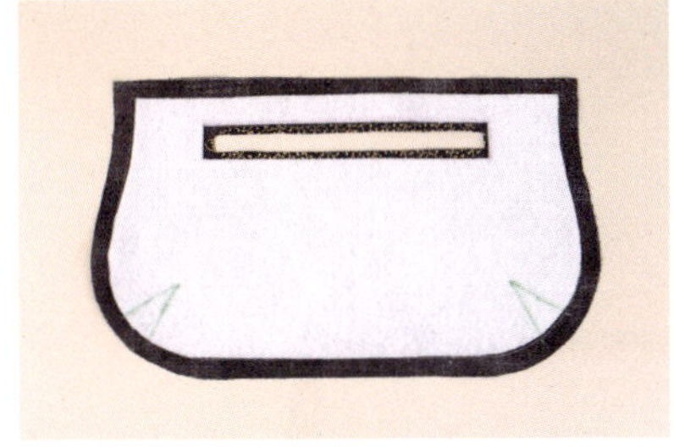

07 재단한 지퍼 선이 있는 접착솜을 본체 앞면에 붙여줍니다.

08 나중에 지퍼를 달 곳에는 접착솜이 붙으면 불편합니다.

09 지퍼 주머니 원단의 겉면에 지퍼 고리가 오른쪽으로 가게 올려 놓고

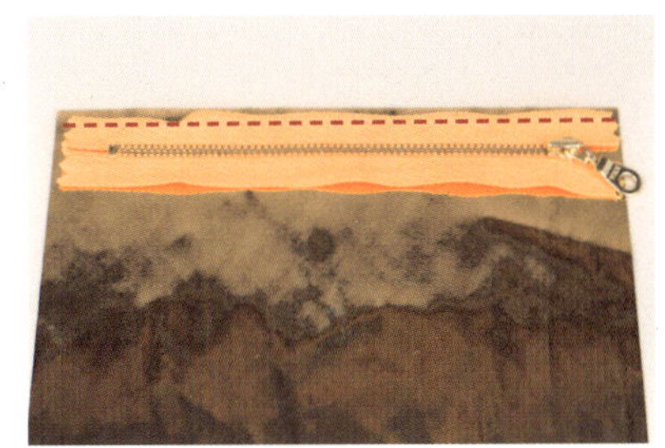

10 표시된 선대로 박음질하세요.

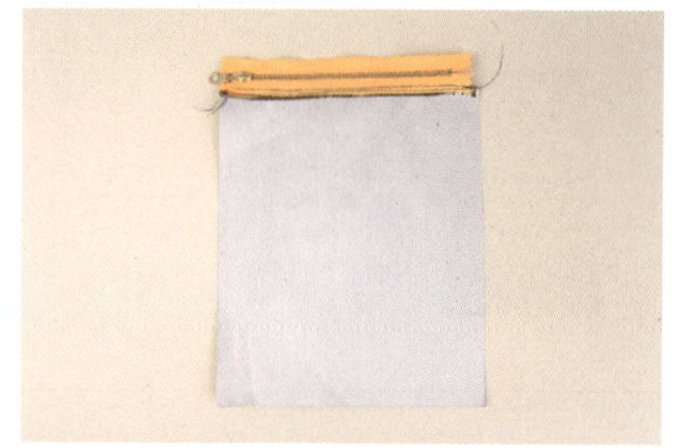

11 지퍼를 위로 올리고 옆으로 뒤집어 주고

12 지퍼 주머니 위에 겉감을 올려주세요.

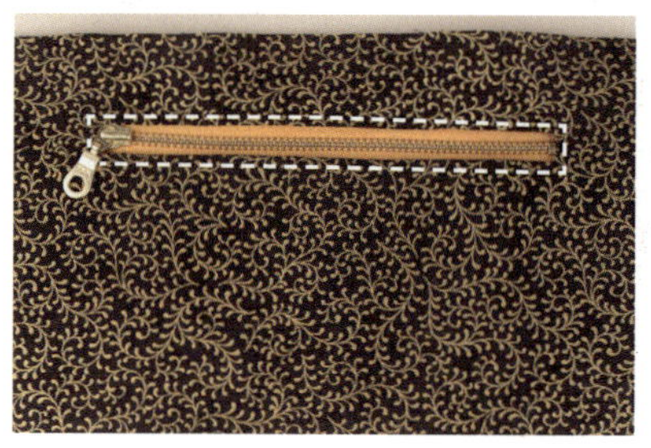

13 표시된 선대로 박음질하고 주머니를 다는 과정은 139쪽을 참고하여 주십시요.

02

: 뚜껑 만들기

14 뚜껑은 겉감과 안감을 재단하여 겉면이 맞닿도록 놓습니다.

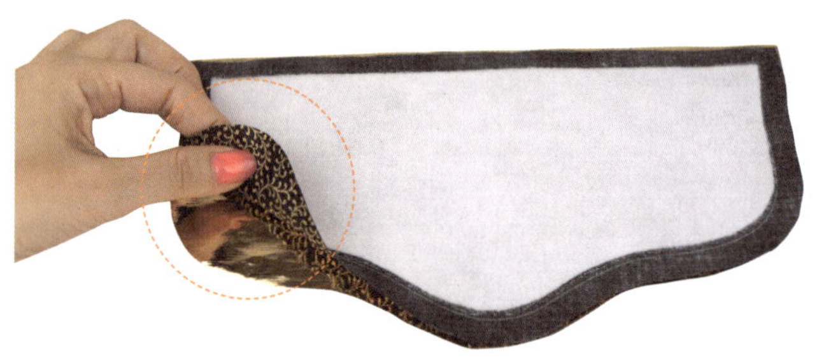

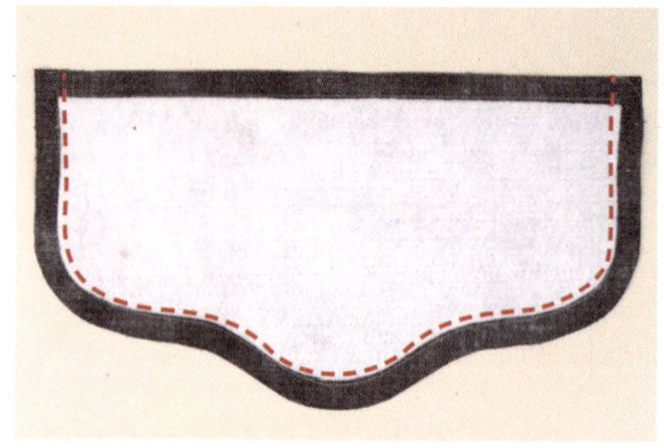

15 표시된 선대로 박음질하세요.

16 둥근선들은 모두 V자로 가위집을 내어줍니다.

17 박음질 하지 않은 곳을 이용해 뒤집어 주고 상침하세요.

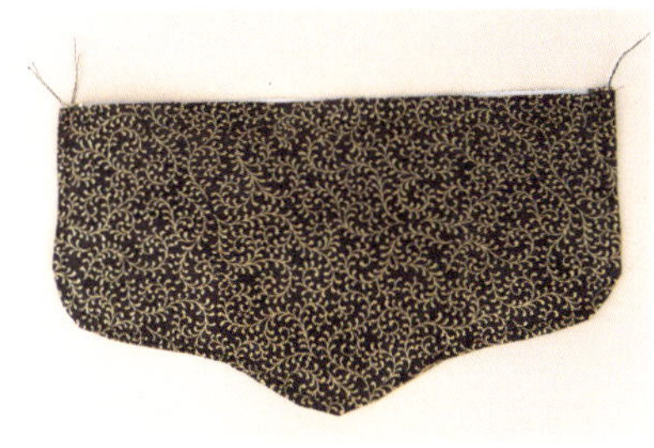

18 뒤집은 뚜껑은 다림질로 한 번 다려줍니다.

19 지퍼를 만들지 않은 겉감 뚜껑에 표시된 선대로 한 번 박음질해줍니다.

03

: 안감 만들기

20 시접을 접어서 박음질하고

21 시접을 가위로 잘라주세요.

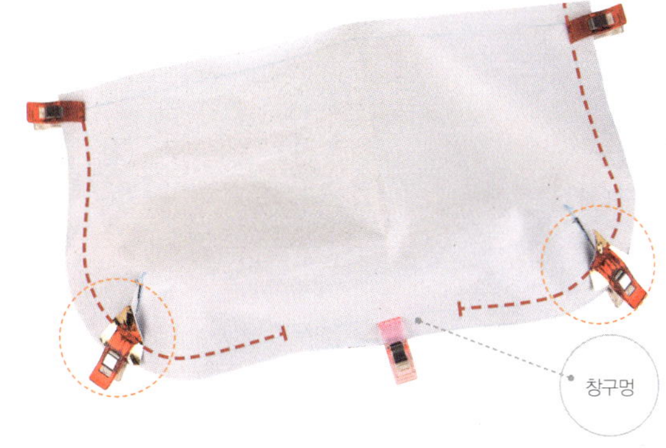

22 창구멍을 남기고 표시된 선을 모두 박음질 해줍니다.

23 접어서 박음질 하고 잘라놓은 시접은 이렇게 가름솔로 박음질해야 합니다.

24 창구멍을 제외하고 모두 박음질 하였습니다.

04

: 겉감 만들기

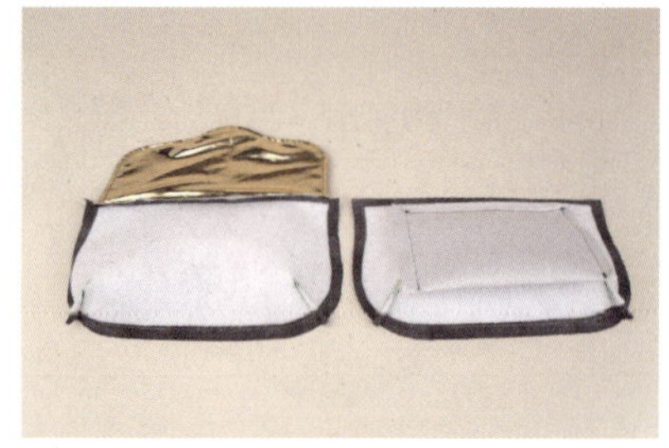

25 겉감과 안감이 완성되었으면

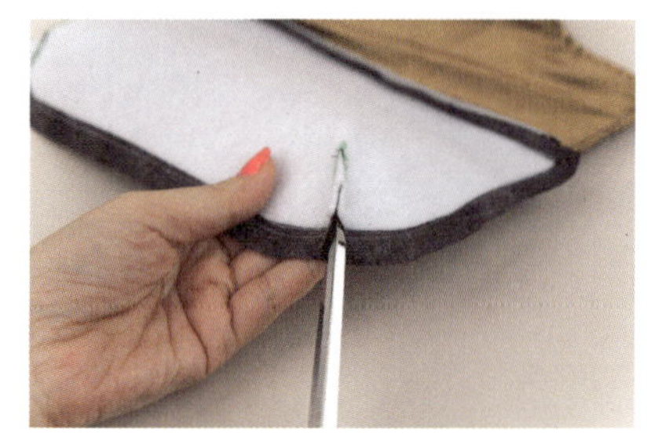

26 겉감의 시접도 가위로 잘라

27 가름솔로 하여

28 본체 앞과 뒤를 맞대어서 표시된 선대로 박음질해줍니다.

29 뚜껑의 겉쪽에 스냅 자석단추의 수컷 달 곳을 표시하고

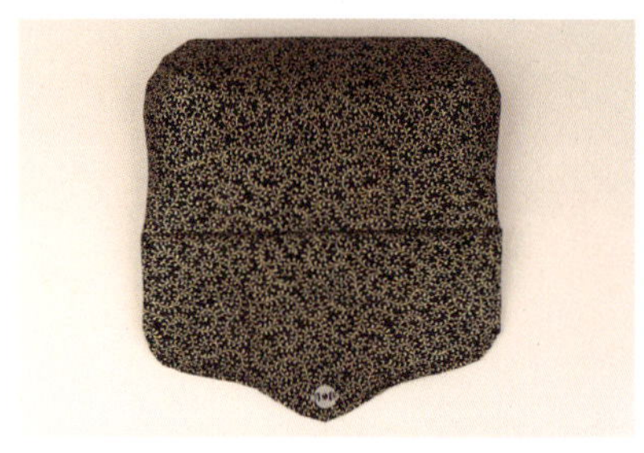

30 스냅 단추 수컷을 달아주세요.

05

: 겉감과 안감 맞대어 박음질하기

31 겉감의 둥근 부분에 가위집을 내고

32 겉감 안에 안감을 넣어야 합니다.

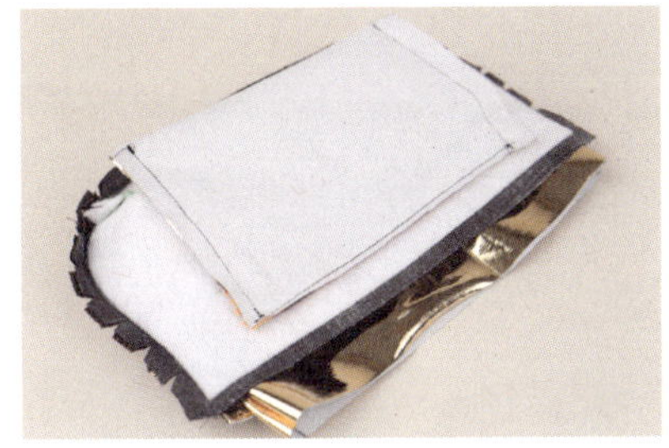

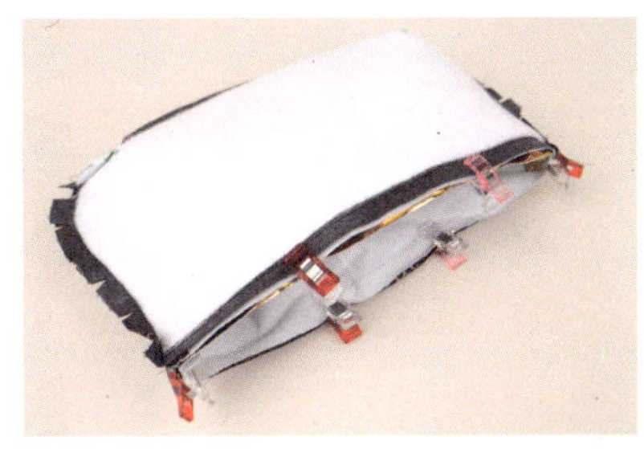

33 안감에는 양면 접착심지를 붙이지 않았으 므로 꼼꼼히 울지않게 잘 넣어주세요.

34 박음질을 하기 위해선 시침 클립이나 시침 핀으로 상단을 고정합니다.

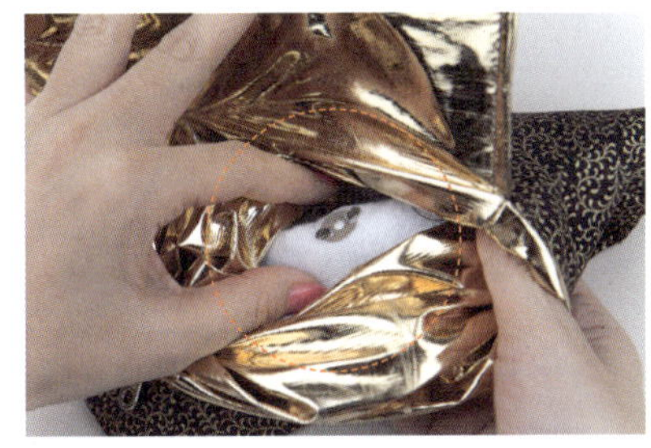

35 안감의 창구멍을 이용해

36 겉감을 조심스럽게 꺼내어 줍니다.

37 겉쪽에 스냅 단추 암컷을 달아야 하는데 이때 창구멍을 이용해서 달아주면 됩니다.

38 크러치 앞쪽에 지퍼와 스냅 단추가 있어야 합니다.

39 창구멍을 이렇게 맞잡아서 공그르기를 합 니다.

40 겉감과 안감을 잘 잡아서 표시된 부분을 상침하세요.

41 상침을 해야 안감이 밖으로 기어나오는 것 을 막을 수 있어요

42 뚜껑에는 본인이 가지고 있는 장신구를 이용해서 데코를 하면 클러치백이 완성입 니다.

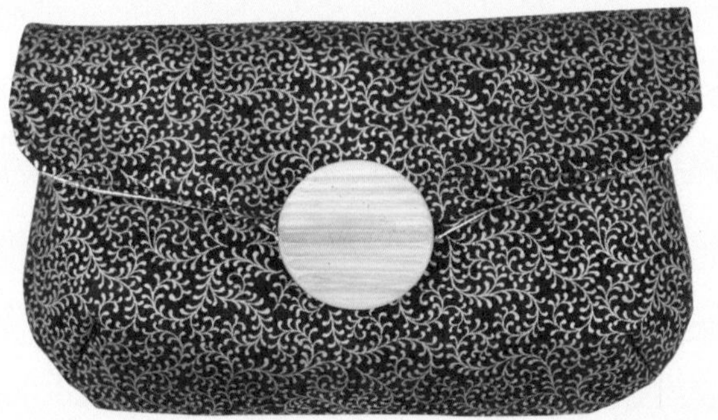

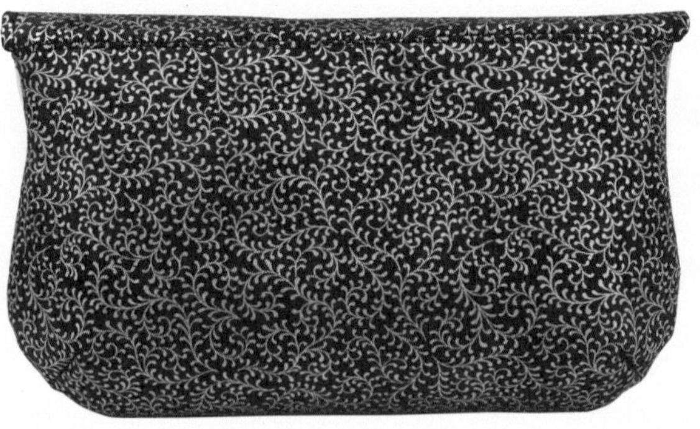

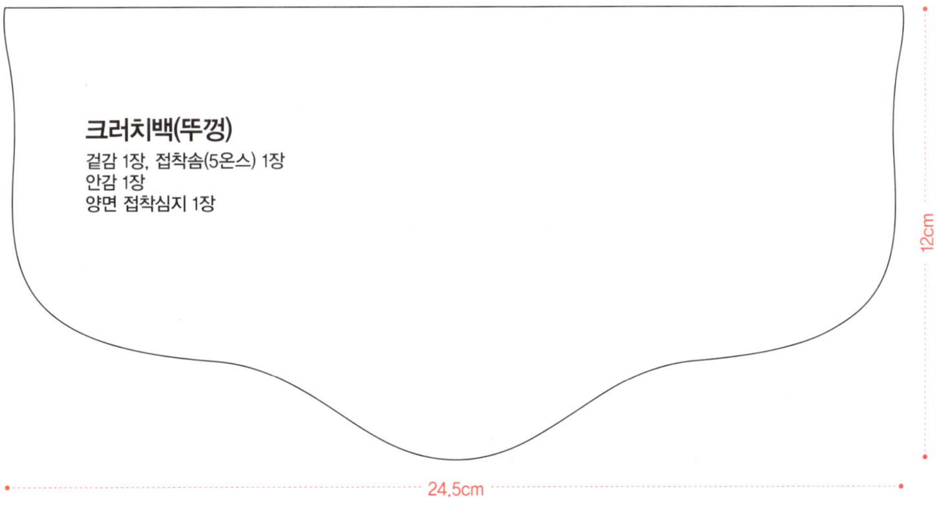

크러치백(뚜껑)
겉감 1장, 접착솜(5온스) 1장
안감 1장
양면 접착심지 1장
12cm
24.5cm

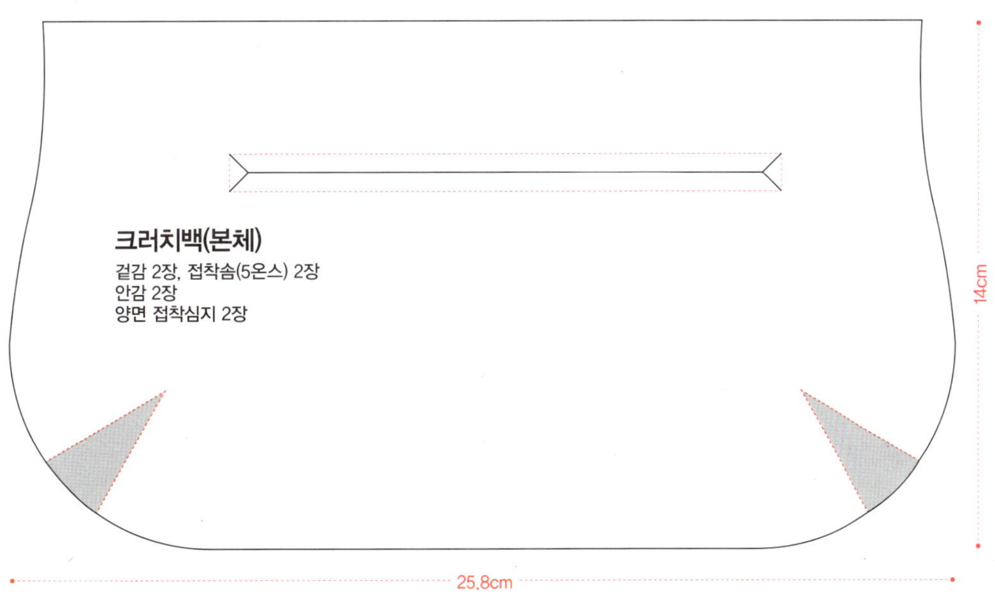

크러치백(본체)
겉감 2장, 접착솜(5온스) 2장
안감 2장
양면 접착심지 2장
14cm
25.8cm

뚜껑 있는 미니백

바느질이 어느 정도 손에 익을 무렵,
막내 올케의 생일에 용감무쌍하게
나는 인조가죽으로 미니백을 만들기로 했다.
지금 보면 진짜 허접하기 짝이 없는 미니백이건만
여전히 잘 들고 다녀준다.

미니백은 가볍게 지갑 하나, 화장품 몇 가지만
챙기기 좋은 아이템이기에
동네방네 미니백을 선물하기도 했고
만드는 법을 알려주기도 했다.
이놈의 오지랖은 도대체 어디가 끝인지.

만드는 방법을 나만 알고 있는 것이 나는 싫다.
모두에게 쉬운 방법으로
자신만의 것을
만들 수 있게 하고 싶은
나의 작은 소망이 담긴 미니백이다.

뚜껑 있는 미니백

재료
겉감 60×40cm, 안감 60×40cm, 접착솜 5온스
60×40cm, 접착솜 2온스 60×40cm, 양면 접착
심지 60×40cm, 가방 손잡이, 사시꼬미, 15cm 지
퍼 1개

원단·부자재 출처 : 꾸밈디자인, 샬롱드마젤

겉감/안감 재단 **배치도(60×40cm)**

01

01 먼저 뚜껑과 몸체가 붙어있는 도안지를 대고 시접 1cm를 그려 재단합니다.

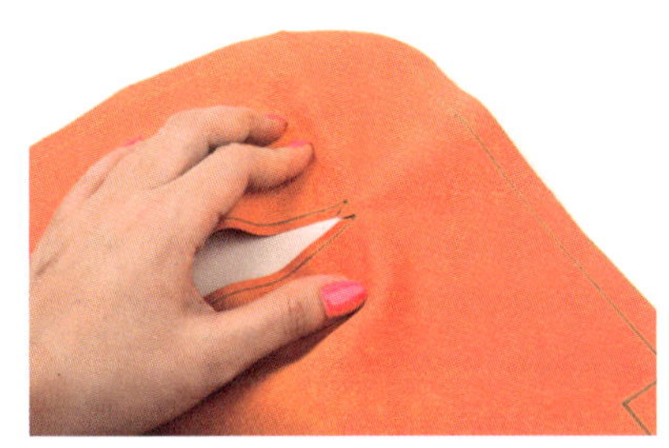

02 지퍼 달 곳을 재단하는데 끝은 이렇게 세모가 되게 잘라야 해요.

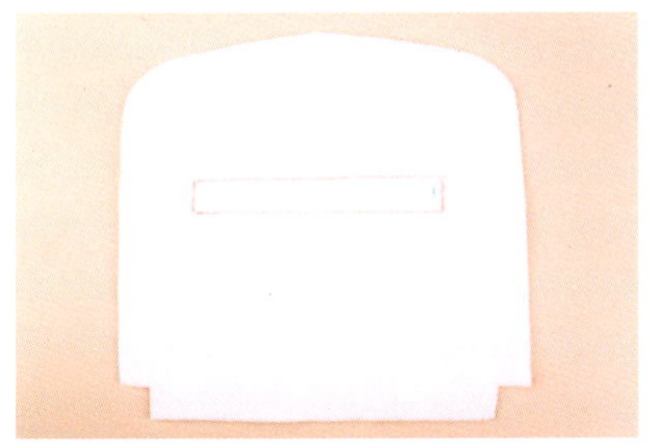

03 뚜껑과 몸체에 붙여질 양면 접착심지에 지퍼가 들어갈 모양대로 그려놓고

04 사방 0.5cm의 여유를 두고 재단하세요.

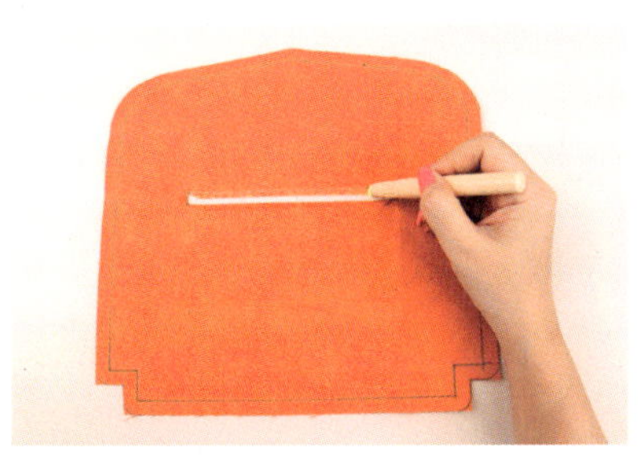

05 양옆 세모 모양부터 풀을 바른 후 붙이고 위아래를 붙이면 되요.

06 풀이 마르기 전에 재빨리 붙여주세요.

07 지퍼 구멍을 내고 뚜껑과 몸체 부분에 양면 접착심지와 접착솜(5온스)을 얹어서 겉쪽에서 다림질하세요.

08 지퍼는 오른쪽으로 고리가 가게 위로 올리고, 표시된 부분을 박음질하세요.

09 지퍼를 위로 올린 후 옆으로 뒤집은 모습입니다.

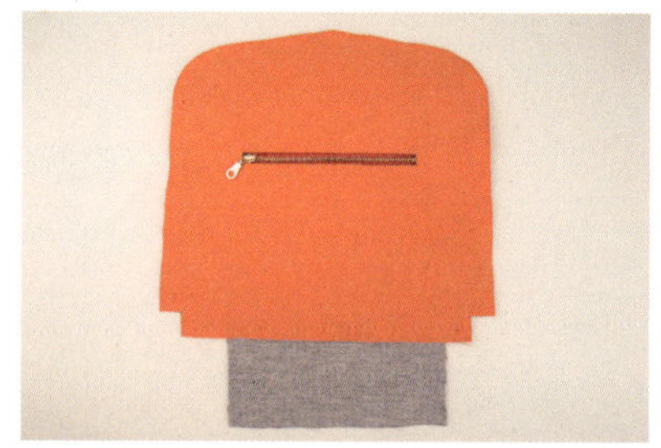

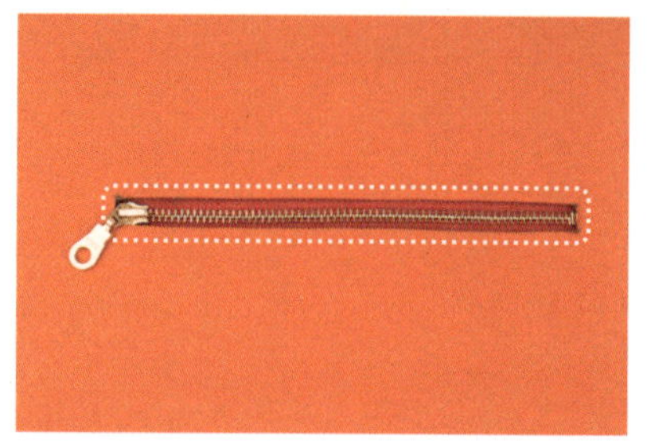

10 지퍼를 박음질한 주머니를 밑에 놓고, 접착솜을 붙인 뚜껑/몸체를 잘 얹어 놓습니다.

11 점선으로 표시된 부분을 박음질하세요.

02

: 앞주머니에
  자석똑딱이 달기

12 앞주머니로 사용할 원단을 마주보게 놓은 후 표시된 부분을 박음질하세요.

13 스냅단추 위치를 펜으로 표시합니다.

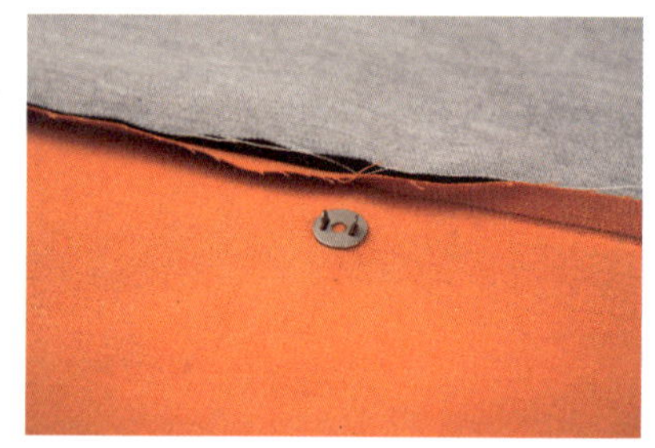

14 표시한 부분은 실뜯개로 구멍을 내주세요.

15 구멍을 낸 부분에 스냅단추를 넣고

16 뒤에 이렇게 고정을 시킨 다음

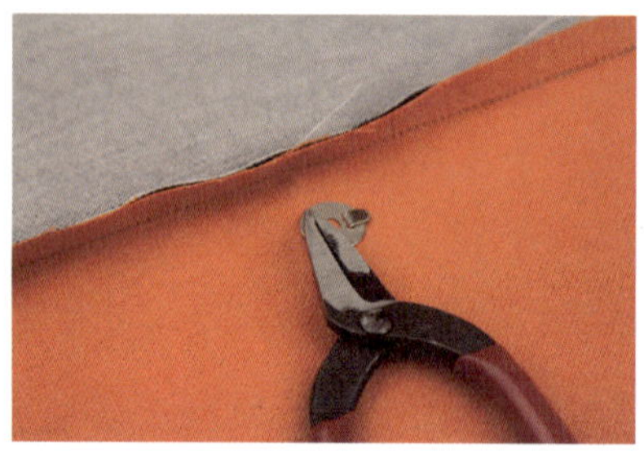

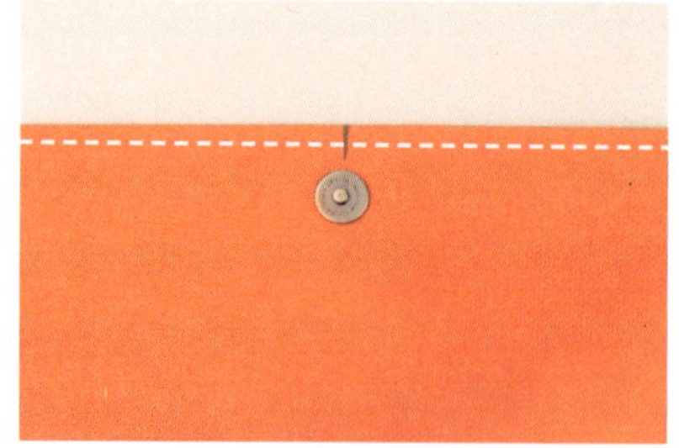

17 도구를 이용해 양쪽으로 벌려주면 고정이 됩니다.

18 앞주머니 안쪽에 양면 접착심지를 넣고 다림질하세요.

19 점선으로 표시된 부분을 상침으로 박음질하세요.

21 접착솜을 붙인 몸체 앞면에 미리 박아놓은 겉주머니를 올리고 점선으로 표시된 부분을 가볍게 시침질 해줍니다.

20 몸체의 원단 뒷면에 양면 접착심지를 먼저 올리고 그 위에 접착솜을 얹고 다림질을 해주세요.

22 겉주머니를 시침질 해 놓은 몸체를 뚜껑이 있는 몸체의 원단의 겉면에 올려놓습니다.

23 점선으로 표시된 부분을 먼저 박음질하세요.

24 모서리 부분은 이렇게 맞잡아서 박음질 하면

25 미니백의 겉쪽이 모두 완성되었습니다.

26 안감을 만들기 전에 꼭 이렇게 스냅단추의 수컷부분을 접착솜과 함께 고정을 시켜주세요.

: 안감 완성한 후
  겉감과 이어주고 마무리하기

27 이제는 안감을 점선대로 박음질하시고 모
   서리도 박음질하세요.

28 완성된 안감을 겉감 속에 집어넣고

29 점선으로 표시된 부분을 박음질하세요.

30 뚜껑의 양 가장자리는 이렇게 한 번 잘라
   주면서 박음질하면 됩니다.

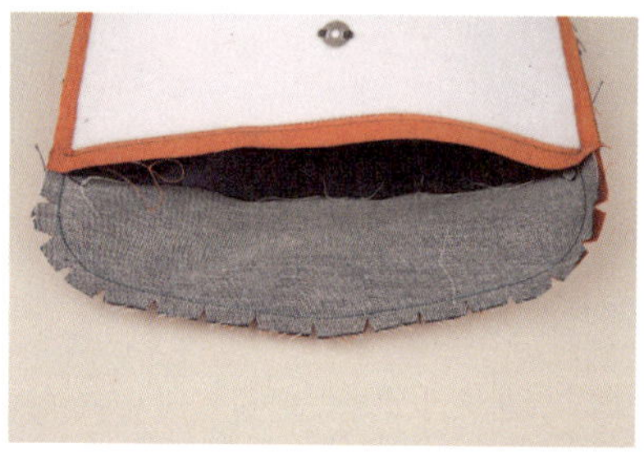

31 뚜껑의 둥근부분 모두를 V자로 가위집을
   내어 주고 뒤집어 주세요.

32 겉감과 안감이 만나는 부분의 시접을 안
   으로 집어넣고 집게로 고정을 해주세요.

33 그리고 이렇게 상침을 하면 됩니다.

34 가방 고리 위치를 정해서 표시합니다.

35 원하는 컬러의 실로 바느질 해주세요..

36 뚜껑의 정 중앙에 사시
꼬미를 달아줄 위치를
표시한 후

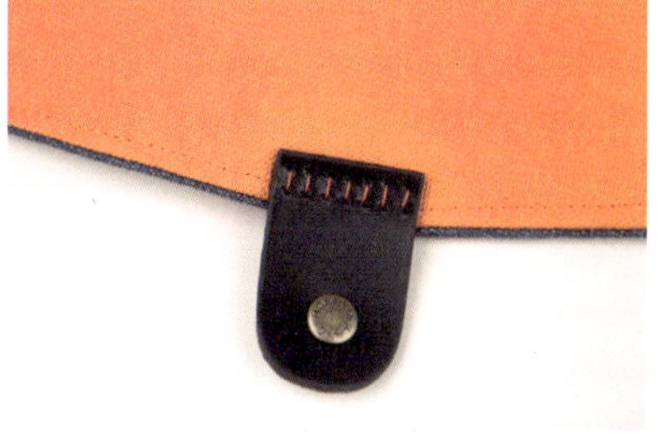

37 이렇게 바느질하고

38 몸체에도 사시꼬미 암컷을 바느질하세요.

39 자 완성된 뚜껑 있는 미니백입니다.

뚜껑 있는 미니백(뚜껑/뒷면)
겉감 1장, 접착솜(4온스) 1장
안감 1장
양면 접착심지 1장

뚜껑 있는 미니백(앞면)
겉감 1장, 접착솜(4온스) 1장
안감 1장
양면 접착심지 1장
17cm
2cm
2cm
26cm

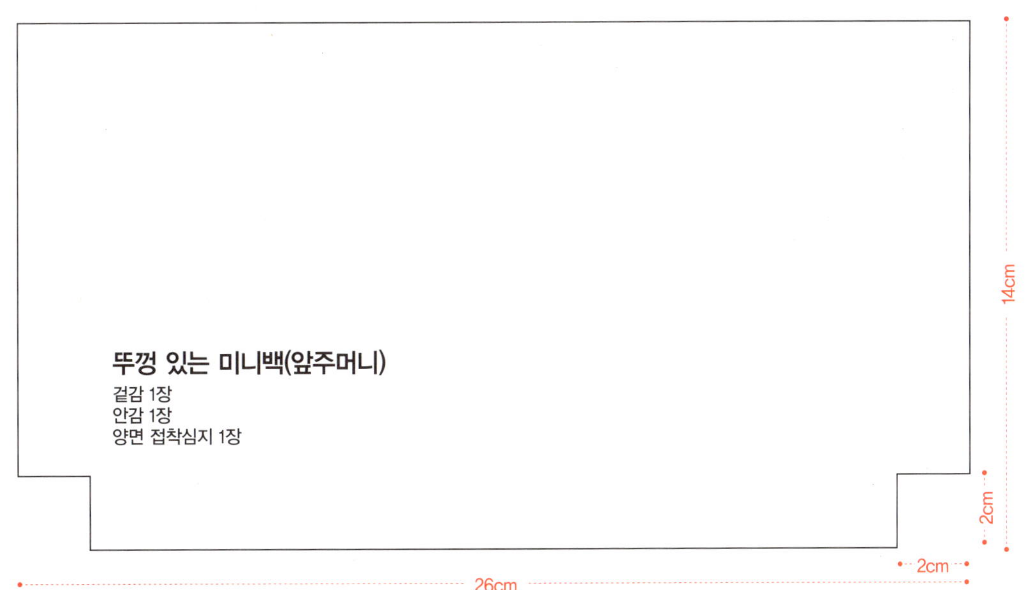

뚜껑 있는 미니백(앞주머니)
겉감 1장
안감 1장
양면 접착심지 1장
14cm
2cm
2cm
26cm

나 수준 있는 여자라고,
가방 및 배낭

1F
MEN
GRAPHI
B 1F
WOM
ACCES
8IGHT SECOND

멋쟁이 엄마에게 잘 어울리는

닥터백

내게 가방을 만드는 재주가 있을 줄이야.
예전에 미처 몰랐던 내 모습,
얌전히 앉아서 바느질하는 내 모습
아직은 어색하고 웃기다.

처음 만든 닥터백은 나와 지난 13여 년을 같이 했던
동생 같은 직원에게 선물했다.
물론 선머슴 같은 그 녀석이
들고 다닐 용도는 절대로 아니고
내게 이런 선물과도 같은 직원을 보내준
그 녀석의 엄마에게 주기 위함~~~
딸을 낳았는데 아들로 자란다며
늘 내게 잘 부탁한다는 말씀을
아끼지 않으시는 멋쟁이 엄마~~
엄마를 닮은 구석이라곤 한 군데도 없는 그 녀석,
그 녀석의 멋쟁이 엄마에게 잘 어울렸으면 하는 바람이다.

그리고 오늘 난 여전히 바느질한다.

닥터백

재료

겉감 1/2마, 안감 1/2마, 접착솜 5온스 1/2마, 접착
솜 2온스 1/2마, 양면 접착심지 1/2마, 24cm 휠 1
개, 가방 손잡이, 자석 스냅단추 1개, 15cm 지퍼 2
개, 바닥전용 고무판 1개

원단·부자재 출처 : 엔조이퀼트

겉감 재단 배치도(110×45cm)

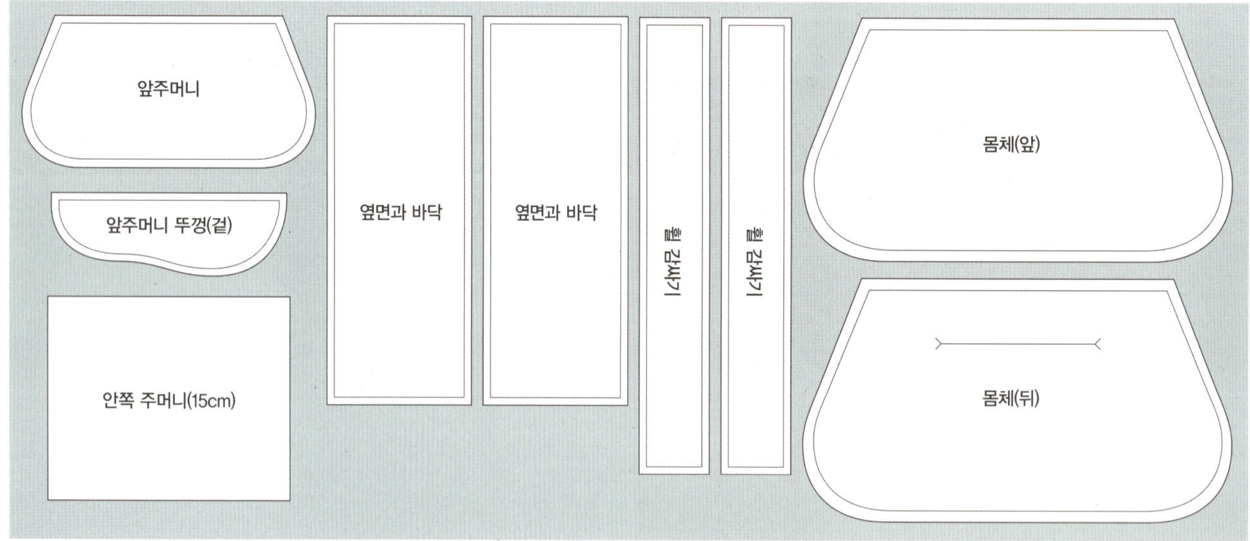

01

: 본체 겉감 뒷면에
지퍼 주머니 달기

01 우선 겉감의 안쪽에 양면 접착심지와 접착
솜을 겉감 쪽에서 다림질로 붙여주세요.

02 그리고 뒷면의 지퍼를 달아주기 위해 가위
로 재단한 지퍼 면을 접착풀(원단 전용 풀)
로 붙여주는데

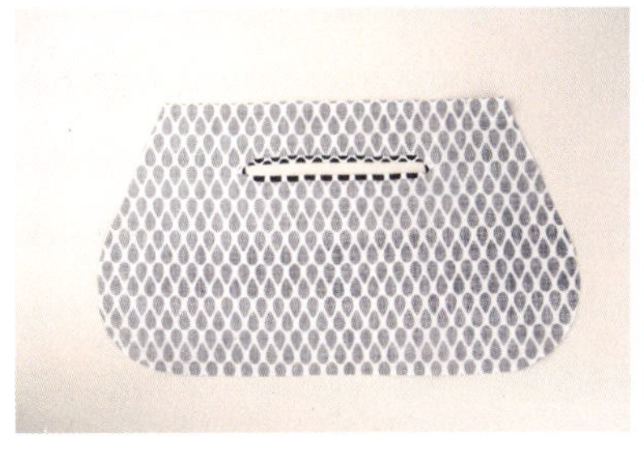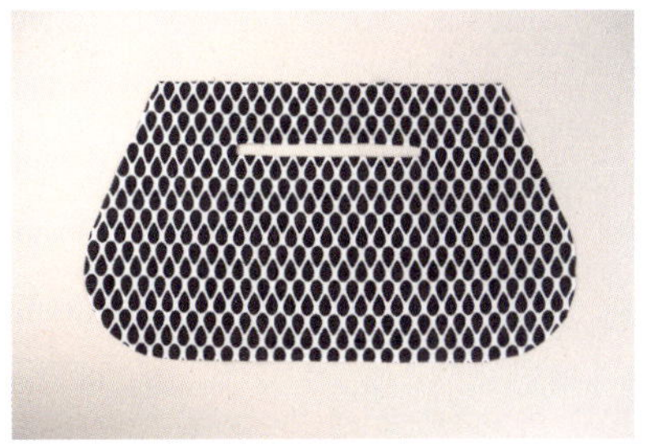

03 접착풀이 마르기 전에 재빨리 붙여줘야
잘 붙어요.

04 접착풀을 원단에 다 붙인 모습이고

05 지퍼를 달아 줄 겉면입니다.

06 지퍼용 안감의 겉에 지퍼 고리가 오른쪽으
로 오게 한 후 상단을 박음질하여 주세요.

07 상단을 박음질 한 지퍼를 옆으로 뒤집어
주세요.

09 뒷면의 안쪽 위에 양면 접착심지를 먼저
올린 후, 접착솜을 올리고 겉쪽에서 다림
질 하면 됩니다.

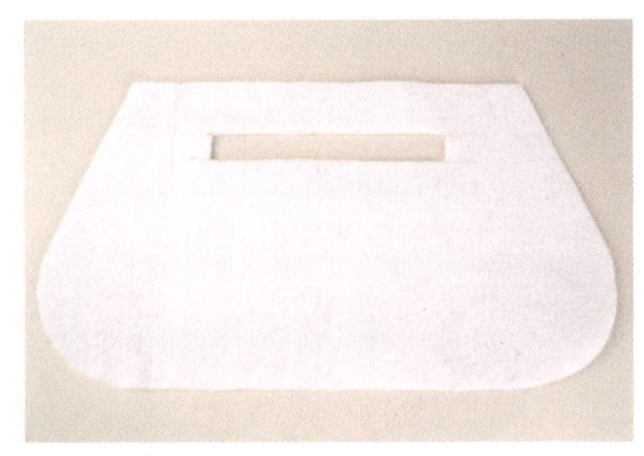

08 겉감에 붙여줄 접착솜(5온스)을 지퍼 선보
다 사방 5mm 더 잘라서 놓은 후

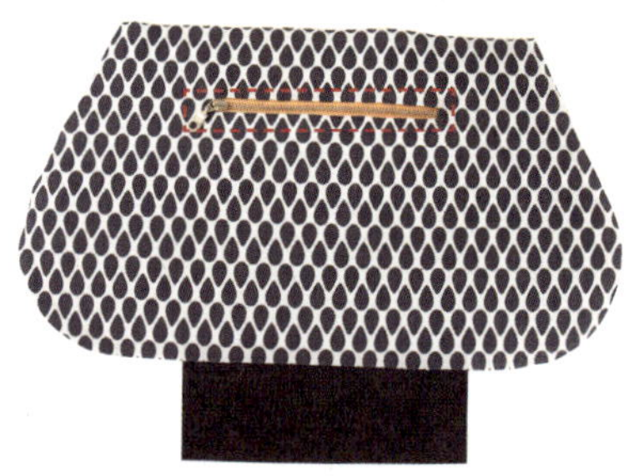

10 박음질 해놓은 지퍼 주머니 위에 올리고 표시된 선대로 박음질하세요.

11 지퍼 주머니 아래를 위로 반접어서 겉감과 같이 박음질하세요.

12 주머니의 오른쪽은 표시된 선대로 박음질 하시고

13 왼쪽 주머니 부분도 표시된 선대로 박음질하세요.

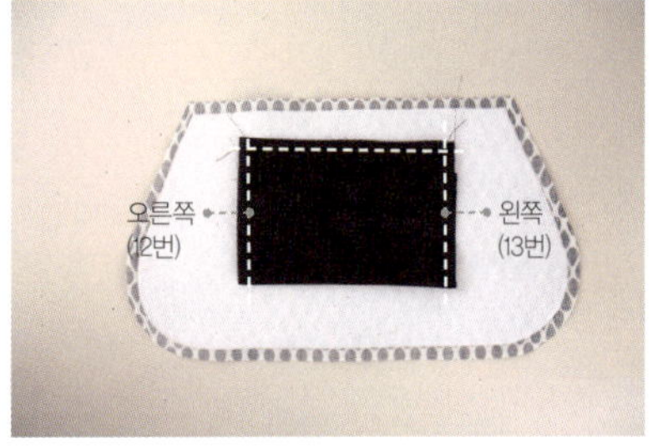

14 본체 겉감의 뒷면이 이렇게 완성 되었습니다.

02

: 겉감에 뚜껑과
  앞주머니 달기

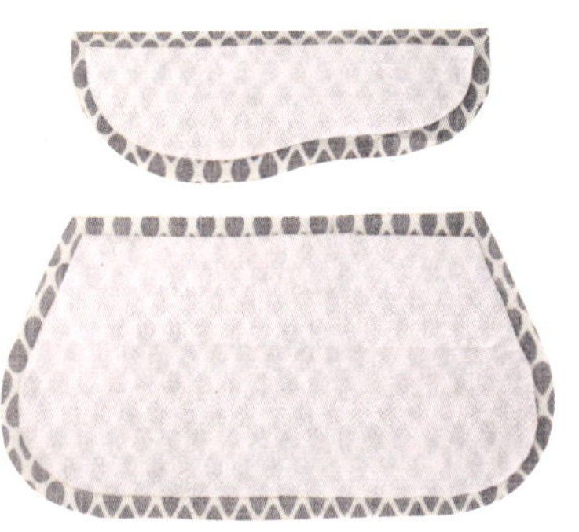

15 겉감을 도안대로 자른 뚜껑과 주머니 위에 양면 접착심지와 접착솜을 다림질하고

16 안감의 뚜껑 쪽에 먼저 스냅단추 수컷을 표시한 후 먼저 고정해 주세요.

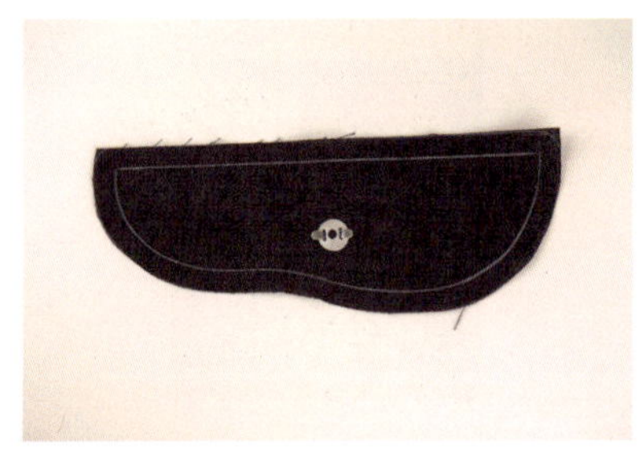

17 도구를 이용하여 양쪽으로 벌려서 고정만 시키면 되는 아주 간단한 방법입니다.

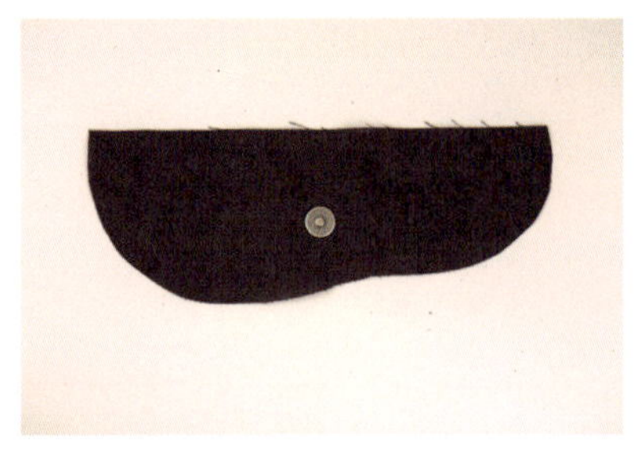

18 좌우가 구분되는 뚜껑이므로 자석이 안감의 겉쪽으로 나오게 고정해야 해요.

19 자 이제는 앞주머니 겉감과 안감을 원단의 겉끼리 맞대어 주세요.

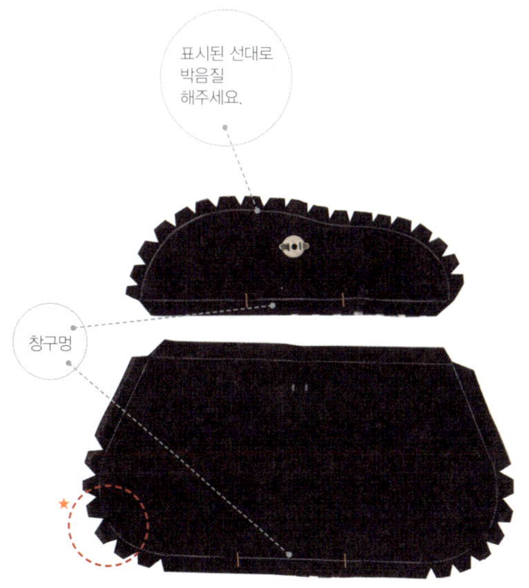

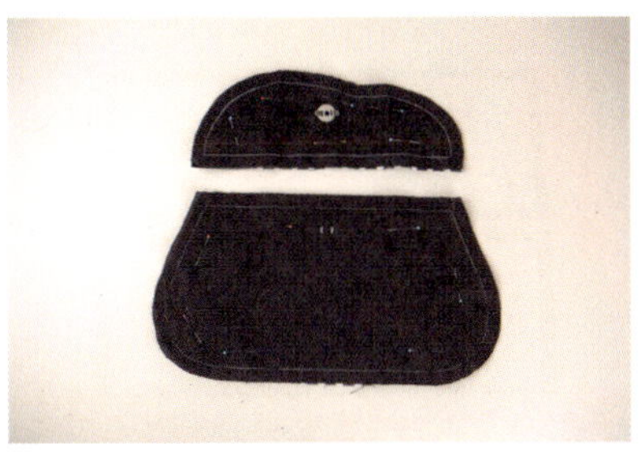

20 시침 핀으로 일일이 고정을 해주어야 재봉
할 때 편리합니다.

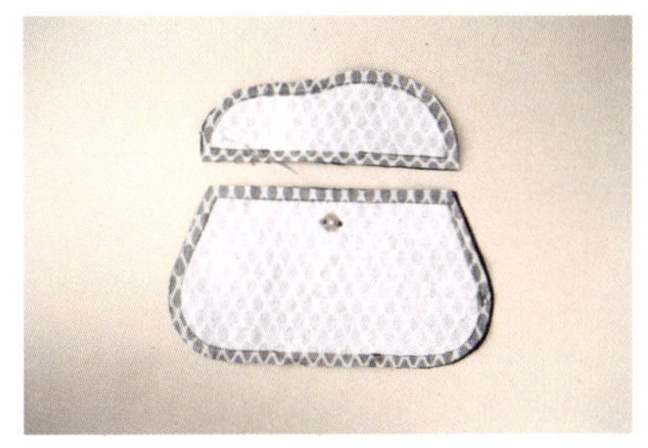

21 스냅단추 암컷은 주머니의 겉감 쪽에 달아
주면 됩니다(도안에 표시되어 있어요).

23 겉감의 상단에서 4cm를 내려서 뚜껑과
주머니의 위치를 잡아 시침 핀으로 고정하
세요.

24 주머니와 뚜껑 부분의 창구멍은 이때 겉감
과 같이 박음질하면 됩니다.

22 곡선 부분은 이렇게 V자로 가위집을 내
주시고 창구멍을 이용해 뒤집어 주세요.

03

: 옆면과 바닥면
  박음질하기

26 모서리 부분은 이렇게 잡아서 시침 핀을
꽂아가며 박음질하고 옆 면 쪽의 둥근 부
분에 가위집을 내주어야 편리합니다.

25 옆면과 바닥면 위에 양면 접착심지와 접
착솜을 붙여서 점(●)이 표시된 면끼리 박
음질하세요.

27 옆면과 바닥면을 앞판에 박음질 하였습
니다.

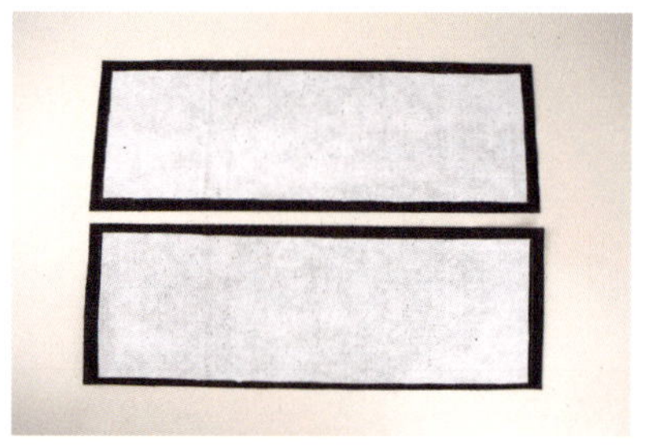 

28 이제는 안감의 옆면과 바닥면에 먼저 접착 솜(2온스)을 다림질 해고

29 겉감의 방식과 마찬가지로 두 개를 하나로 이어 박음질하세요.

04

: 안감에 주머니 박기

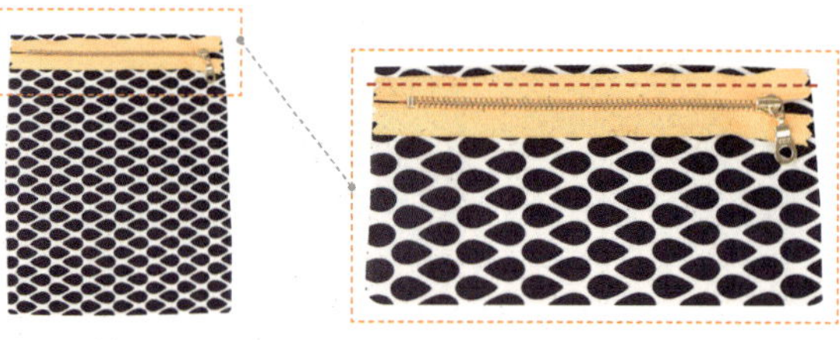

30 안쪽에 들어갈 지퍼는 겉면에 지퍼고리가 오른쪽으로 가게 박을질하세요.

31 상단을 박음질 한 다음 지퍼를 올리고 옆으로 뒤집어주세요.

32 안감에도 지퍼 구멍을 내어서 겉감에서 했던 방법대로 붙여주면 됩니다(2~4번 참조).

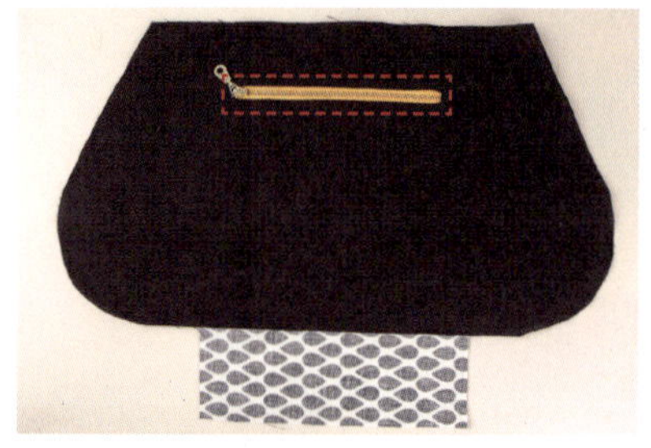

33 박음질 해놓은 지퍼 주머니 위에 올리고 표시된 선대로 박음질하세요.

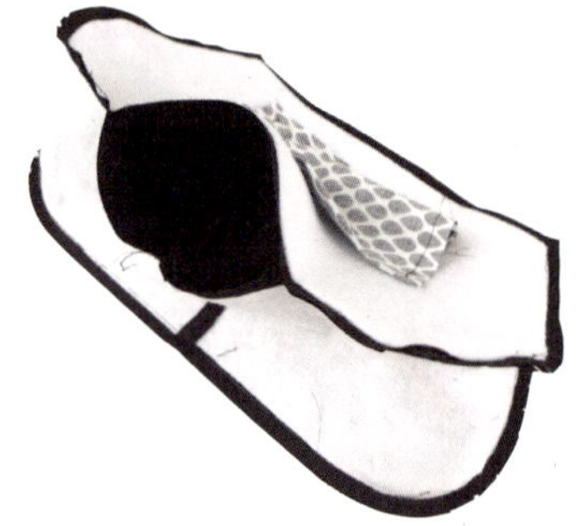

34 안감은 이렇게 바닥쪽에 창구멍을 꼭 내주어야 합니다(15cm 정도면 적당).

05

: 겉감에 휠감싸기 재봉하고 안감과 맞대어 박음질하기

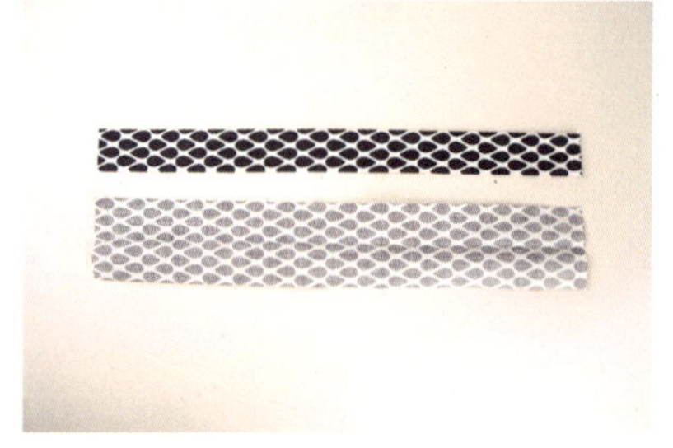

35 휠감싸기는 이렇게 미리 반을 접어서 다림질 해주세요.

36 양 끝을 1cm 정도 미리 박음질 해놓습니다.

37 완성해 놓은 겉감의 상단시접과 휠감싸기용 시접을 맞물려 박음질하세요.

38 뒤집지 않은 겉감과 뒤집어 놓은 안감입니다.

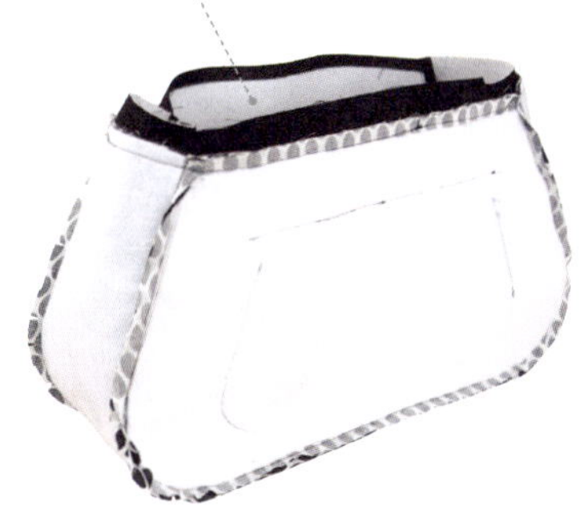

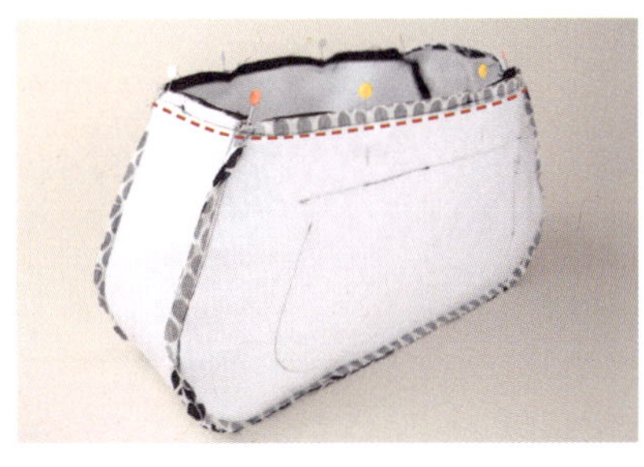

39 뒤집은 안감을 뒤집지 않은 겉감 속에 넣어주세요.

40 상단을 시침 핀으로 고정한 후 사방을 박음질 합니다.

41 바닥용 고무판을 가로 30cm×세로 12cm로 잘라 놓으세요(1장만 자르셔도 되요).

42 창구멍을 통해 겉감을 꺼내어 주셔야 하는데

43 창구멍이 찢어지지 않게 조심조심 꺼내어 주세요.

44 다 뒤집은 후에는 고무판을 창구멍으로 넣어주신 후 창구멍을 공그르기로 마무리해주세요.

: 휠넣고 마무리하기

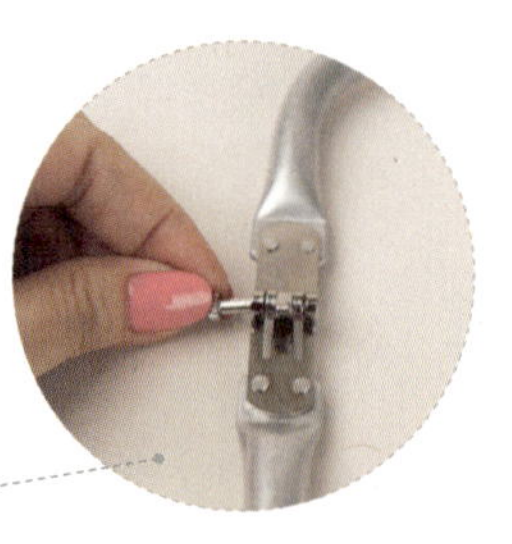

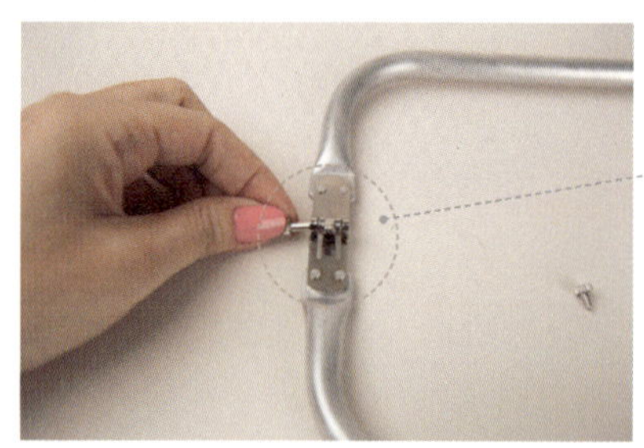

46 휠에 있는 나사를 빼어내고

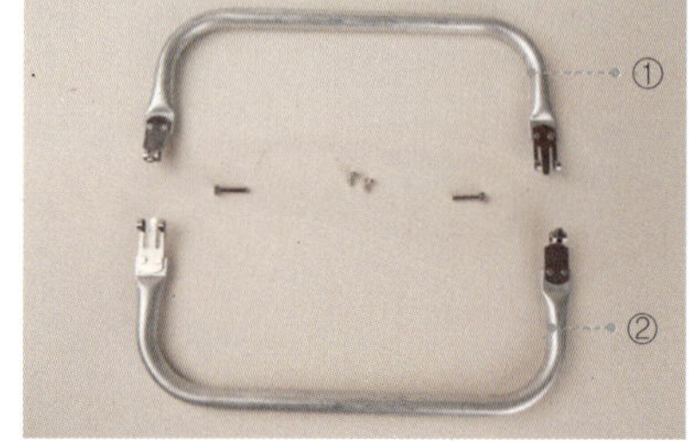

47 잃어버리지 않게 가운데 잘 모아놓아요.

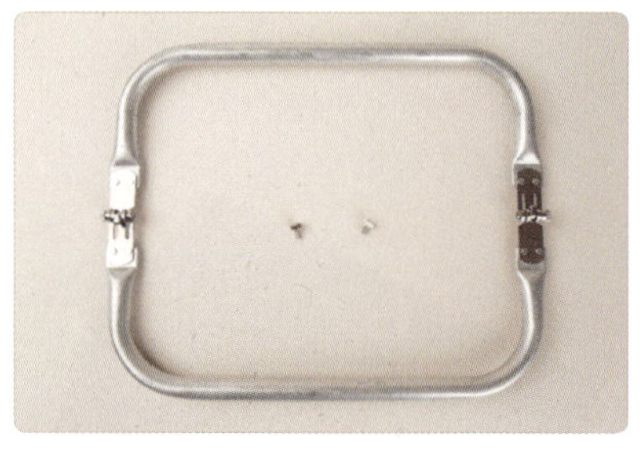

45 알루미늄 휠(24cm)은 이렇게 나사 2개가 같이 있습니다.

48 그리고 47번의 ①을 한쪽부터 휠감싸기에 넣어주세요.

49 이번에는 ②를 나머지 휠감싸기에 넣어 주고

50 46번에서 빼놓았던 나사를 넣어주고 같이 있는 나사로 조여주면 됩니다.

51 가방 손잡이는 가운데 중심으로 위치를 잘 잡은 다음

52 하나씩 차근차근 바느질 해주면 닥터백이 완성됩니다.

IGHT SECONDS

27cm
지퍼 재단선(15cm지퍼)
15cm
19.5cm
닥터백(몸체-뒤)
겉감 1장, 안감 1장
접착솜(4온스) 1장, 접착솜(2온스) 1장
양면 접착심지 1장
37cm
4cm를 띄워서 앞주머니 뚜껑표시
19.5cm
닥터백(몸체-앞)
겉감 1장, 안감 1장
접착솜(4온스) 1장, 접착솜(2온스) 1장
양면 접착심지 1장
37cm
닥터백(휠 감싸기)
겉감 2장
5cm
39cm

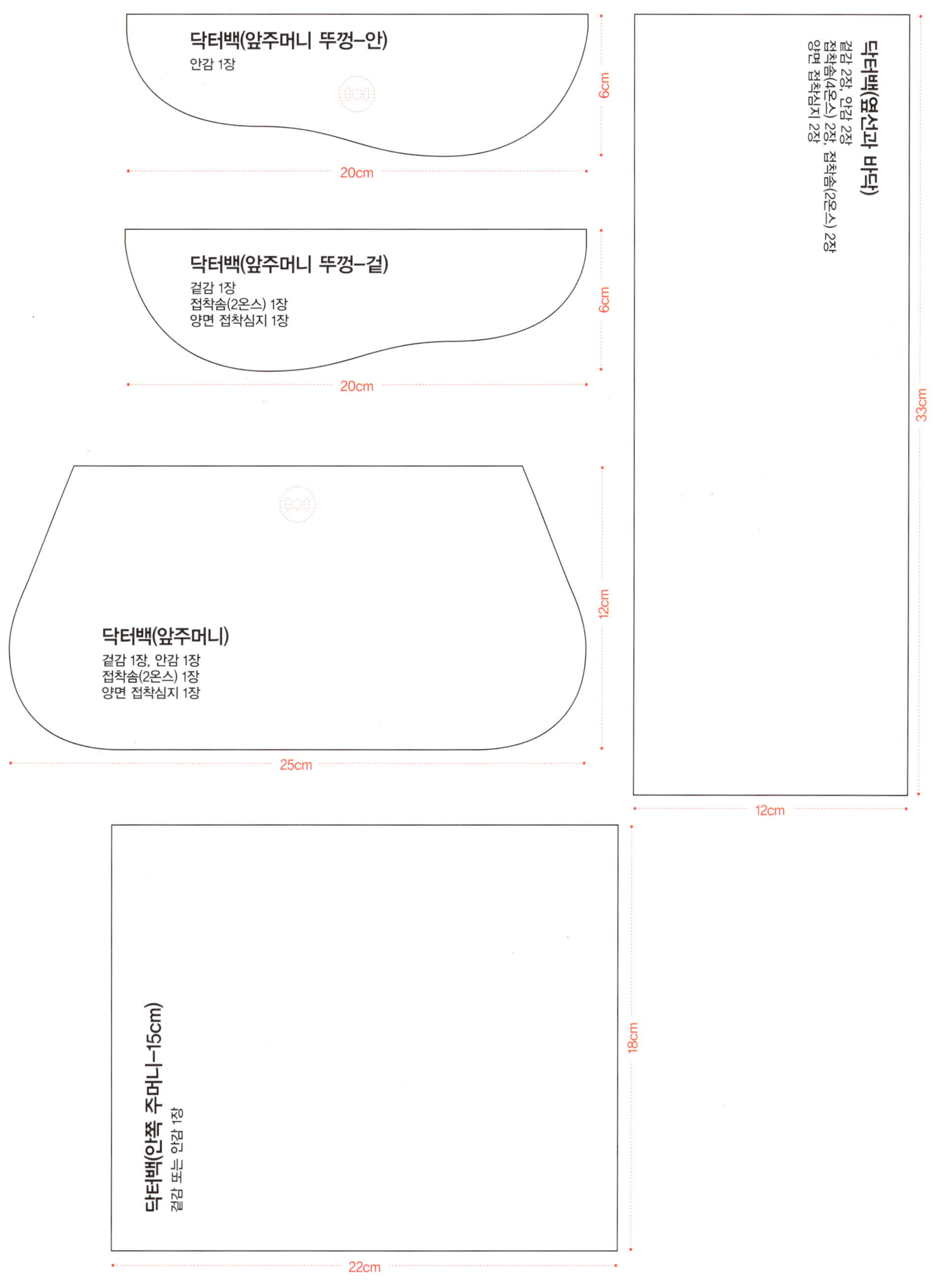

닥터백(앞주머니 뚜껑-안)
안감 1장
6cm
20cm
닥터백(앞주머니 뚜껑-겉)
겉감 1장
접착솜(2온스) 1장
양면 접착심지 1장
6cm
20cm
닥터백(앞주머니)
겉감 1장, 안감 1장
접착솜(2온스) 1장
양면 접착심지 1장
12cm
25cm
닥터백(옆선과 바닥)
겉감 2장, 안감 2장
접착솜(4온스) 2장, 접착솜(2온스) 2장
양면 접착심지 2장
33cm
12cm
닥터백(안쪽 주머니-15cm)
겉감 또는 안감 1장
18cm
22cm

럭키백

내 손으로 만들고, 내가 이름을 지은 럭키백.
복주머니 모양을 닮아서 럭키백이란 이름을 붙였다.
행운과 함께 모든 복을 다 가지고
와주기를 바라는 내 맘을 담아서…….
첨 럭키백으로 수업을 하던 날, 나의 인연들도 시작되었다.
블로그를 통해 알게 되었던 언니들과
이 백을 만들면서 송년회를 했다.
그렇게 시작된 소중한 인연의 럭키백.
웃겼다. 바느질 송년회라니~~

올해도 바느질 송년회로 다시 만날 것이고,
나의 소중한 인연 역시 앞으로도 계속해서 이어갈 것이다.
세상에 젤 소중한 것이 무엇이냐고 물어본다면
건강 다음 사람이라 말하고 싶다.
내게 사람은 그만큼 소중하다.
지금의 나를 만들어 준 소중한 인연들~~~

럭키백

재료
겉감 1/2마, 안감 1/2마, 접착솜 5온스 1/2마, 접착솜 2온스 1/2마, 양면 접착심지 1/2마, 가방 손잡이, 사시꼬미, 15cm 지퍼 1개, 가방 바닥 고무판 1개

원단·부자재 출처 : 모던패브릭

겉감 재단 **배치도**(110×45cm)

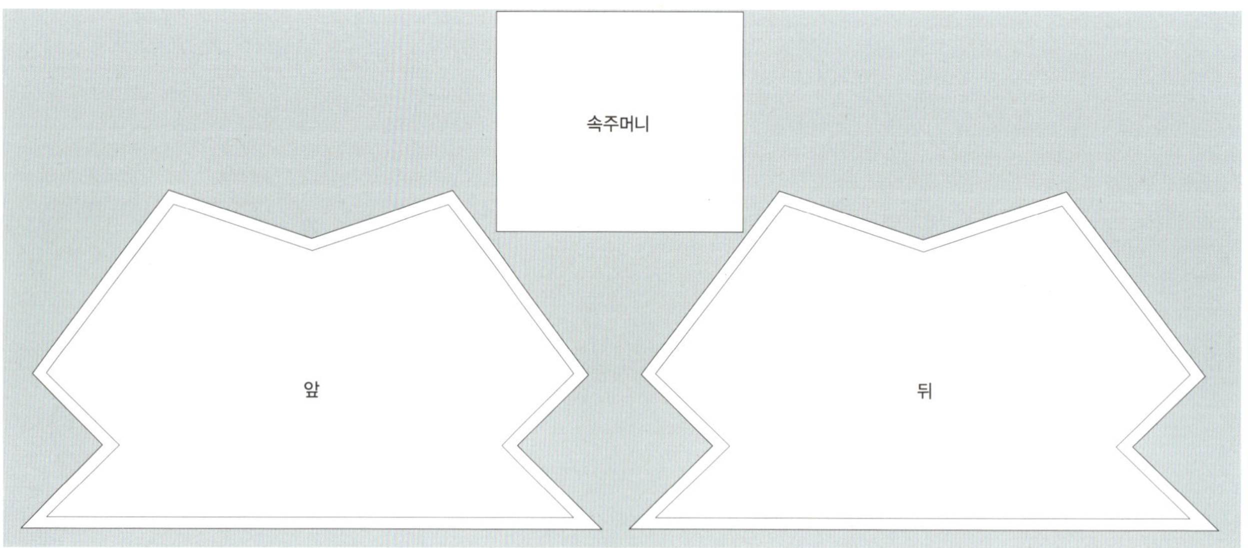

01

: 겉감 만들기

01 겉감의 뒷면에 양면 접착심지와 접착솜(5 온스)을 다림질합니다.

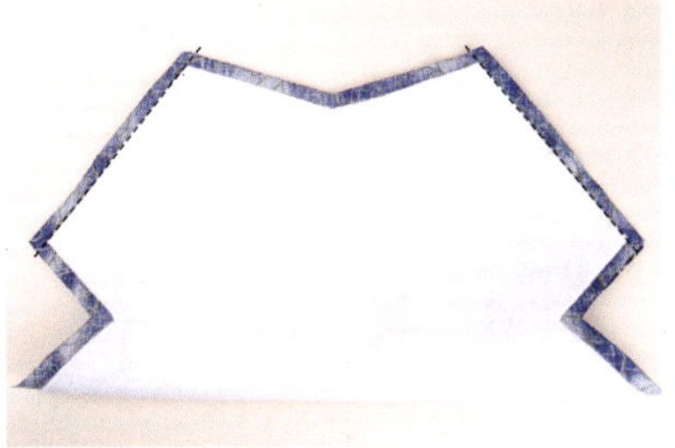

02 표시된 점선대로 먼저 박음질하세요.

03 양 끝의 모서리는 시침 핀으로 먼저 고정 을 하고

04 시접을 이렇게 양옆으로 벌려서 표시된 부분을 박음질하면 됩니다.

02

: 안감에 지퍼 주머니 만들어 주기

05 겉감이 완성되었으면 이제 안감을 할 차례 인데 안감에는 지퍼부분을 표시합니다.

06 점선으로 표시된 부분을 잘라주세요.

07 양 끝이 이렇게 세모 모양이 나오 게 잘랐으면 잘 하신겁니다.

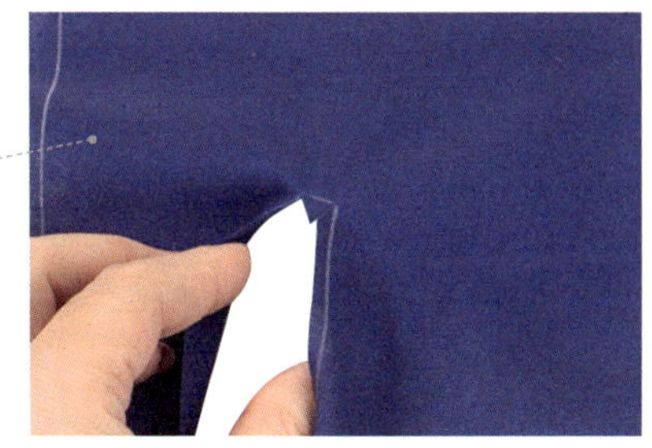

08 뾰족하게 나온 세모 모양이 보이지요?

09 만약에 올이 잘 풀리는 원단이라면 올풀림방지 풀로 잘라진 부분에 발라주세요.

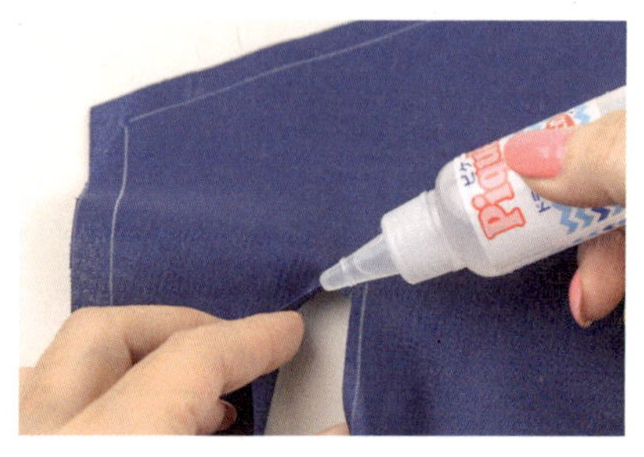

10 올풀림방지 풀을 바르고 마를 때까지 잠시만 기다렸다가

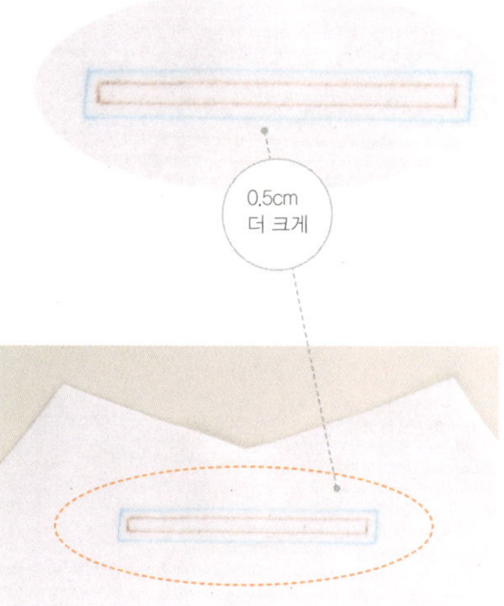

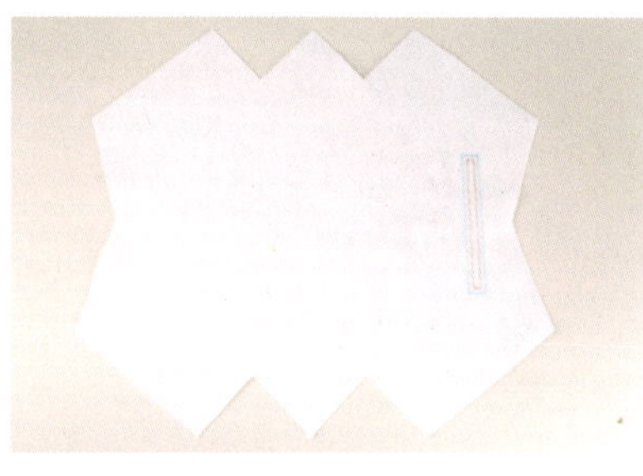

11 양 끝의 세모 모양을 먼저 패브릭전용풀로 붙이고, 나머지 긴 쪽을 발라서 붙여주세요.

12 접착솜 위에 지퍼 구멍을 도안지를 대고 그려 주세요.

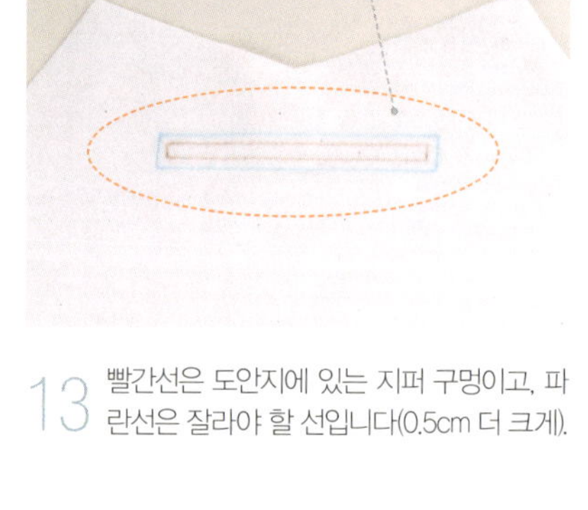

13 빨간선은 도안지에 있는 지퍼 구멍이고, 파란선은 잘라야 할 선입니다(0.5cm 더 크게).

14 접착솜의 지퍼 구멍을 잘랐으면

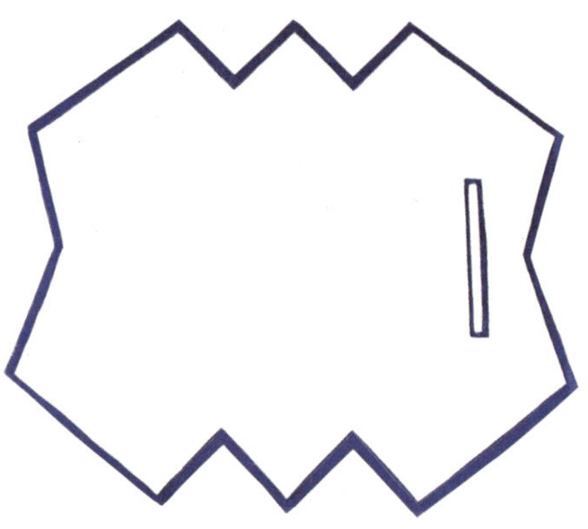

15 안감 뒤에 붙여주세요.

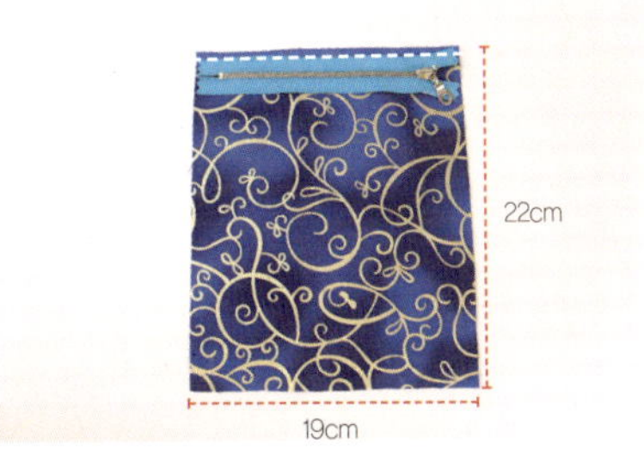 

16 주머니용 원단 겉면에 지퍼고리가 오른쪽으로 가게 올리고, 표시된 선대로 박음질합니다.

17 지퍼를 위로 올린 후 옆으로 뒤집어줍니다.

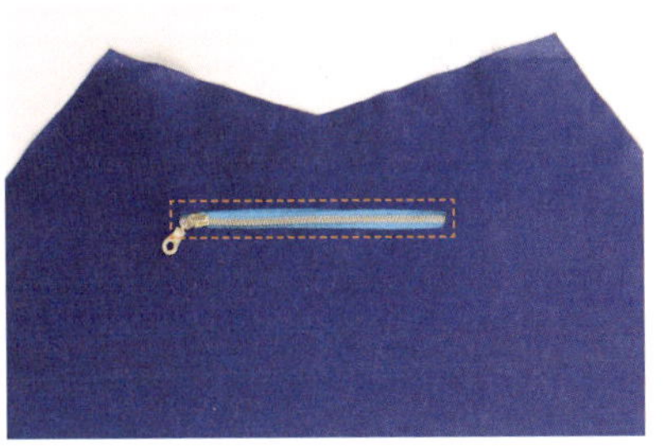 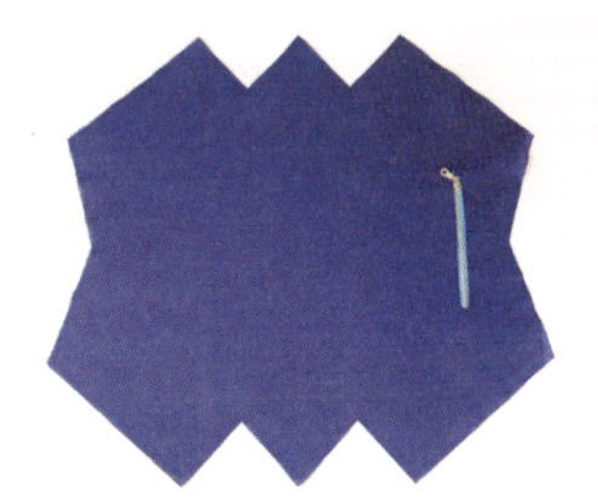

18 표시된 선대로 사방을 박음질하세요.

19 이렇게 한쪽 면만 지퍼를 만듭니다.

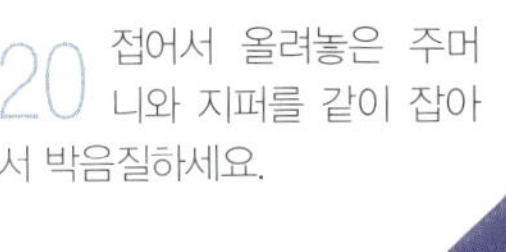

20 접어서 올려놓은 주머니와 지퍼를 같이 잡아서 박음질하세요.

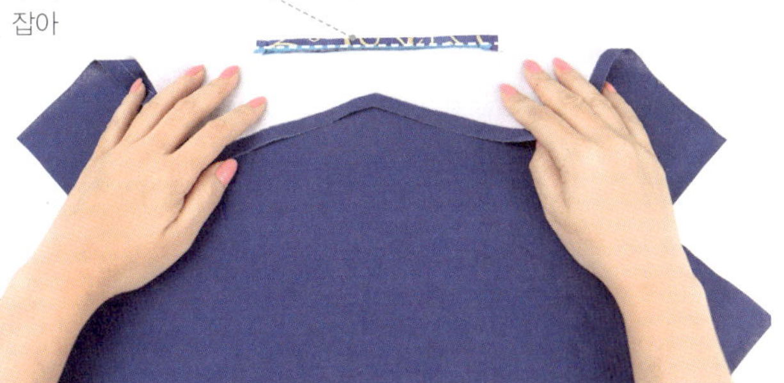 

21 표시된 선대로 박음질하세요.

22 주머니의 왼쪽도 표시된 선대로 박음질하세요.

23 겉감의 박는 순서(2~4번)대로 하되 옆면에 15cm 정도의 창구멍을 빼고 박음질합니다.

03

: 겉감과 안감 연결하기

24 겉감은 그대로 두고 안감만 뒤집어 줍니다.

25 뒤집은 안감을 겉감 속에 집어넣습니다.

26 겉감과 안감을 시침 핀으로 고정을 하는데 이때 주의할 점은

27 안감과 겉감 모두 가름솔로 박아주셔야 뒤집었을 때, 이 부분이 두툼해지지 않아요.

28 박음질을 한 가방의 표시된 부분은 가위집을 내주어야 합니다.

29 이렇게 V자로 가위집을 꼭 내주어야 뒤집었을때 울지 않습니다.

30 창구멍으로 겉감을 꺼내어 줍니다.

31 창구멍이 찢어지지 않게 조심스럽게 겉감을 꺼내어 주세요.

04

: 바닥 만들고 손잡이와
   단추 달아 마무리하기

32 바닥이 평평하기를 원하면 바닥전용 고무
   판을 가로 34cm 세로 12.5cm로 재단을
   하고 모서리는 둥글게 잘라주세요.

33 창구멍을 통해 바닥을 넣고 창구멍을 공
   그르기로 마무리합니다.

34 가방의 상단은 겉감과 안감을 잘 잡아서
   상침 해주세요.

35 가방 손잡이는 옆선의 중앙에 위치를 잘 잡
   아주고, 양쪽 모두 바느질 하세요.

36 가방의 여밈에 쓰일 사시꼬미 위치도 잡아
   주고

37 정중앙에 위치를 잡아주세요. 그렇지 않
   으면 가방이 틀어져서 미워진답니다.

38 사시꼬미를 달 때 지워지는 수성펜으로
   위치를 그려주어도 좋습니다.

39 완성된 행운의 럭키백입니다.

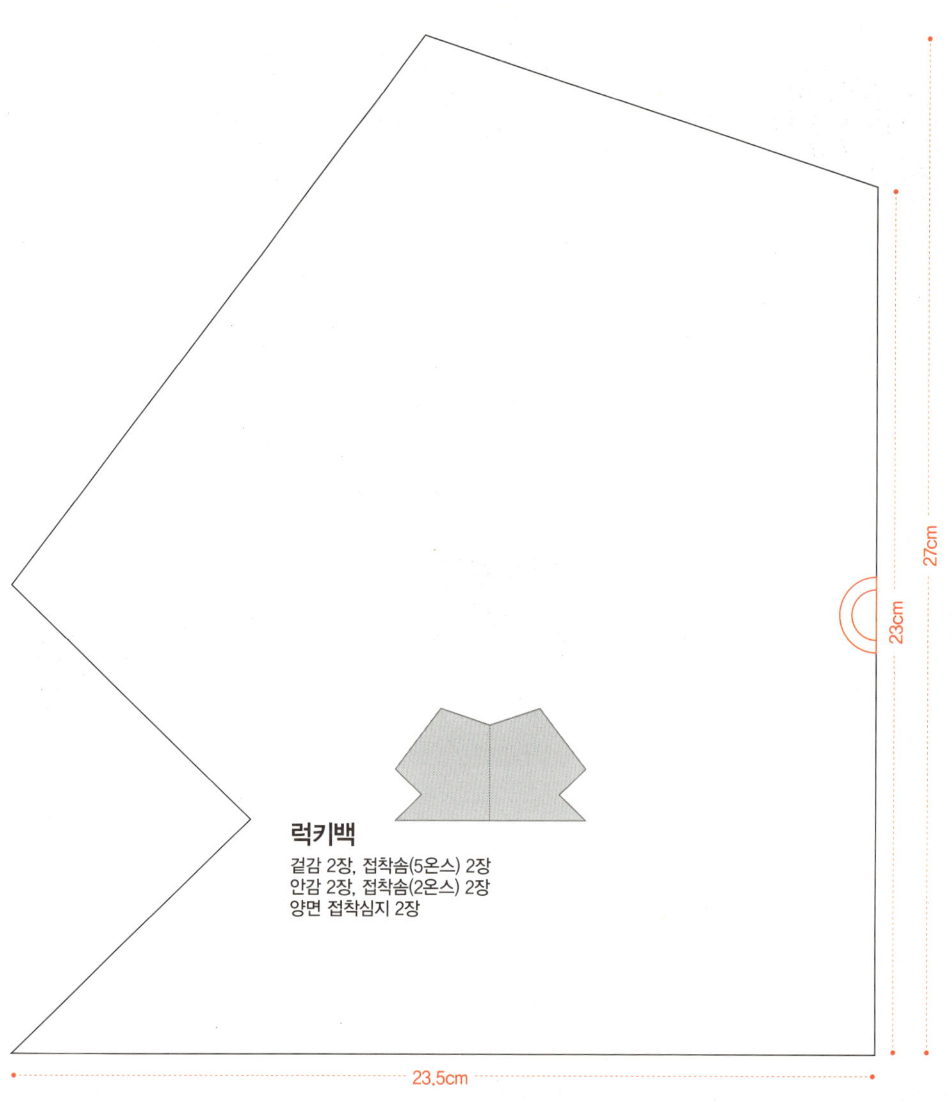

럭키백

겉감 2장, 접착솜(5온스) 2장
안감 2장, 접착솜(2온스) 2장
양면 접착심지 2장

보라가방

우연히 조각 가방을 만들다 탄생한 보라가방
이름도 내 닉네임을 따서 만들었다.
나만의 디자인이라고 우기기엔 너무도
많은 사람이 알고 있는 가방이기도 하다.
조각 가방을 만들어 본 사람이라면 충분히 만들고도 남을~~
그렇게 쉬운 보라가방.
개인적으로 원단을 오리고 자르고 붙이는 걸
굉장히 귀찮아하는 성격이라
한 장으로 승부를 걸었다.
일명 보라가방으로 ㅋㅋ
첨으로 만든 가방은 친구의 생일선물로 주었는데
인기가 하늘을 찌르는 듯했던 착한 가방,
내게는 행운의 여신과도 같은 가방이다.

보라가방

재료 : 겉감 1/2마, 안감 1/2마, 접착솜 5온스 1/2마,
접착솜 2온스 1/2마, 가방 손잡이, 사시꼬미 1개,
양면 접착심지 1/2마, 15cm 지퍼 1개

원단 출처 : 모던패브릭

겉감 재단 **배치도**(110×45cm)

01 겉감을 도안대로 시접은 1cm로 2장을 잘라주세요.

02 겉감 뒷면에 양면 접착심지와 접착솜(5온스)을 시접없이 재단한 후 얹어놓습니다.

03 겉감의 안쪽에 양면 접착 심지를 먼저 올려놓아야 접착솜이 잘 붙습니다(나중에 겉감이 울지 않아요).

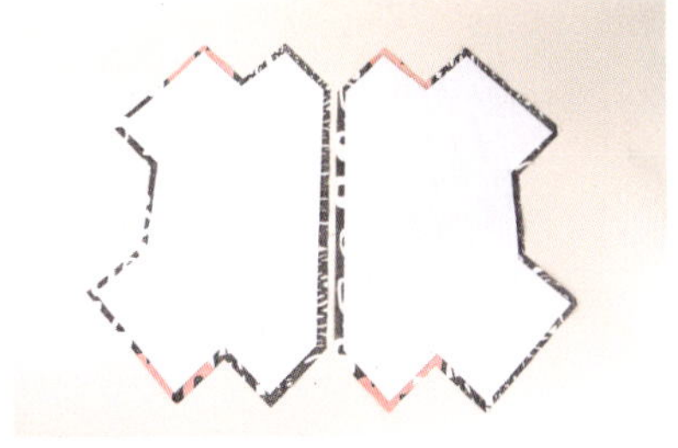

04 똑같은 모양으로 재단한 겉감을 다림질합니다.

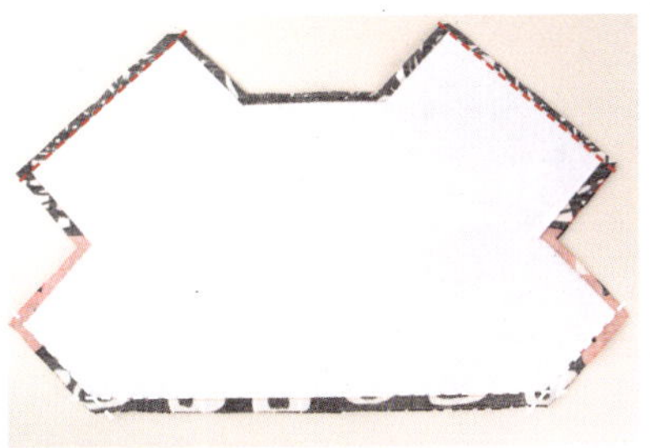

05 표시된 부분의 선부터 우선 박음질하세요.

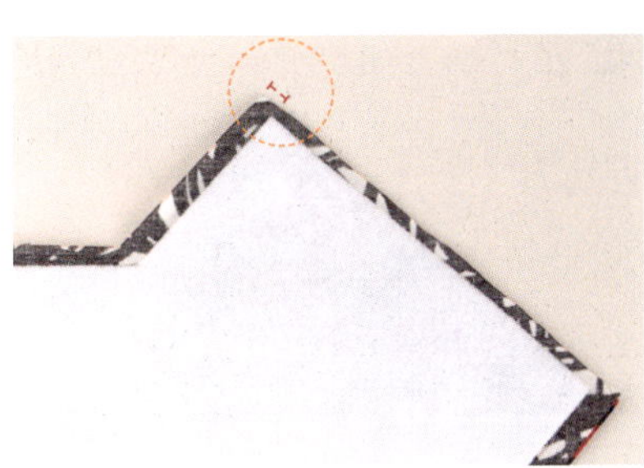

06 표시된 부분은 박음질하지 않습니다.

07 박음질을 하지 않은 면입니다. 꼭 명심해야 할 곳이기도 하구요.

08 이렇게 맞대어서 시침 핀으로 고정을 하고

09 박음질해주세요.

: 안감에 지퍼 주머니 만들기

10 안감도 도안대로 시접을 1cm로 2장을 잘라줍니다.

11 안감 2장 중에 1장은 지퍼 선을 그려줍니다.

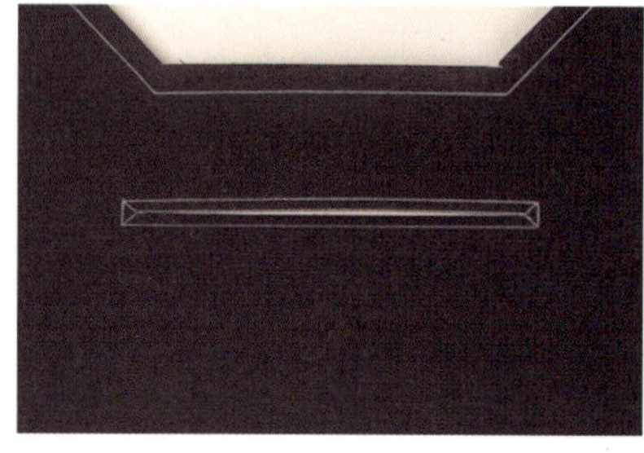

12 표시된 선대로 지퍼 구멍을 잘라주세요.

13 끝이 이렇게 뾰족하게 잘라야 합니다.

14 먼저 잘린 세모 부분부터 패브릭전용풀을 발라서 붙여주고

15 하단에도 패브릭전용풀을 발라서 아래쪽으로 붙여주세요.

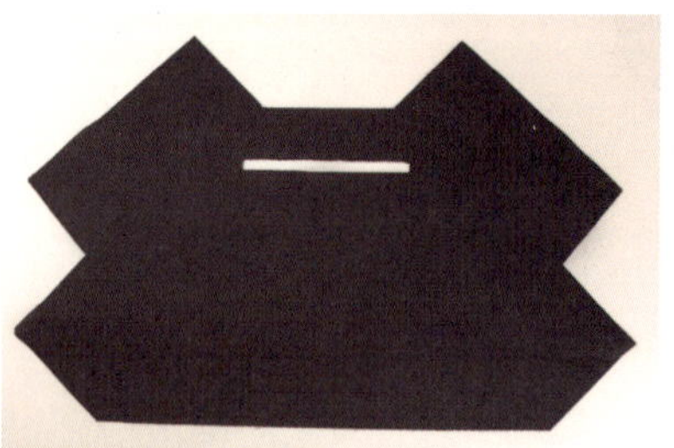

16 지퍼 구멍이 완성이 된 안감입니다.

17 접착솜(2온스)에 도안대로 지퍼 선을 그려주세요.

18 그리고 사방으로 0.5cm 크게 선을 더 그려주세요.

19 사방으로 0.5cm 더 그린 선대로 잘라주세요.

20 지퍼 구멍을 만든 안감의 안쪽에 접착솜을 붙여서 다림질하세요.

21 지퍼 고리가 주머니 겉쪽의 오른쪽으로 가게 올려놓고, 표시된 선대로 박음질을 합니다.

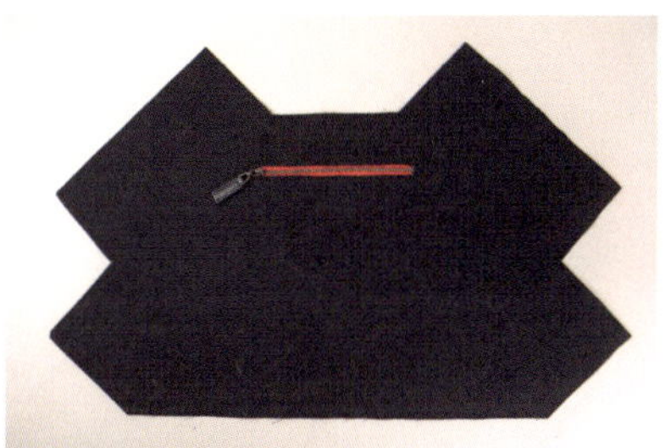

22 지퍼 구멍을 만들어 놓은 안감을 지퍼 주머니 위에 그대로 올려놓으세요.

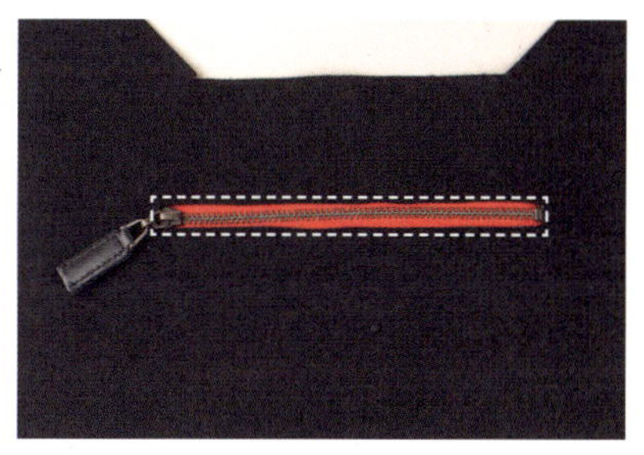

23 표시된 선대로 박음질합니다.

24 주머니 감을 반으로 접어 위로 올리고 안감을 아래로 내려서 박음질하세요.

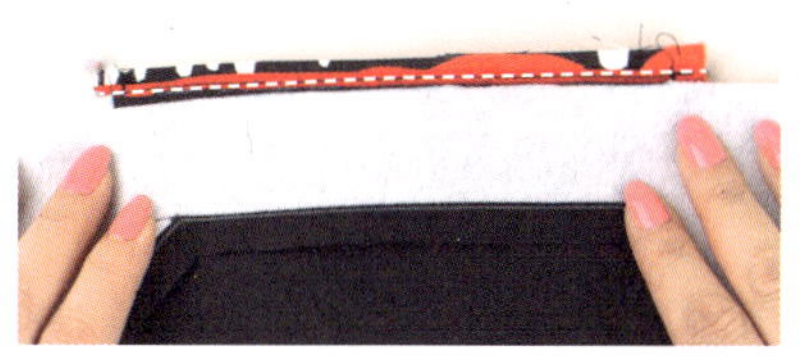

30 안감이 물리지 않게 지퍼와 주머니 상단을 박음질하면 됩니다.

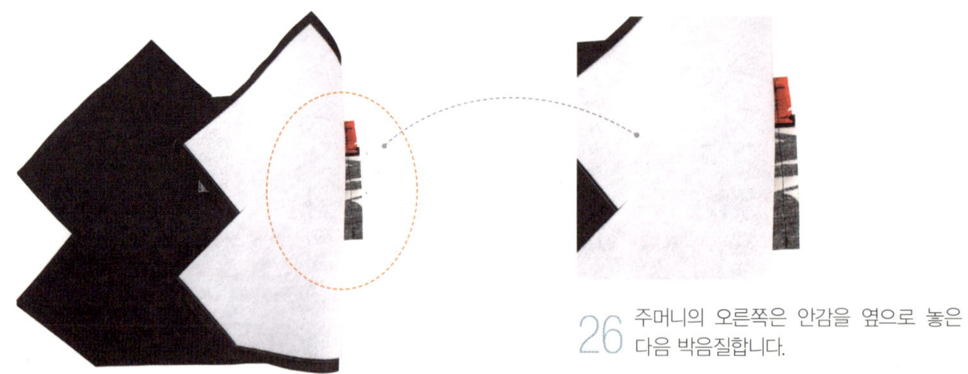

26 주머니의 오른쪽은 안감을 옆으로 놓은
다음 박음질합니다.

27 왼쪽도 같은 방법으로 박음질을 합니다.

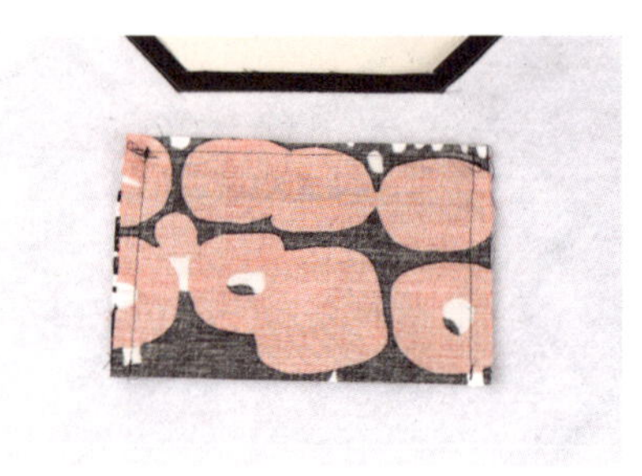

28 박음질을 다하면 이 상태가 됩니다.

03

: 안감 재봉하기

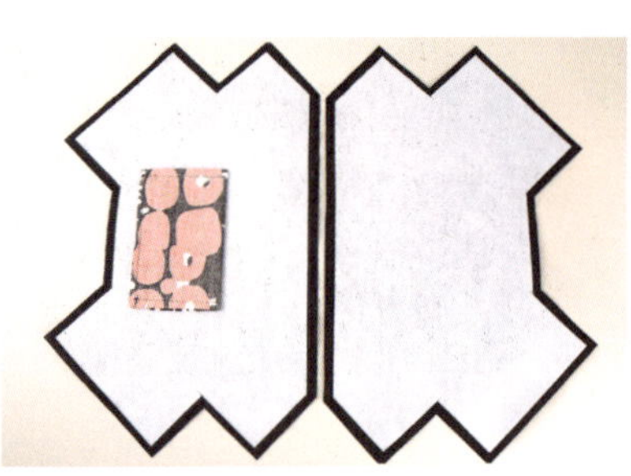

29 지퍼가 있는 안감과 없는 안감을 접착솜(2
온스)을 붙인 상태로 준비합니다.

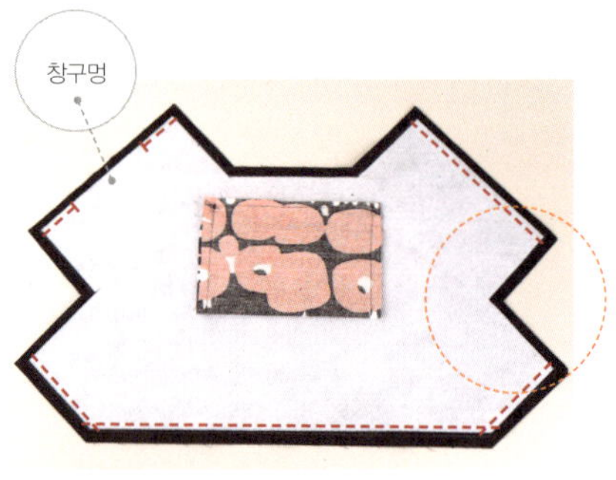

30 표시된 선대로 박음질하세요(창구멍은 박
음질 않습니다).

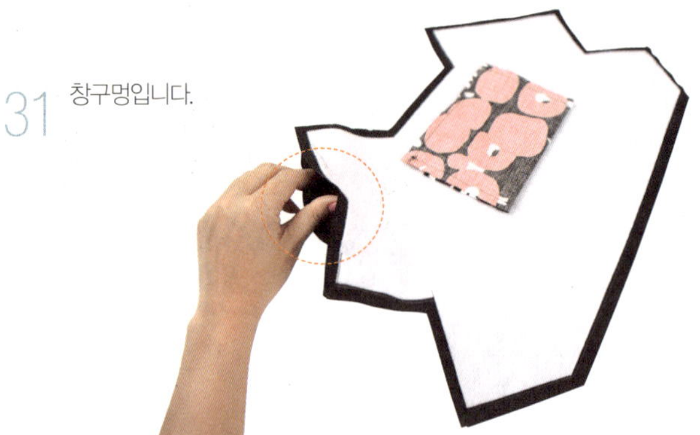

31 창구멍입니다.

32 창구멍은 대충 15cm 정도 남겨 놓으면 됩니다.

33 박음질을 안한 옆쪽을

34 맞대어서 표시된 선대로 박음질을 하면 됩니다.

35 안감만 뒤집어 주세요.

04

: 안감과 겉감을 박음질하고 손잡이 달아 마무리하기

36 겉감의 겉과 안감의 겉이 마주 보게 넣어 주세요.

37 상단을 시침 핀으로 고정하고 박음질합니다.

38 양쪽 모서리부분은 가위집을 내어 줍니다.

39 이렇게 가위집을 내어 주어야 나중에 뒤집었을 때 겉감이 울지 않습니다.

40 그럼 이제 창구멍으로 겉감을 꺼내어 주
세요.

41 창구멍이 찢어지지 않게 살살 꺼내어 주
세요.

42 다 뒤집었으면 겉감 쪽으로 상침을 해주
세요.

43 가방 손잡이는 이렇게 비스듬히 달아 주셔
야 더 멋져요.

44 중앙에 중심을 잘 잡아서 사시꼬미를 달
아주세요.

45 완성된 보라가방의 모습입니다.

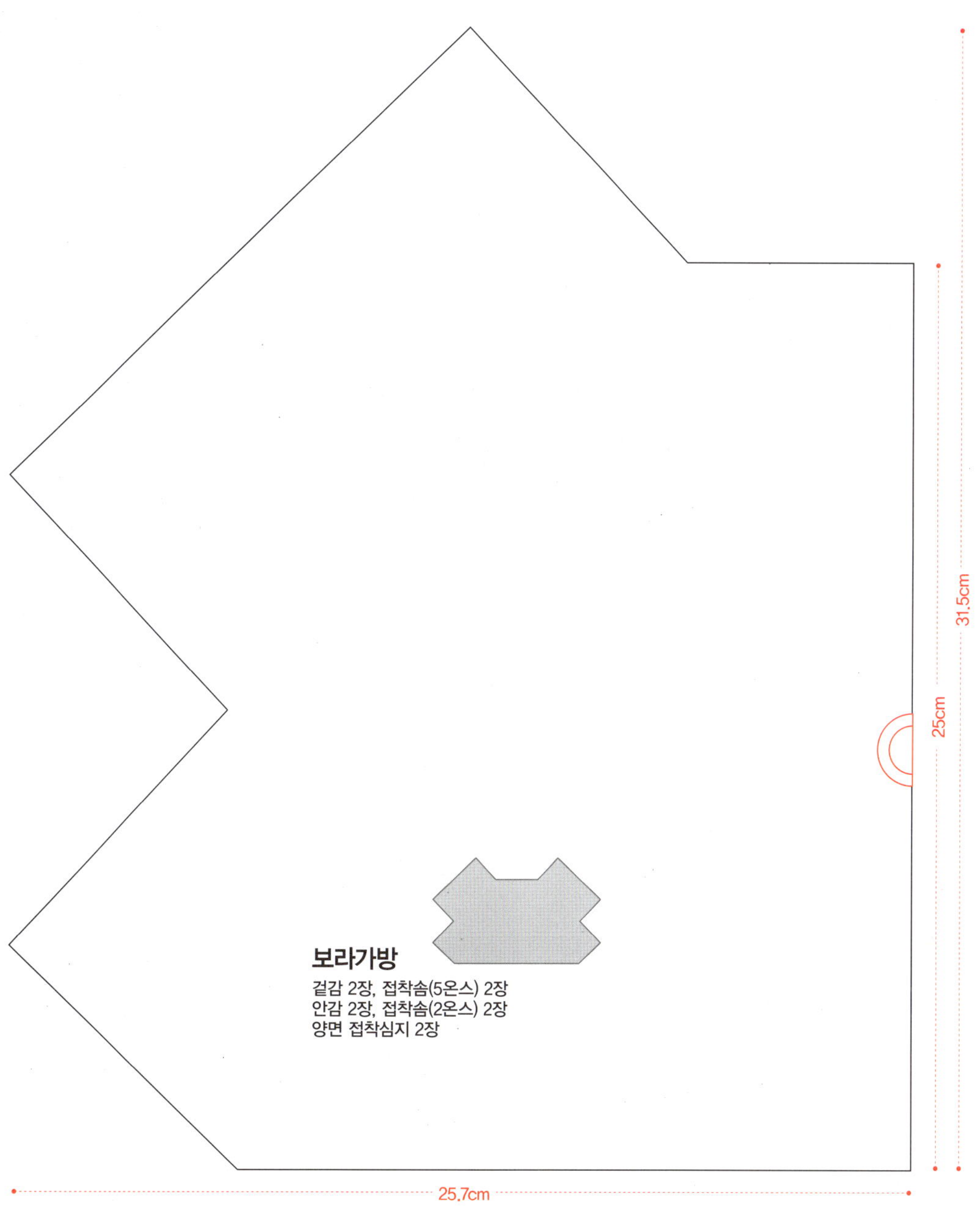

31.5cm
25cm
25.7cm
보라가방
겉감 2장, 접착솜(5온스) 2장
안감 2장, 접착솜(2온스) 2장
양면 접착심지 2장

보스턴백

언젠가 가방을 만들고 있는데 남편이 내게 말을 건다.
"이젠 만들다 만들다 별걸 다 만드네"
그러면서 뭔가를 툭 던지더니
이것도 만들 수 있느냐고 물어본다.
뭐여~~~ 손쉬운 파우치.
한참을 웃어주며 "그건 껌이로소이다." 해줬다.
이렇게 멋진 가방도 만드는데 파우치 하나 못 만들까 봐.
"날 도대체 뭐로 본 거~~"하면서 되레 내가 핀잔을 줬다.

이런 가방을 만드는 내가 되기까지
딱 1년이 걸렸다.
내게는 정말로 열심히 달려온 시간,
그 소중한 시간이 있었기에
지금의 시크보라가 있게 된 것을~~

Make Up
peripera
MAYBELLINE
MAJOLICA

보스턴백

재료
겉감 110×60cm, 안감 110×60cm, 접착솜 5온스 1/2마,
접착솜 2온스 1/2마, 양면접착심지 1/2마, 가방손잡이,
50cm 양면지퍼, 소꼬발 4개, 가방바닥고무판 1개,
19.5cm 가죽장식지퍼, 파이핑 2m

원단 출처 : 모던패브릭

겉감 재단 배치도(110×60cm)

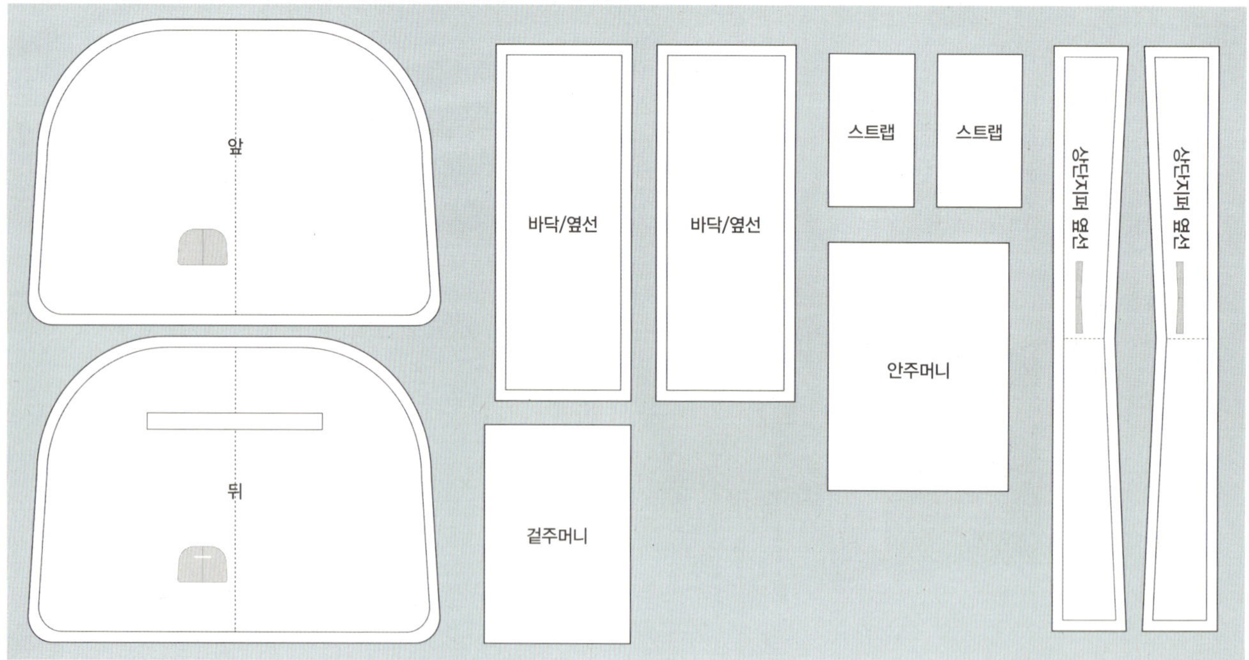

01

: 겉감에 지퍼 주머니 만들고
   파이핑 연결하기기

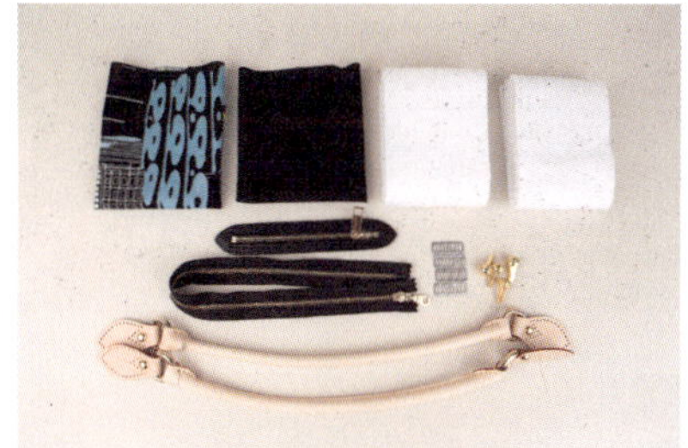

01 재료를 준비합니다.

02 도안에 있는 본체는 시접 1cm를 두고 재
   단하고 접착솜과 양면 접착심지는 시접이
   없이 재단해서 겉면으로 다림질합니다.

03 도안에 있는 대로 지퍼 구멍을
   겉감과 같이 잘라줍니다.

04 지퍼 구멍 위아래로 주머니만 먼저 바느질
   해줍니다(주머니의 양옆은 바느질하지 마
   세요).

05 주머니를 바느질하고 나서 겉면에 가죽장
   식지퍼를 올려놓은 다음

06 지퍼 구멍대로 바느질합니다.

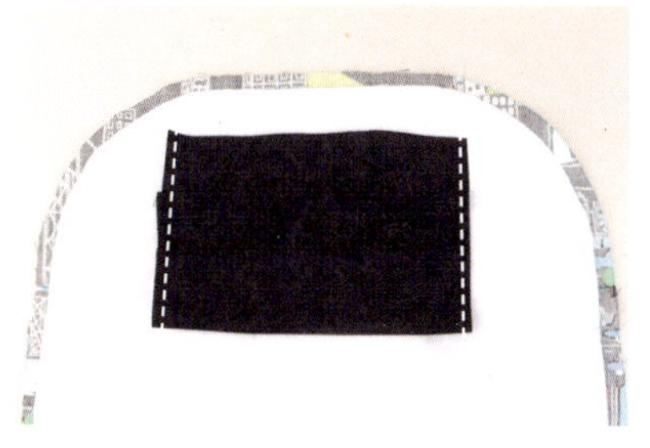

07 가죽장식 지퍼를 다 바느질 하였으면 표시
   된 대로 바느질합니다.

08 가방 둘레 파이핑을 둘러주는데 시작과
   끝부분은 이렇게 파이핑만 잘라주고

09 남은 파이핑 원단을 한 번 접어서

10 시작했던 파이핑을 감싸줍니다.

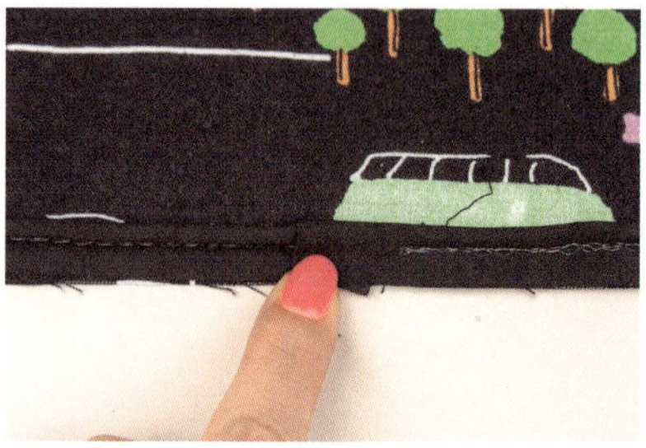

11 시작과 끝을 깔끔하게 마무리해줍니다.

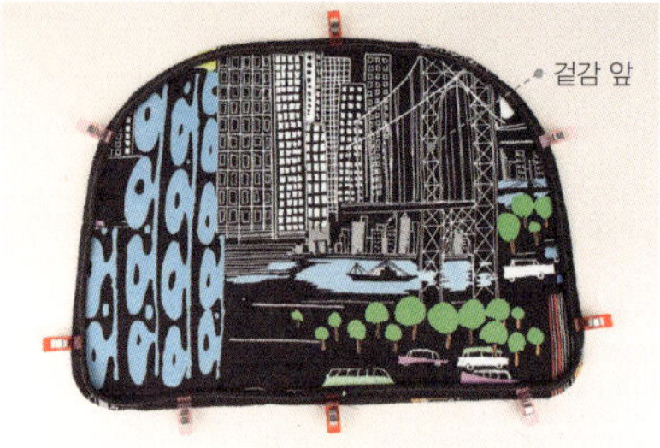

12 가방의 본체 다른 면도 이렇게 시침 클립으로 고정을 해서 8~11번 처럼 시작과 끝을 마무리해주세요.

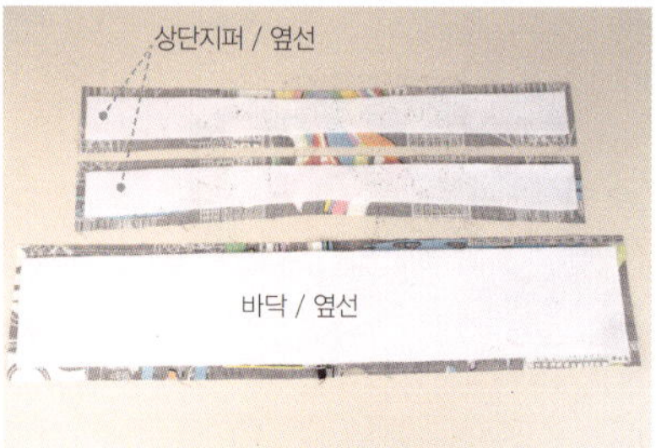

13 상단지퍼/옆선과 바닥/옆선을 도안대로 잘라서 이어주고 접착솜을 붙여줍니다.

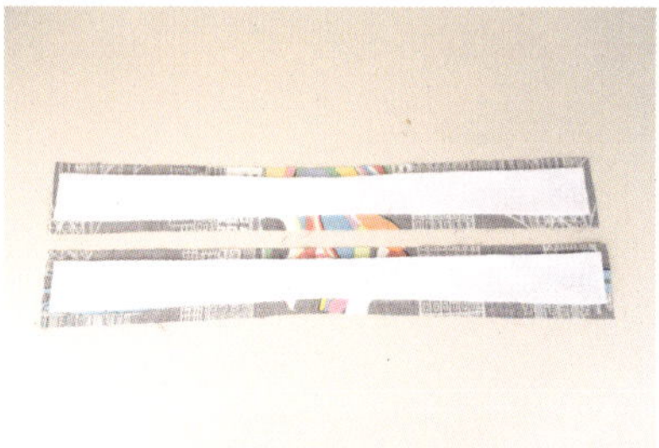

14 먼저 상단지퍼/옆선을 해야 하는데

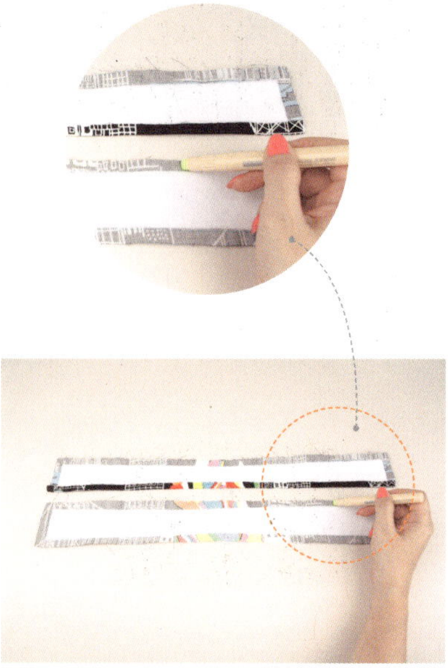

15 일직선이 된 시접 부분에 패브릭전용풀을 발라 붙여주세요(이때 수용성 양면 접착테이프로 하셔도 돼요).

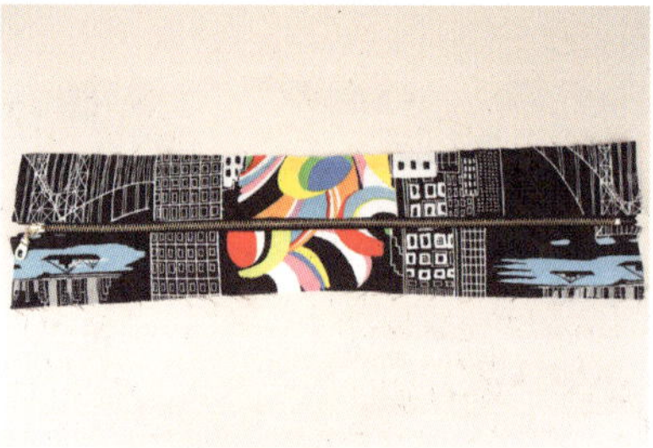

16 시접 부분을 붙인 상단지퍼/옆선을 60cm 지퍼 위에 올려 놓고

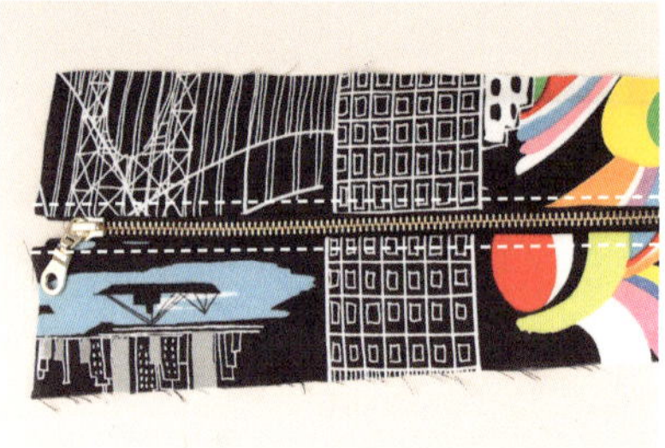

17 표시된 대로 박음질하세요.

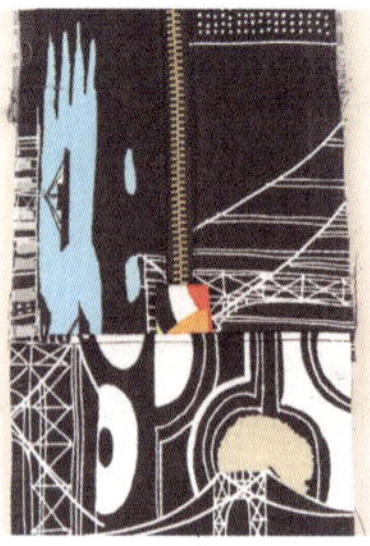

18 바닥/옆선을 박아야 하는데 이때 스트랩을 세 번 접어서 만들어 준 다음 바닥/옆선과 같이 박음질하세요.

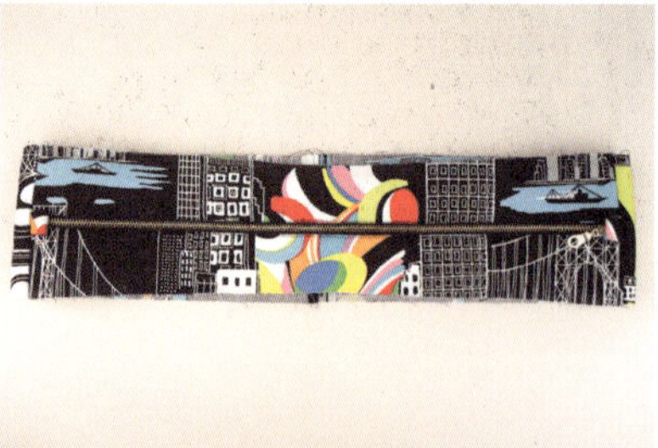

19 양쪽 모두 스트랩(고리)을 넣어서 박음질 하세요.

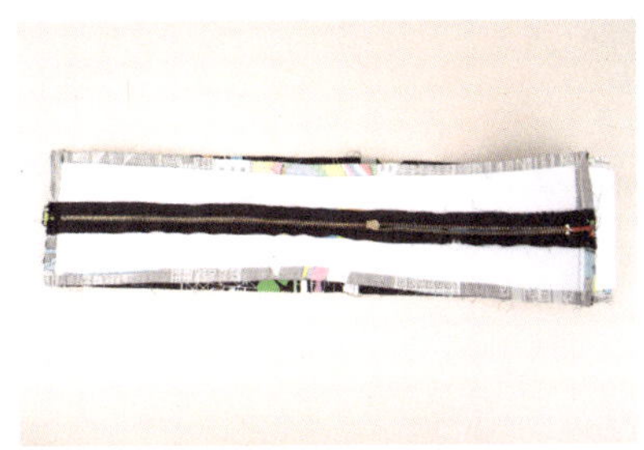

20 표시된 부분에 상침을 해줍니다.

21 안쪽 모습은 이렇게 되어있습니다.

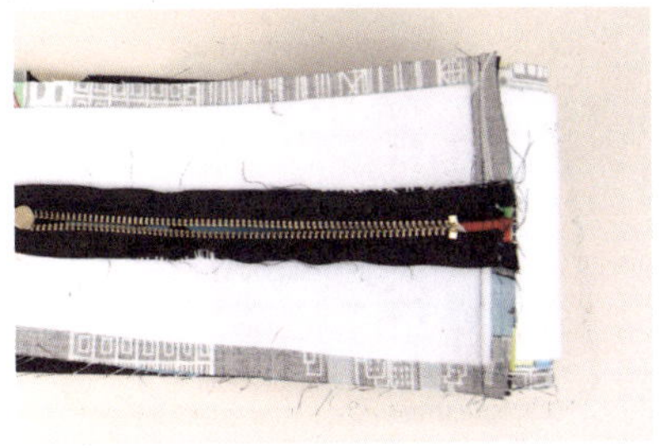

22 지퍼의 끝부분이 잘 맞대어지도록 박음질 합니다.

23 지퍼의 끝 부분이 잘 맞대어지지 않으면 가방이 뒤틀리니 조심하시기 바랍니다.

03

: 바닥 및 속주머니 달아주기

24 가방 본체와 옆선/바닥을 시침 핀으로 고 정합니다.

25 바닥/옆선에 가위집을 내어주면서 시침 핀 으로 고정하세요.

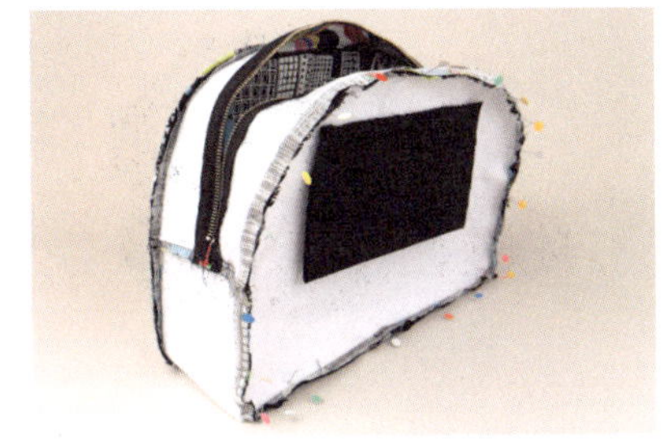

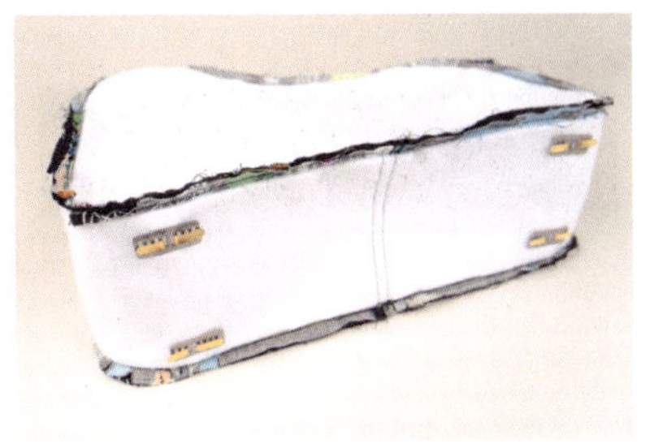

26 본체의 앞과 뒤를 모두 다 시침 핀으로 고 정한 후 박음질하세요.

27 바닥전용 고무판을 가로 34cm, 세로 11cm 로 잘라서 준비를 해놓고

28 본체의 바닥에 소꼬발을 먼저 고정하세요.

29 도안에 있는 속주머니를 시접이 없이 잘라서 표시된 대로 박음질하세요.

30 창구멍을 이용해 뒤집어 줍니다.

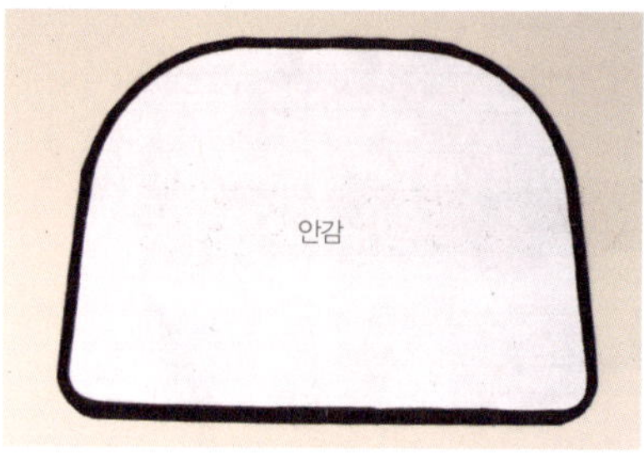

31 보스턴백(본체)의 도안으로 안감을 2장 재단한 후 접착솜 2온스를 붙여줍니다.

32 다른 쪽 안감에는 미리 만들어 놓은 속주머니를 박음질해줍니다.

04

: 안감 완성하기

33 보스턴백(상단지퍼/옆선) 도안을 이용해서 사방 시접 1cm로 재단합니다.

34 안쪽 일직선인 부분을 접어서 한 번 박음질하세요.

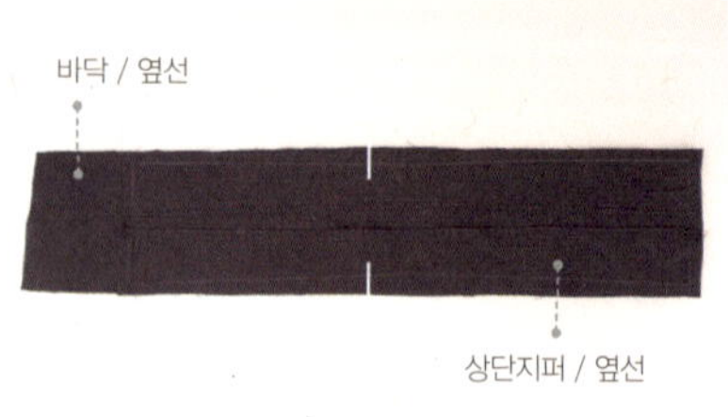

35 바닥/옆선을 잘라놓은 원단 위에 상단 지퍼/옆선을 위아래를 잘 맞춰서 올려주세요.

36 이렇게 가운데가 벌어지는 것이 정상이고 표시된 선을 박음질하세요.

37 옆선과 바닥이 이어져있는 상태입니다.

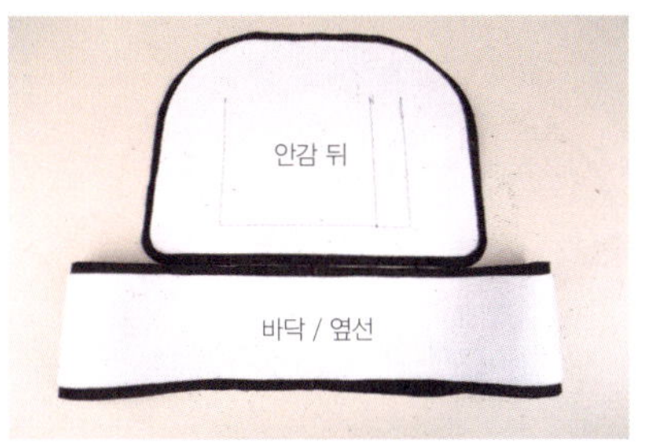

38 정확히 가운데를 표시한 후에 시침 핀으로 고정해 나가기 시작합니다.

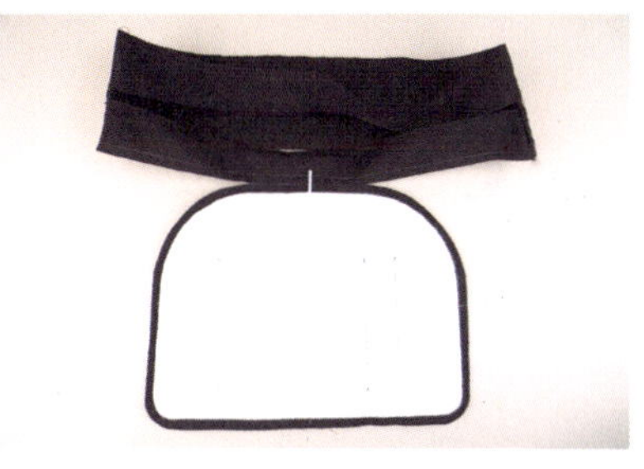

39 윗선도 중심점으로 시작해서 시침 핀으로 고정해 주세요.

40 이렇게요. 가운데부터 고정을 하기 시작하면 가방이 틀어지는 현상을 막을 수 있어요

41 시침 핀을 하나씩 빼가면서 박음질하면 됩니다.

42 양쪽 모두를 박음질해주세요.

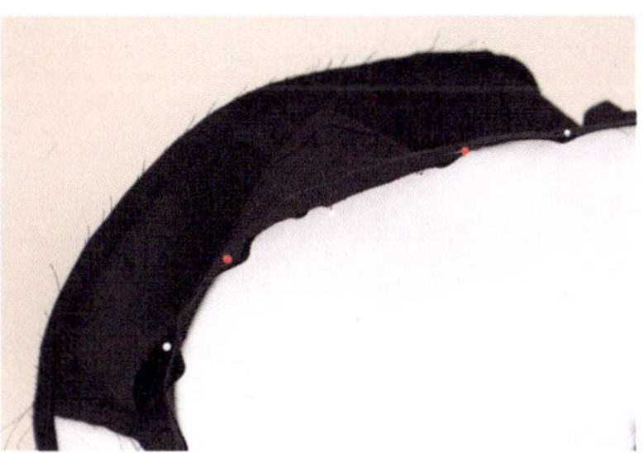

43 상단은 둥근 부분이오니 특히 신경을 써서 박음질하면 됩니다.

44 겉감은 겉이 나오게 놓고, 안감은 안쪽이 나오게 놓으면 됩니다.

05

: 마무리하기

45 우선 잘라놓은 바닥 판을 먼저 넣고

46 안감을 그대로 집어 넣으면 되는데

47 박음질하기가 편하려면 각을 잘 잡아서

48 이렇게 뒤집어 주고 시침 핀으로 고정을 해서 공그르기로 마무리 하면 됩니다.

49 지퍼가 여닫기 편할 정도만 띄워서 공그르기를 해주세요.

50 가방 손잡이는 중심을 잘 잡아서 수성펜으로 그리고 고정을 하면 편리합니다.

51 안쪽의 가방 손잡이를 달았던 바느질 자국은 네임펜으로 그려주면 안보여서 좋아요.

52 노란색 실이 보이는 것보다는 훨씬 나아졌죠?

53 나머지도 모두 네임펜으로 바느질 자국을 지워주세요.

54 완성된 보스턴백입니다.

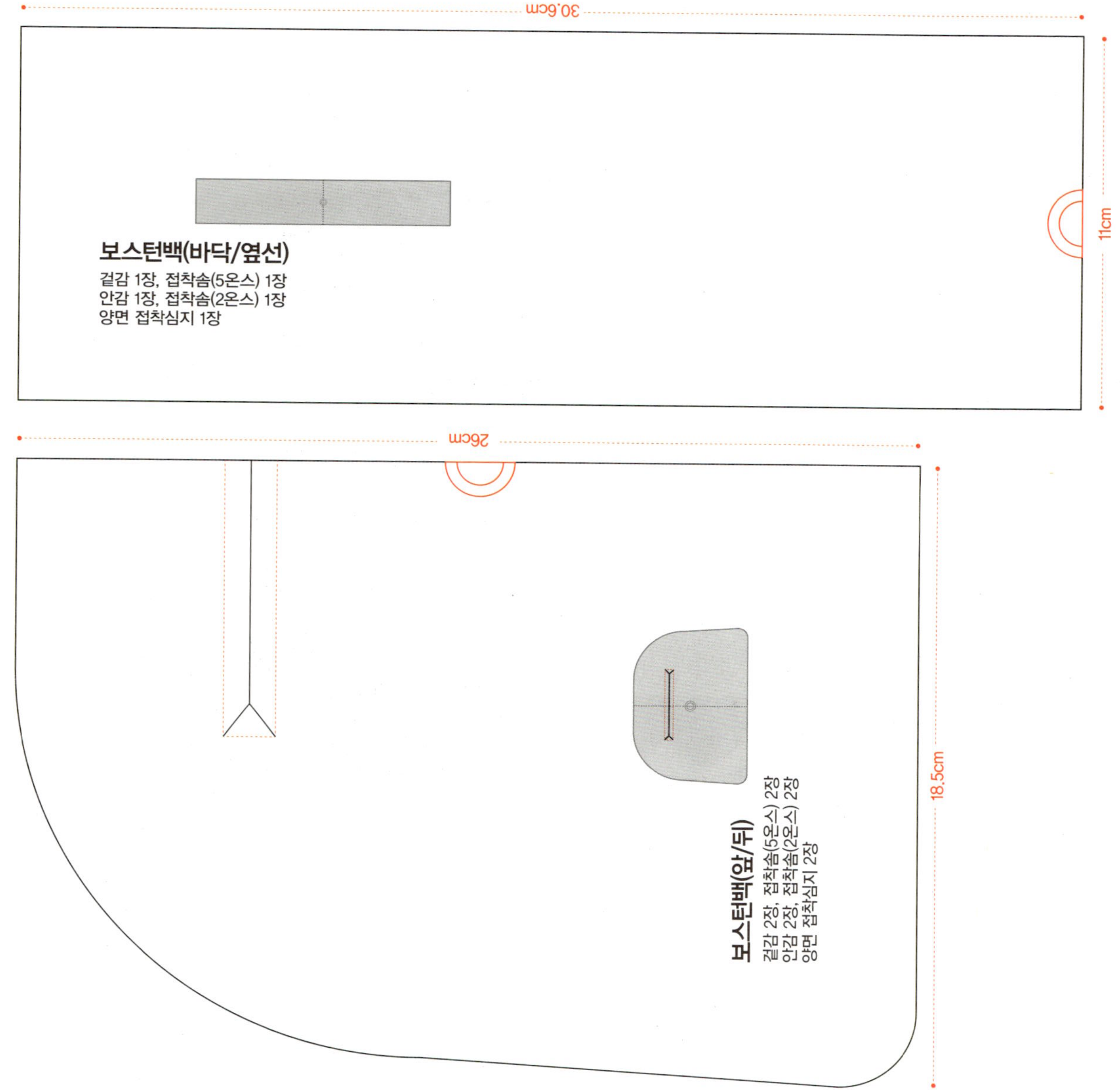
30.6cm
11cm
보스턴백(바닥/옆선)
겉감 1장, 접착솜(5온스) 1장
안감 1장, 접착솜(2온스) 1장
양면 접착심지 1장
26cm
18.5cm
보스턴백(앞/뒤)
겉감 2장, 접착솜(5온스) 2장
안감 2장, 접착솜(2온스) 2장
양면 접착심지 2장

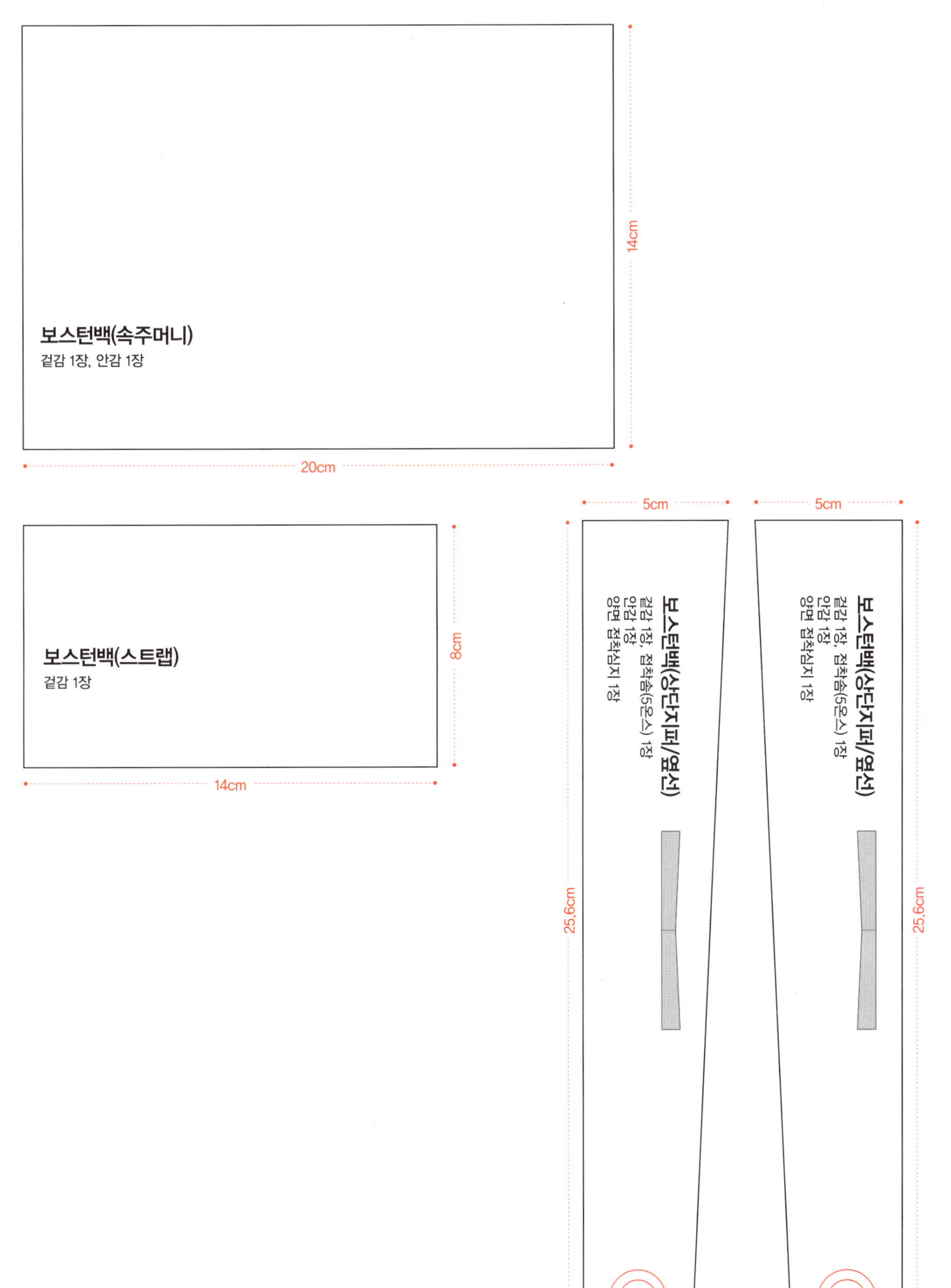

보스턴백(속주머니)
겉감 1장, 안감 1장
14cm
20cm
보스턴백(스트랩)
겉감 1장
8cm
14cm
5cm
5cm
보스턴백(상단지퍼/옆선)
겉감 1장, 접착솜(5온스) 1장
안감 1장
양면 접착심지 1장
보스턴백(상단지퍼/옆선)
겉감 1장, 접착솜(5온스) 1장
안감 1장
양면 접착심지 1장
25.6cm
25.6cm
3.8cm
3.8cm

MAP OF LONDON
Edgware
Stanmore
Canons Park
Queensbury
Kingsbury
Burnt Oak
Colindale
Hendon Central
Harrow & Wealdstone
Kenton
Preston Road
Wembley Park
Neasden
Dollis Hill
Willesden Green
Kilburn
Kensal Green
Queen's Park
Kilburn Park

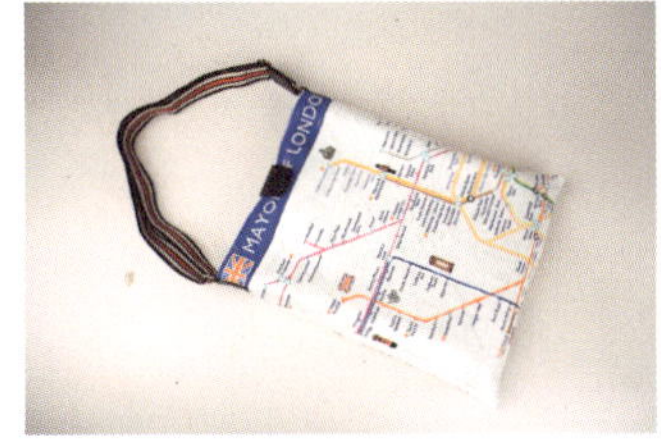

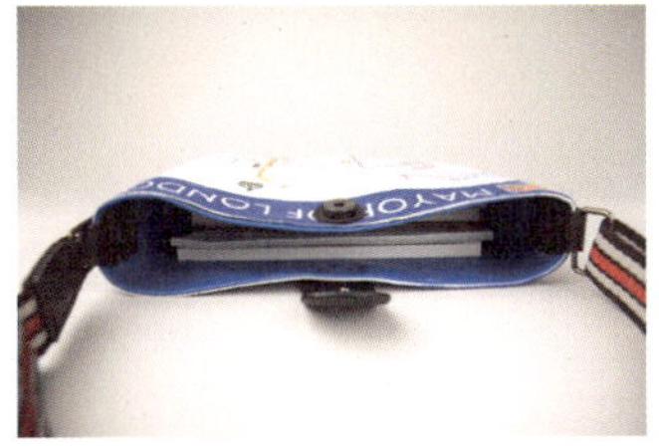

런던 크로스백

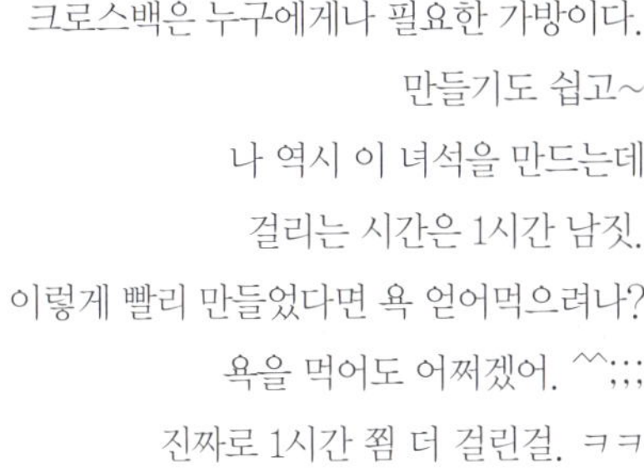

크로스백은 누구에게나 필요한 가방이다.

만들기도 쉽고~

나 역시 이 녀석을 만드는데

걸리는 시간은 1시간 남짓.

이렇게 빨리 만들었다면 욕 얻어먹으려나?

욕을 먹어도 어쩌겠어. ^^;;;

진짜로 1시간 쯤 더 걸린걸. ㅋㅋ

그만큼 쉽게 만들 수 있는 아이템이니

만들어 보시는 것 강추!!!

꾸밈디자인에서 필요한 원단을 딱 보내줘서

너무 이쁘게 잘 만들었다.

고마워요. 꾸밈디자인~

런던 크로스백

재료
겉감 1/2마, 안감 1/2마(인조 가죽), 3cm 가방끈 조절 연결고리 1개, 3cm 사각 링 1개, 사시꼬미 1개, 웨이빙끈 1m, 가죽가방 연결고리 2개

원단 출처 : 꾸밈디자인

겉감 재단 **배치도**(110×45cm)

01

: 겉감 재단하고
  안감에 주머니 만들기

01 겉감 2장을 준비합니다.

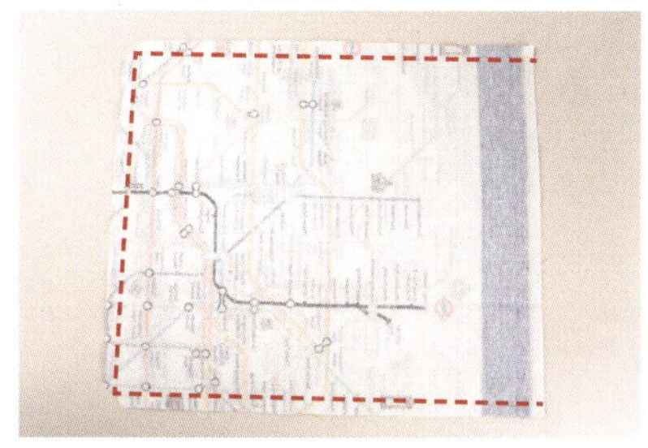

02 표시된 선대로 박음질해줍니다.

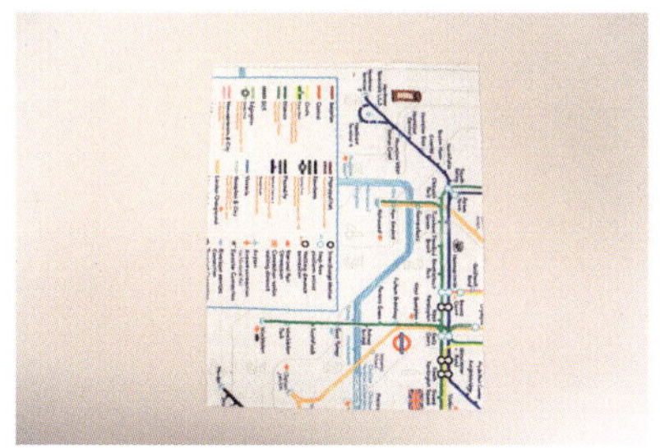

03 속주머니용도 재단을 해서

04 원단 상단을 한 번 접어서 박음질합니다.

05 안감용 인조 가죽에 얹어서 표시된 대로 박음질합니다.

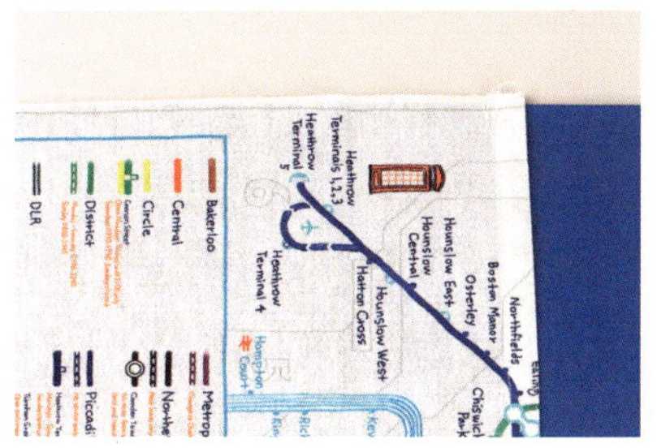

06 이렇게 도안 선에 닿지 않게 겉으로 박음질을 하면 됩니다.

07 안감의 다른 쪽에 달아 줄 주머니용 원단을 재단해서 한 번 접어 놓고

08 창구멍을 제외하고 모두 박음질한 뒤 뒤집어 줍니다.

09 안감의 겉에 주머니를 올려 놓고 표시된 대로 박음질하고

10 안감끼리 맞대어 주세요.

11 표시된 대로 박아주는데 창구멍을 제외하고 박음질하세요.

12 안감의 모서리는 이렇게 가위로 잘라 주세요.

02

: **겉감과 안감을 맞대어 박음질하기**

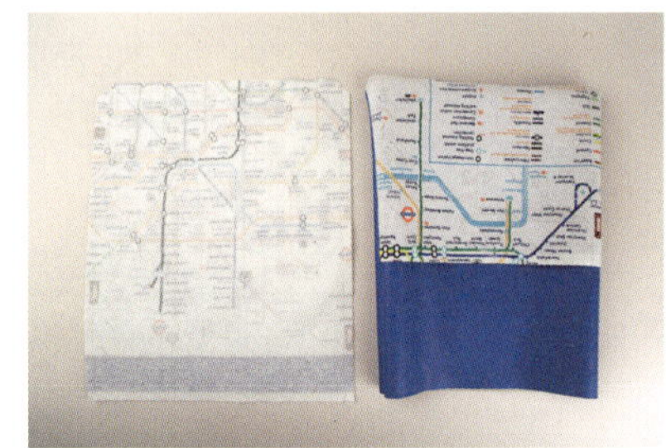
13 안감만 뒤집어 주고

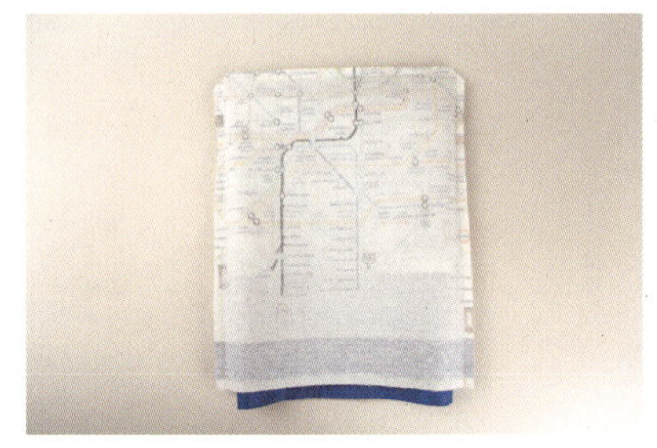
14 겉감 속에 안감을 집어 넣어 줍니다.

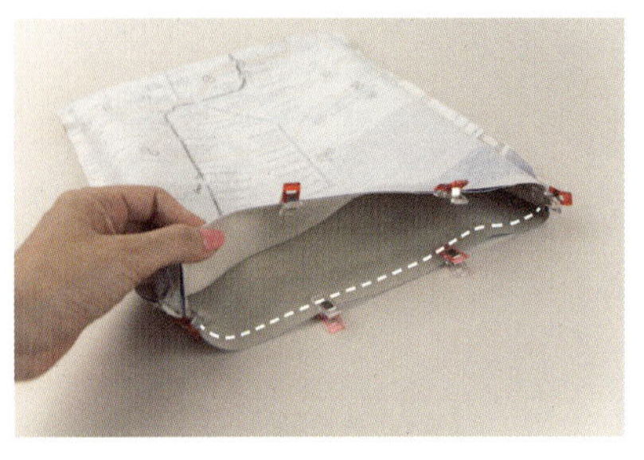
15 상단을 이렇게 시침 클립으로 고정하고 박음질하세요.

16 창구멍을 이용해 뒤집어 주세요.

17 안감이 인조 가죽일 때는 뒤집을 때 원단이 찢어지지 않게 조심히 뒤집습니다.

03

: **가방 연결고리와 웨이빙끈 달기**

18 가방 연결고리와

19 3cm 사각 링을 준비하고

20 가방 연결고리 중에 가죽 고리를 빼버리고 3cm 사각 링을 끼워주세요.

21 3cm 가방끈 조절 연결고리를 준비하고

22 웨이빙끈의 끝을 고리에 끼워주세요.

23 웨이빙끈의 끝을 반대편에 넣어 주세요.

24 20번에 준비해놨던 고리에 끼워주세요.

25 웨이빙끈의 끝을 가방끈 조절 연결고리 가운데로 집어넣으세요.

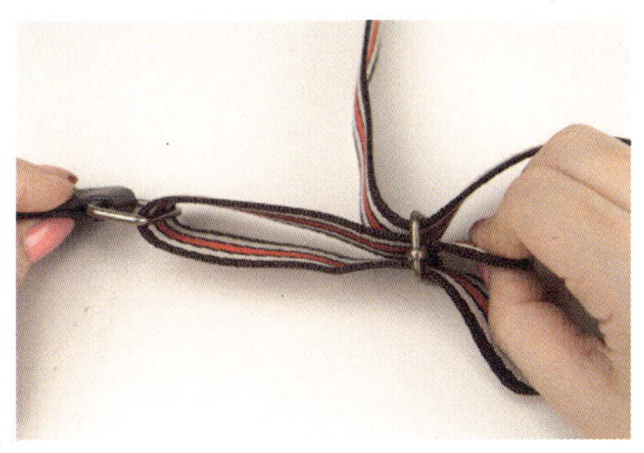

26 위쪽으로 끼워주면 됩니다.

27 위쪽에 끼운 웨이빙끈의 끝을 다시 되돌려 반대편 구멍에 끼워줍니다.

28 반대쪽은 18번의 가방 연결고리를 웨이빙끈의 다른 쪽 끝에 연결해주세요.

: 가방끈 박음질하고 마무리하기

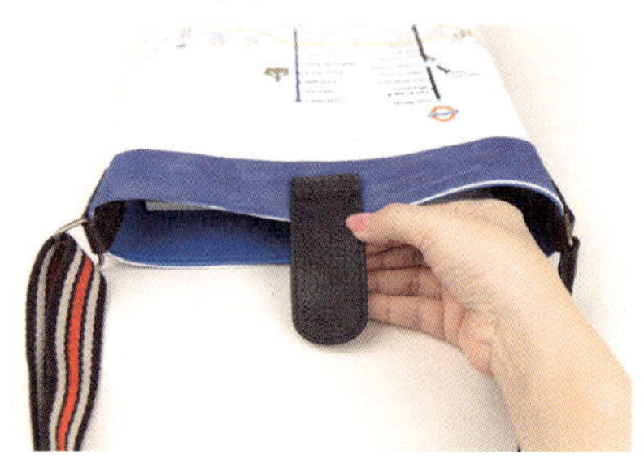

29 가방의 양쪽 중심에 가방 연결고리를 바느질하세요.

30 가방의 여밈 장치로 쓰일 사시꼬미는 가방의 중심에 맞춰서 바느질합니다.

31 다음 암컷 사시꼬미도 위치를 잘 맞추어 달아주세요.

33 안쪽에서 본 모습입니다.

34 웨이빙끈 런던 크로스백이 완성되었습니다.

런던 크로스백
겉감 2장, 안감(인조 가죽) 2장

36cm

안주머니 높이(24cm)

30cm

청춘 크로스백

퇴근할 때는 늘 차가 막힌다.

그럴 때 난 홍대 쪽으로 방향을 틀어

젊은이들을 구경한다.

젊음이 넘치고 활기찬 그들을 볼 때마다

나도 왠지 그들과 한무리가 된 듯한 착각을….

조금은 주책없어 보이지만

홍대를 지날 때면 일부러 음악 소리도 키우고

어깨도 괜히 들썩거리며

온몸으로 흥을 받으며 가곤 하는 데

이쁜 여학생이 옆으로 곱게 메고 가는

크로스백이 눈에 들어왔다.

나는 내게 어울릴 크로스백을 만들고 싶었다.

그래서 탄생한 크로스백, 일명 청춘 크로스백이다.

청춘 크로스백

재료
겉감 1마, 안감 1마, 접착솜 4온스 1/2마, 접착솜 2
온스 1/2마, 양면 접착심지 1/2마, 가죽 크로스백
끈, 사시꼬미 1개, 15cm 지퍼 1개, 20cm 지퍼 1개

원단·부자재 출처 : 엔조이퀼트

겉감 재단 배치도(110×45cm)

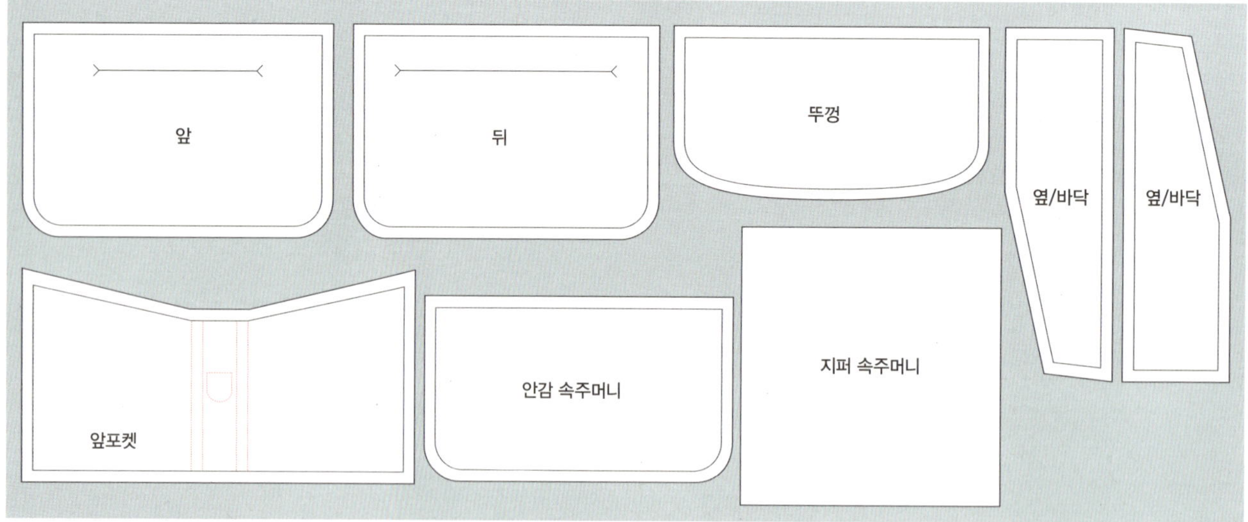

01

: 겉감 앞면에
  지퍼 주머니 만들기

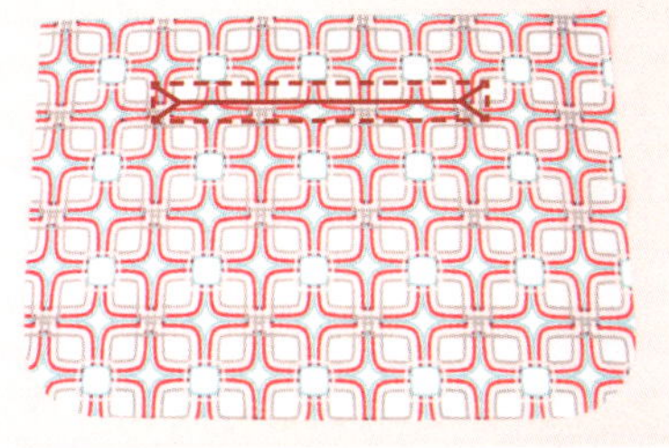

01 도안에 있는 겉감(앞)을 먼저 시접 1cm로
   재단하세요.

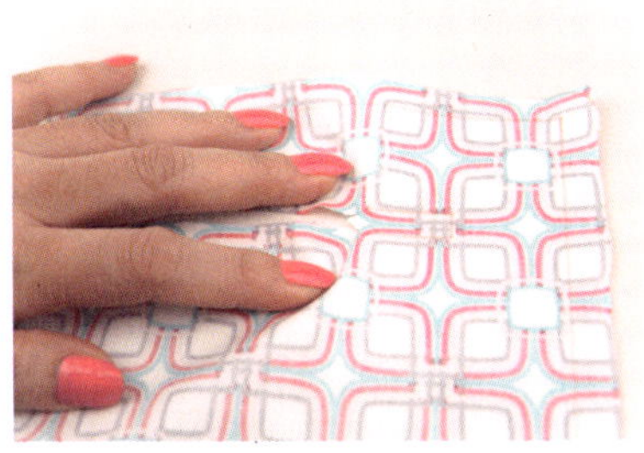

02 지퍼 구멍의 양 끝 세모부터 붙이고

03 긴 쪽을 패브릭 전용풀로
   붙여줍니다.

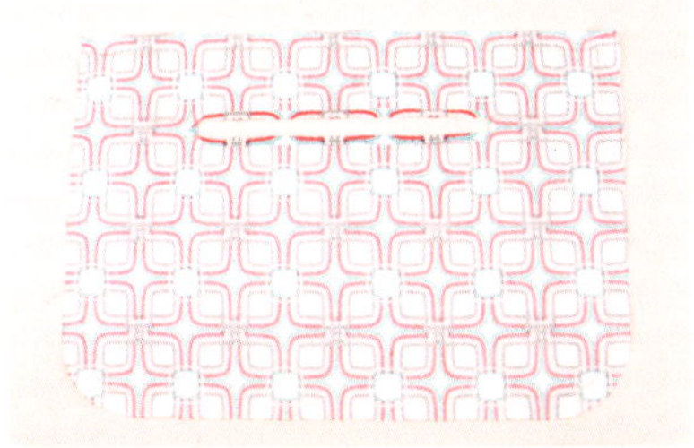

04 지퍼 구멍 사방을 모두 패브릭풀로 붙여줍
   니다.

05 접착솜(5온스)을 도안 겉감(앞)으로 시접
   없이 재단하세요.

06 빨갛게 표시된 선대로 재단합니다.

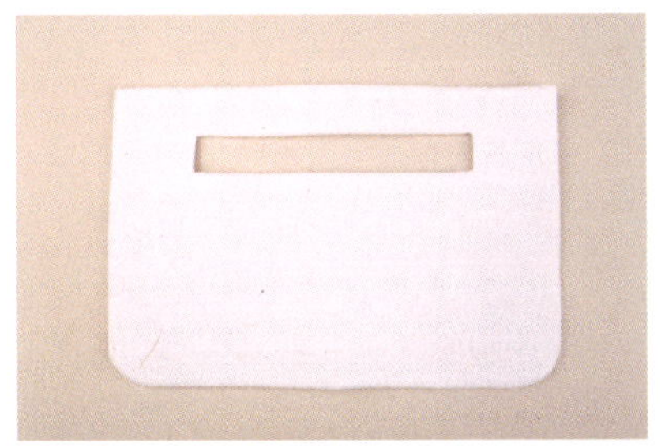

07 재단이 되었으면 겉감에 붙이는데 같은 모
   양으로 접착심지도 재단합니다.

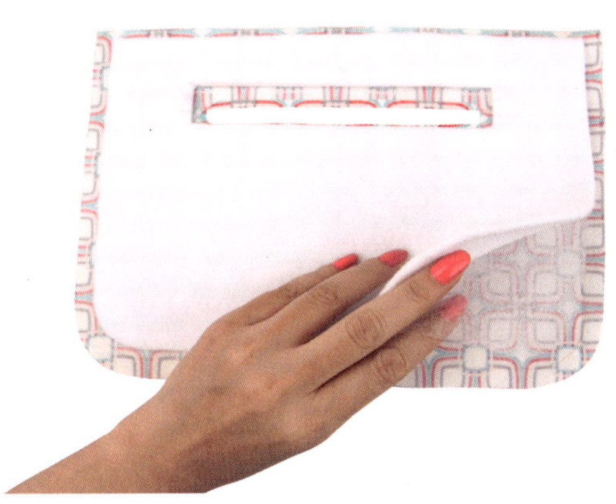

08 겉감의 안쪽에 양면 접착
   심지를 먼저 놓고, 그 위
   에 접착솜을 올려놓은 다음 겉감
   의 겉쪽으로 다림질하세요.

09 지퍼 고리를 오른쪽으로 오게 올려놓으세요.

10 표시된 선대로 박음질하세요.

 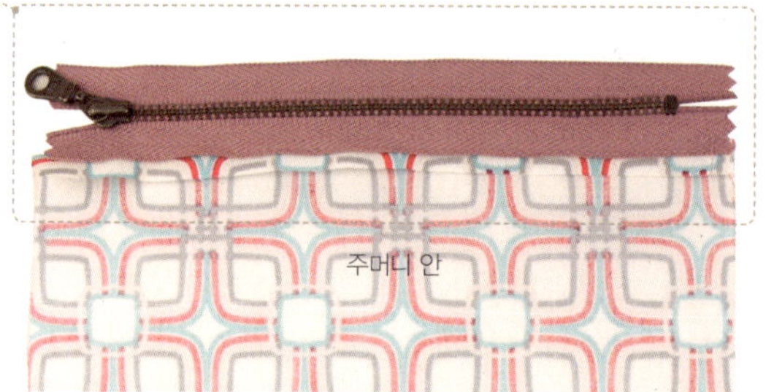

11 박은 지퍼를 올려서 옆으로 뒤집어 주세요.

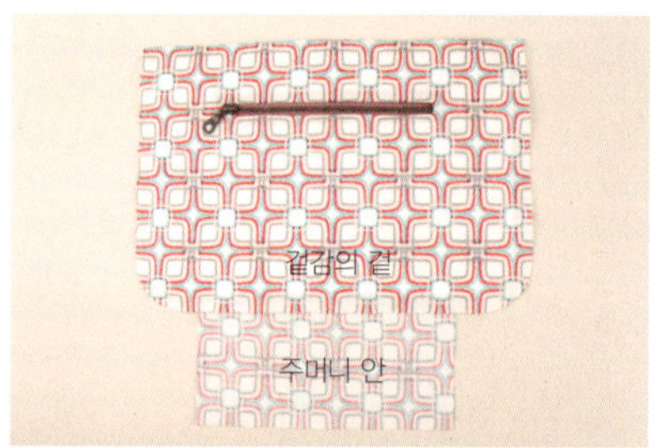 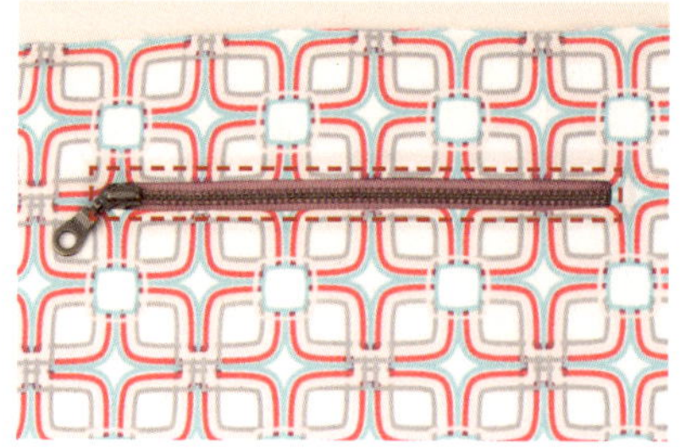

12 겉감은 겉쪽이, 주머니는 안쪽이 보이면 됩니다.

13 표시된 선대로 박음질하세요.

14 주머니 원단 아래를 지퍼 선까지 위로 올려서 접은 후

15 이렇게 겉감을 앞으로 접어서 지퍼와 주머니 원단만 박음질을 하면 되는데

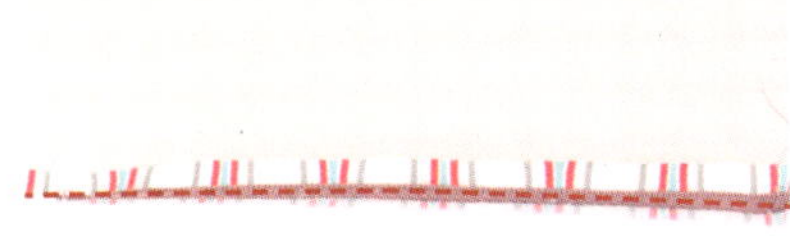

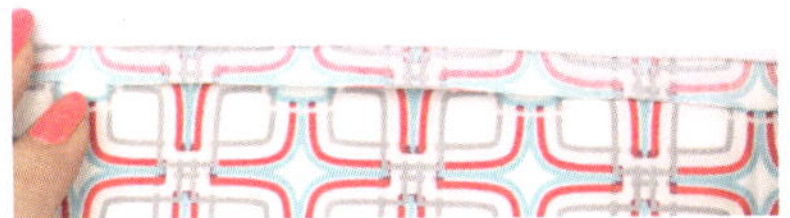

16 박음질 할 때 주의할 점은 겉감까지 하면 안되고, 지퍼와 주머니 감만 박음질을 해야 합니다.

17 주머니의 오른쪽은 이렇게 옆으로 겉감을 접어서 박음질 하면 되고

18 왼쪽도 겉감을 옆으로 접어서 박음질하면 됩니다.

02

: **겉감 앞판에 앞포켓 만들고 사시꼬미 달아주기**

19 앞 포켓 도안으로 시접을 1cm로 해서 겉감과 안감을 재단하고 맞대어 주신 후 표시된 선대로 박음질하세요.

20 상단의 꺾이는 부분은 가위집을 냅니다.

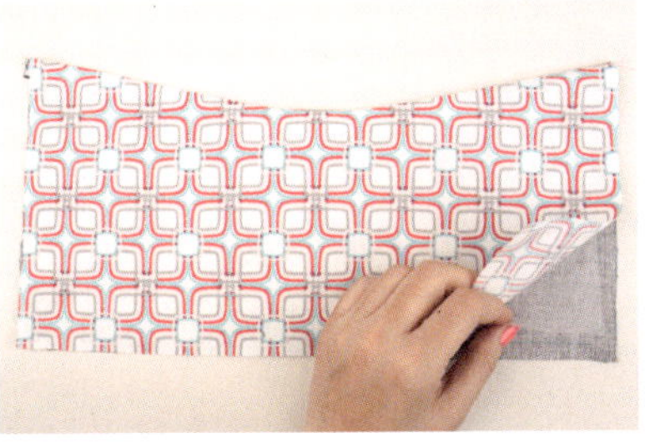

21 이제는 안쪽끼리 마주 보게 놓고 가운데에 양면 접착심지를 넣어주세요.

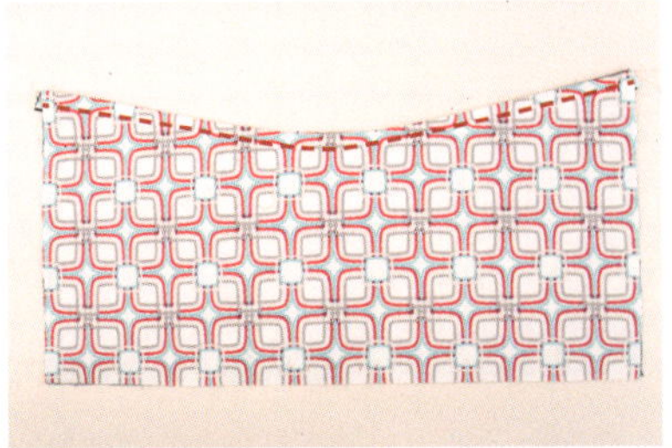

22 다림질을 한 다음에 표시된 선대로 박음질(상침)을 해주세요.

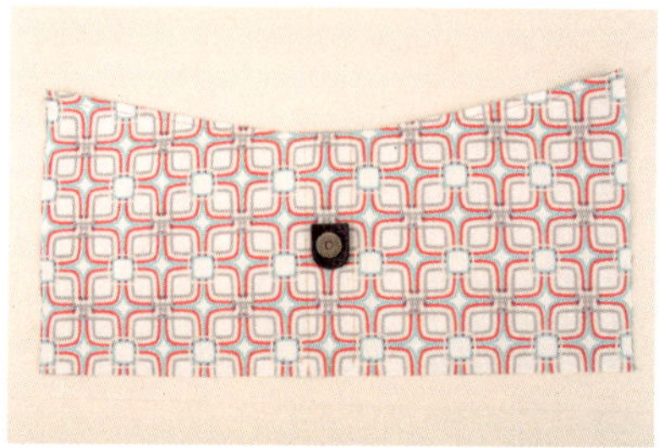 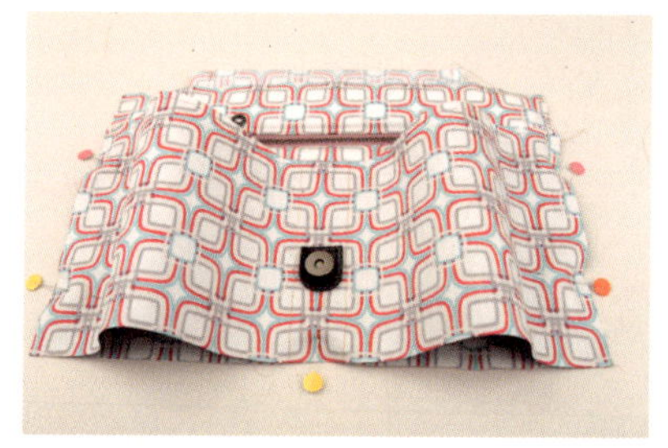

23 도안에 표시된 위치에 사시꼬미를 올려 놓고 먼저 바느질해줍니다.

24 앞 지퍼 주머니를 완성한 겉감 위에 올려 놓고, 양 끝과 중앙을 먼저 시침 핀으로 고정을 합니다.

25 그리고 가운데를 맞잡아 이렇게 시침 핀으로 고정하고

26 표시된 선대로 박음질하세요.

27 모두 박음질했으면 모서리 부분은 가위로 둥글게 잘라주세요.

03

**: 겉감 뒷면에
지퍼 주머니 달기**

 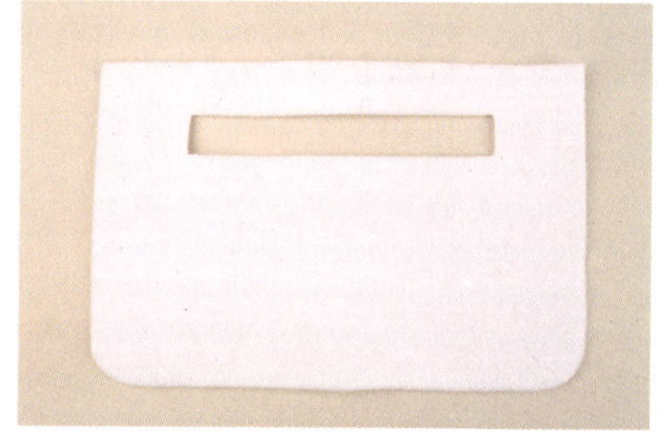

28 지퍼구멍은 도안에 있는 선대로 그리고 사방으로 0.5cm 더 크게 하나 더 그려주세요.

29 사방을 더 그린 선대로 잘라주세요.

30 잘린 접착솜(5온스)은 겉감의 안쪽에 양면 접착심지를 올리고 겉에서 다림질을 합니다.

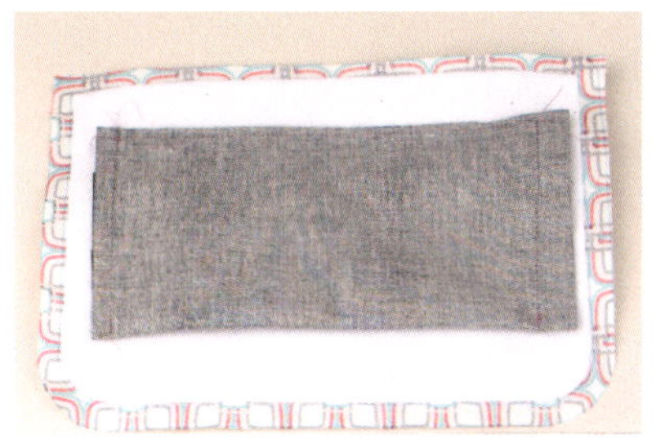
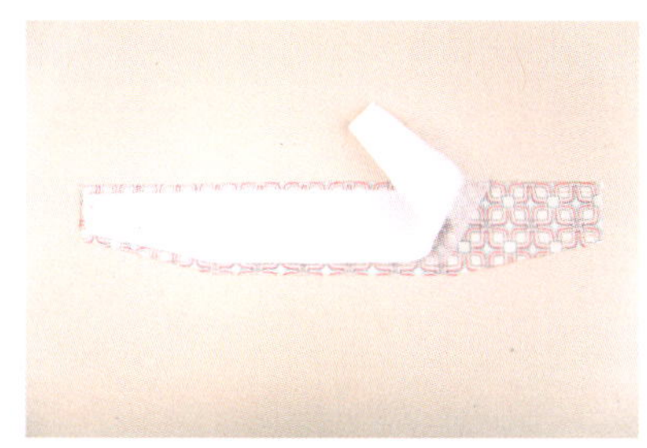

31 09~18번을 참조하여 지퍼 주머니를 만들어 줍니다.

32 바닥/옆선 도안을 이용해 시접 1cm로 재단한 후 시접없이 접착솜과 양면 접착심지를 올려 놓고 다림질해주세요.

04

: 안감, 뚜껑, 주머니를 박음질하기

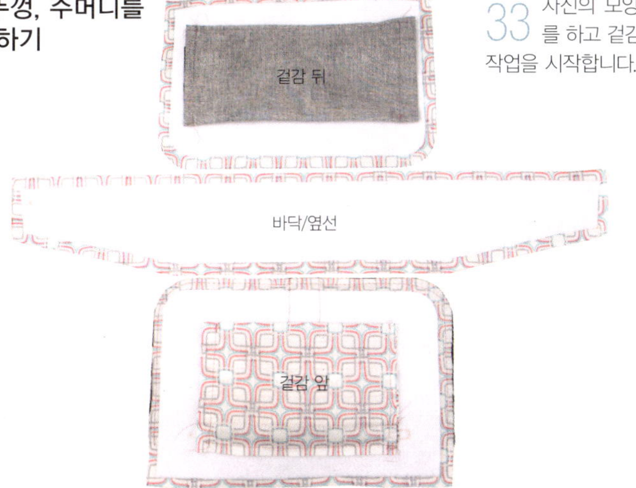

33 사진의 모양대로 배치를 하고 겉감 뒤쪽부터 작업을 시작합니다.

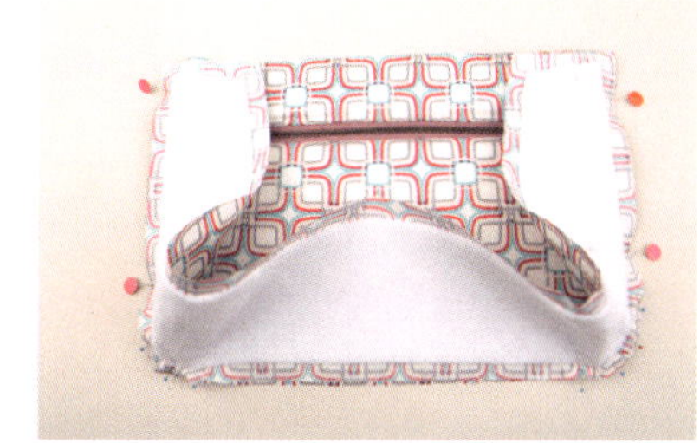

34 겉감 뒤쪽을 먼저 시침 핀으로 고정합니다.

35 시침 핀으로 고정할 때는 이렇게 잡고 가위집을 내면서 핀을 꽂으면 편리합니다.

36 뚜껑에도 양면 접착심지와 접착솜을 올려 놓고 겉에서 다림질합니다.

37 안감과 겉감이 겉쪽으로 마주보게 맞대어 놓습니다.

38 표시된 선대로 박아주고, 가위집을 V자로 내고 뒤집어 줍니다.

39 뒤집어 준 뚜껑을 가방 본체의 뒷면에 시침 클립으로 고정한 후 표시된 선대로 박음질하세요.

05

: 안쪽주머니에 스냅 단추 달기

40 이제는 안쪽 주머니를 만들 차례인데 도안의 안감 속주머니를 시접 1cm로 재단하고 표시된 선대로 박음질하세요.

41 박음질한 안감 주머니를 뒤집어서 스냅 단추를 정중앙에 표시해주세요.

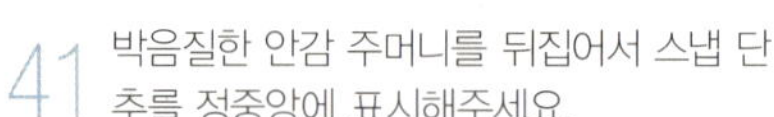

42 실뜯개로 구멍을 낸 후

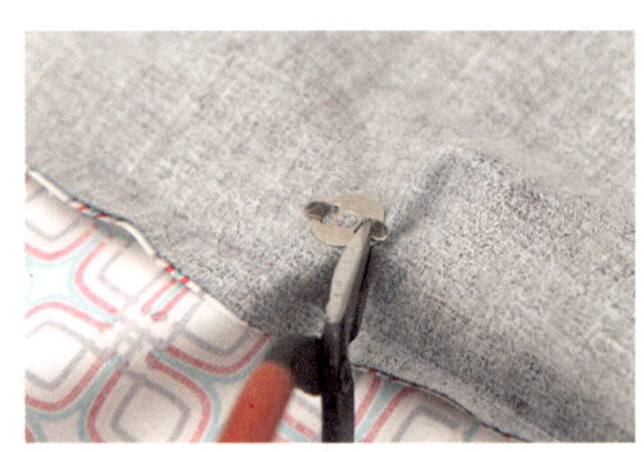

43 안쪽에서 이렇게 고정합니다.

44 스냅 단추를 고정한 안감 주머니 속에 양면 접착심지를 넣고 다림질해줍니다.

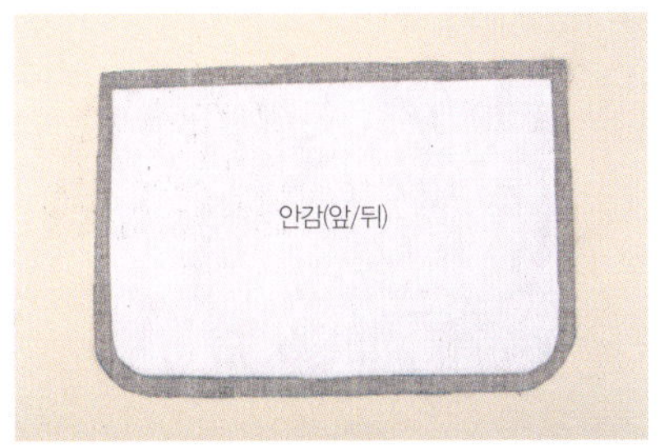

45 도안에 있는 안감(앞/뒤)을 이용해 시접 1cm로 2장을 재단하고

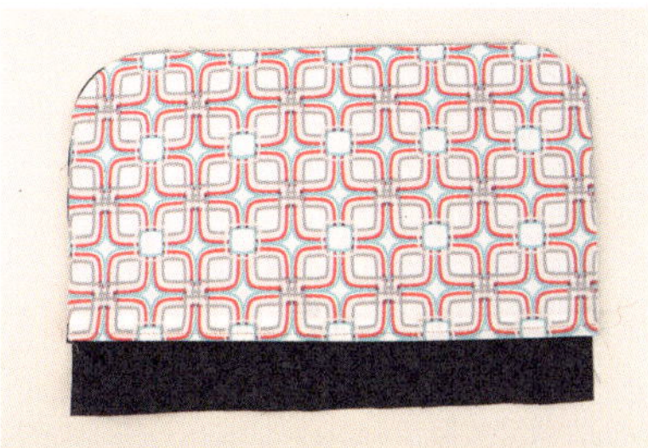

46 44번을 안감 위에 올려 놓습니다.

47 나머지 스냅 단추를 달아야 할 위치는 정 중앙에 주머니의 스냅 단추 위치와 잘 맞물리게 그려주세요.

48 안감에 스냅 단추 위치를 잘 그려야 틀어지는 일이 없습니다.

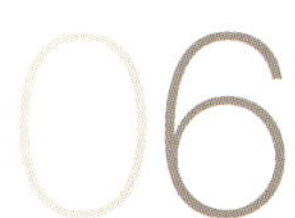

06

: 안감 박음질하기

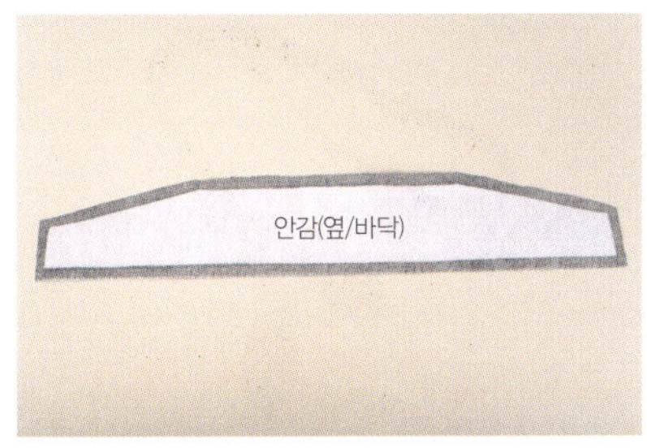

49 안감의 옆/바닥 도안을 이용해 시접 1cm로 1장 재단하고, 시접없이 접착솜 2온스를 붙여주세요.

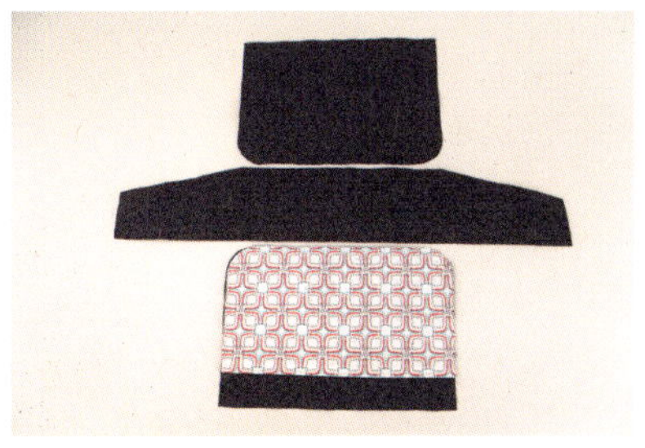

50 그림의 상태로 만들어 놓은 원단을 배치합니다.

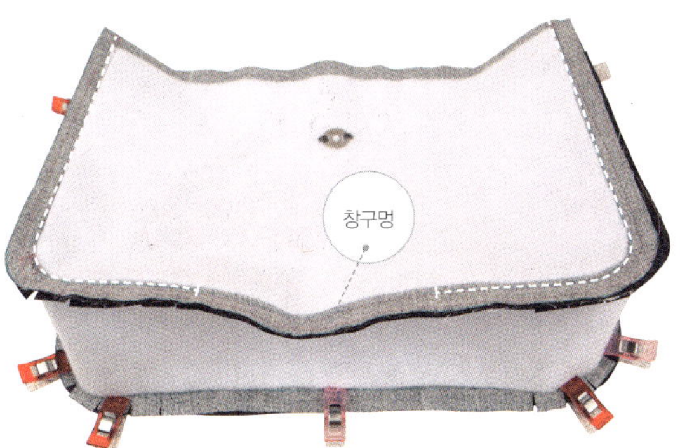

51 배치를 한 원단은 둘레를 시침 클립을 이용해 고정하면서 창구멍을 제외하고 모두 박음질하세요.

07

: 겉감과 안감 맞대어서
  박음질하기

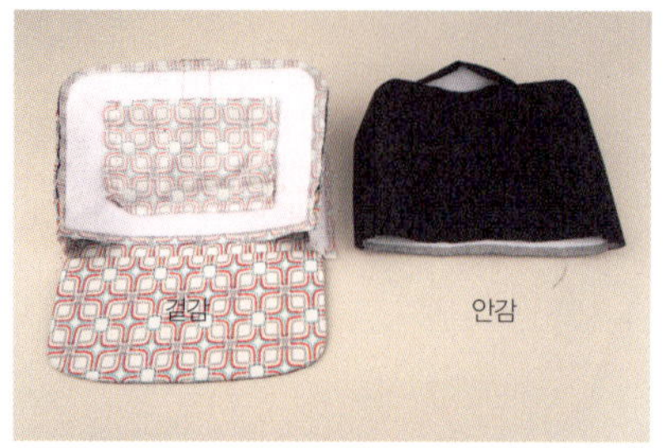

52 겉감은 그대로 놓고 안감은 뒤집어서 놓습
   니다.

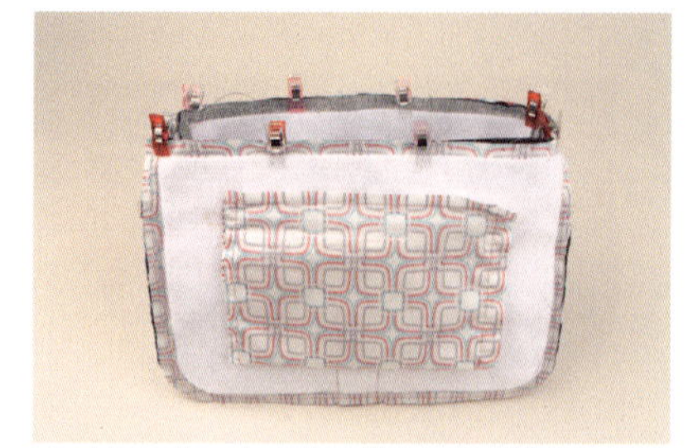

53 안감을 겉감 속에 넣어주세요.

54 시침 클립으로 상단을 고정하고 표시된 선
   대로 박음질하세요.

55 안감의 창구멍을 이용해서

56 겉감을 조심스럽게 꺼
   내어줍니다.

57 창구멍을 공그르기로 마무리하고

58 가죽 크로스백 끈을 준비합니다.

59 완성된 가방의 옆 중앙에 정확히 바느질
   해줍니다.

60 잘 꿰맨 가방에 고리를 끼워 넣어주세요.

61 뚜껑의 정중앙에 사시꼬미를 달아주면 크
   로스백이 완성입니다.

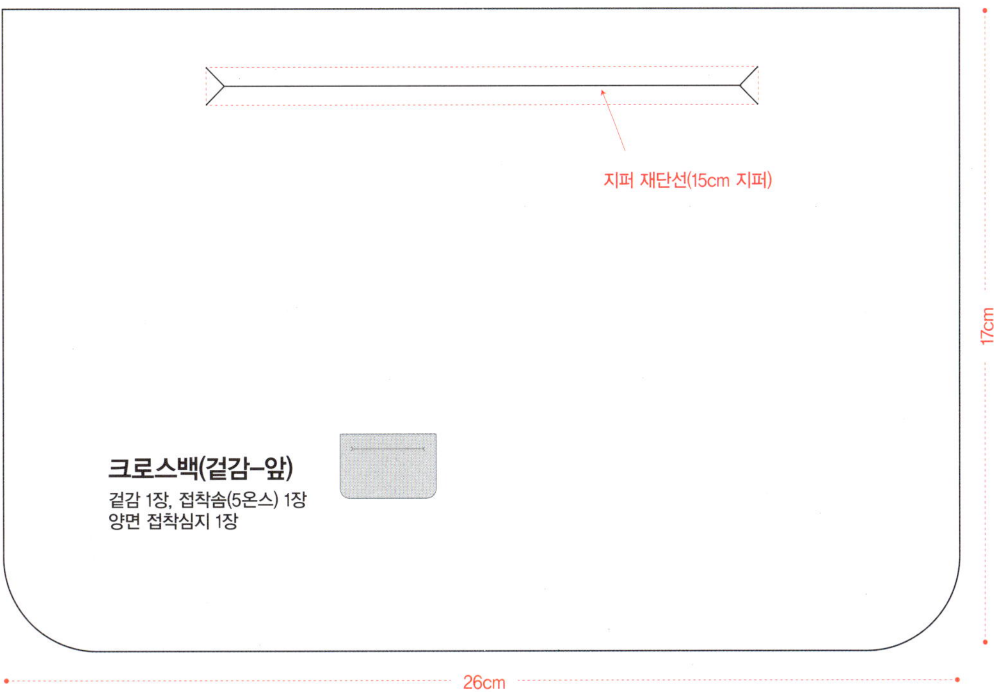

지퍼 재단선(15cm 지퍼)
크로스백(겉감-앞)
겉감 1장, 접착솜(5온스) 1장
양면 접착심지 1장
17cm
26cm

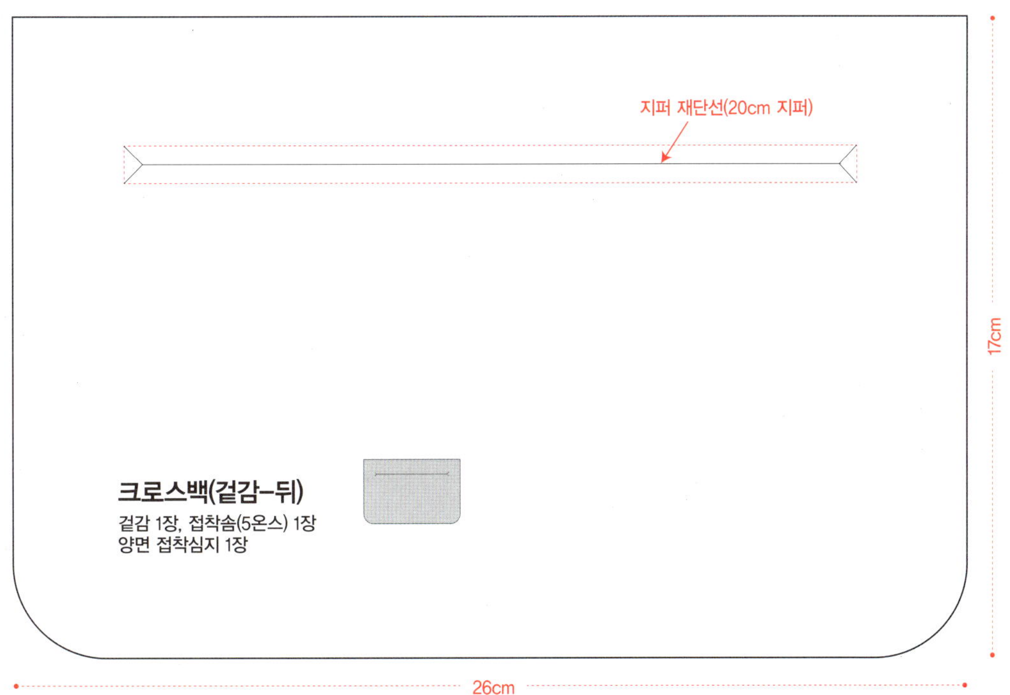

지퍼 재단선(20cm 지퍼)
크로스백(겉감-뒤)
겉감 1장, 접착솜(5온스) 1장
양면 접착심지 1장
17cm
26cm

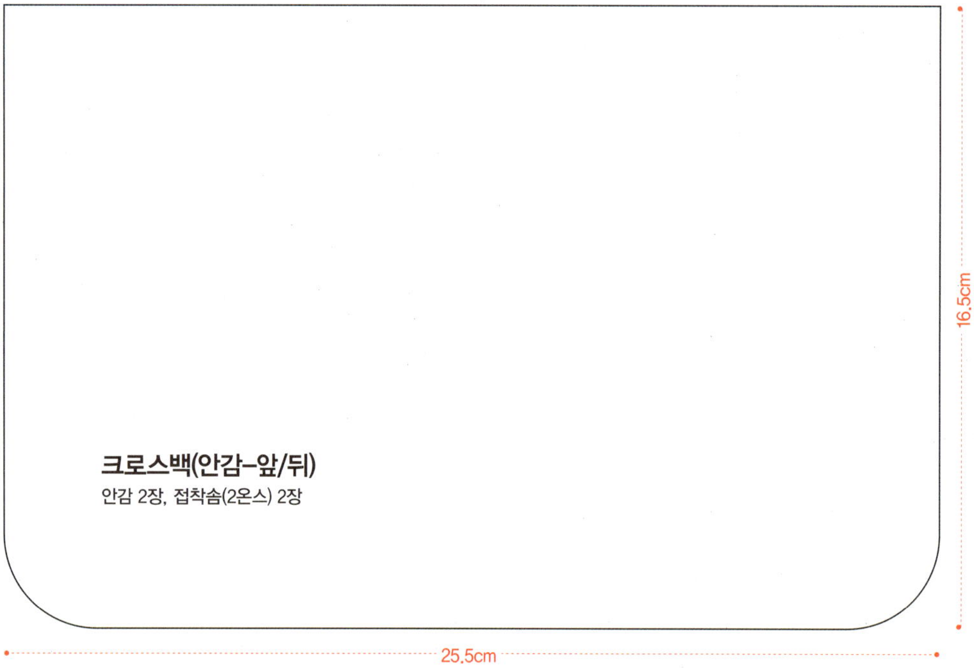

크로스백(안감-앞/뒤)
안감 2장, 접착솜(2온스) 2장

16.5cm

25.5cm

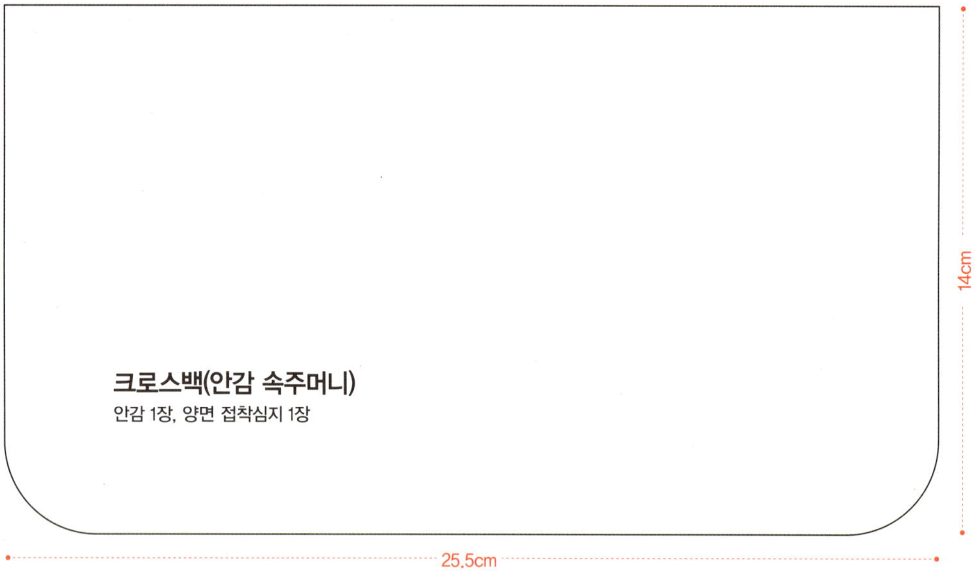

크로스백(안감 속주머니)
안감 1장, 양면 접착심지 1장

14cm

25.5cm

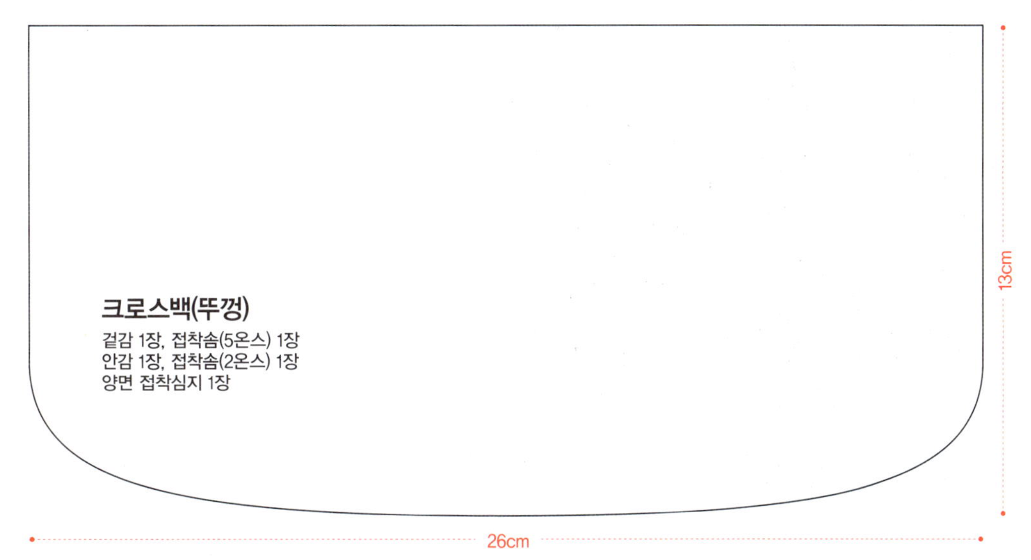

크로스백(뚜껑)

겉감 1장, 접착솜(5온스) 1장
안감 1장, 접착솜(2온스) 1장
양면 접착심지 1장

13cm

26cm

크로스백(옆/바닥)

겉감 1장, 접착솜(5온스) 1장
안감 1장, 접착솜(2온스) 1장
양면 접착심지 1장

8cm

28.5cm

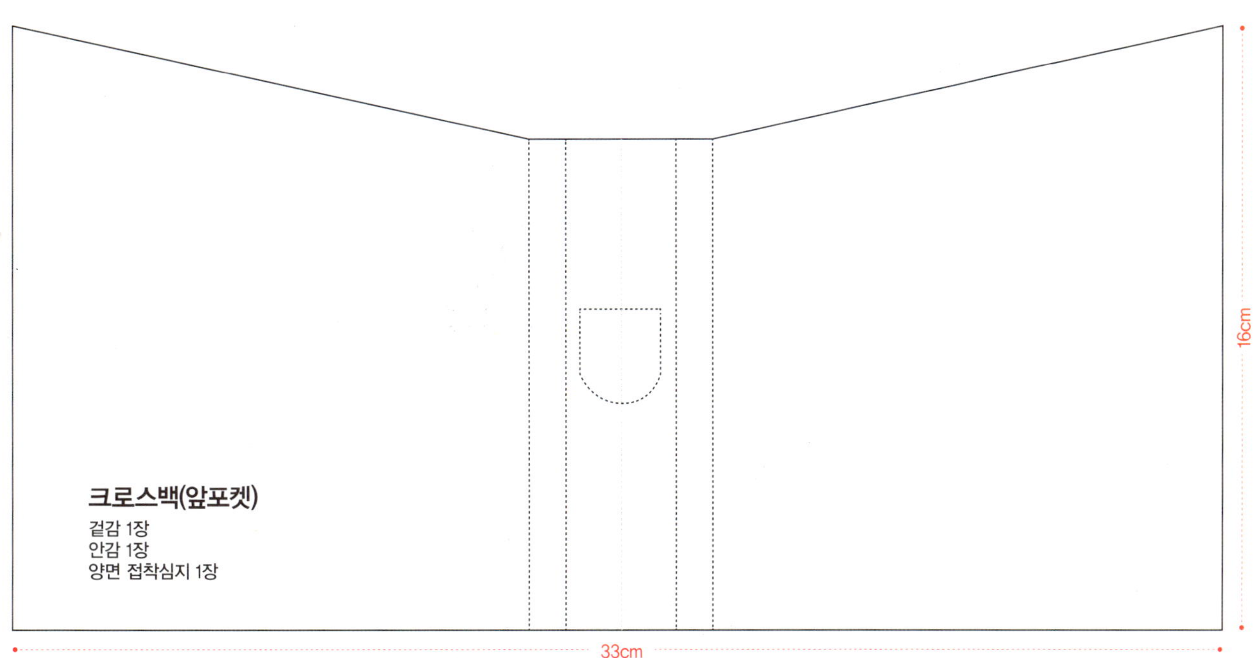

크로스백(앞포켓)

겉감 1장
안감 1장
양면 접착심지 1장

16cm

33cm

힙색

나는 여행 갈 때면 늘 허리춤에
힙색을 꼭 차고 다녔었다.
그도 그럴 것이
난 항상 내 가방 속에 있는 물건을
잘 못 찾는다.
잡다한 물건들을 여러 개의 파우치에 넣어
가방에 담아놔도
꼭 파우치의 지퍼를 다 열어봐야
내가 찾는 물건이 나온다.
그래서 허리춤에 차고 다니는
힙색 속엔 꼭 필요한 물건들 몇 개를
골라놔야 안심이 된다.
지금도 난 힙색이 꼭 필요하다.

힙색

재료
겉감 60×38cm, 안감 60×38cm, 접착솜 2온스 60×38cm, 양면 접착심지 60×38cm, 25cm 지퍼 3개, 웨이빙끈, 가방 고리 2개, 가죽 웨이빙 연결고리 2개, 3cm 사각끈 조절 연결고리 1개

원단 출처 : 모던패브릭

겉감, 안감 재단 **배치도(60×38cm)**

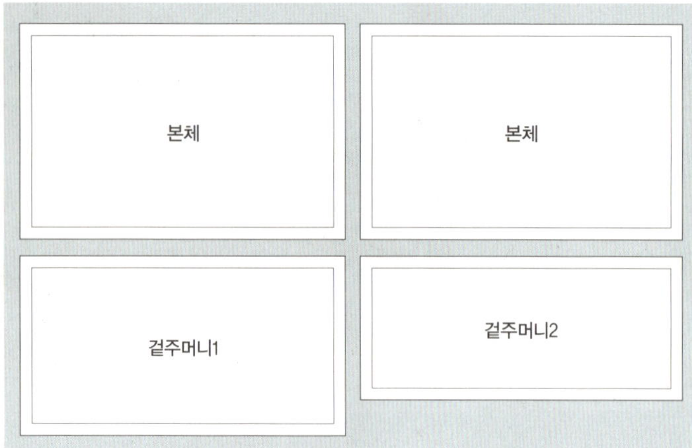

01

: 겉감 재단하고
  원단 전용풀 발라 붙이기

01 재료를 준비합니다.

02 도안에 있는 힙색(본체) 겉감으로 2장을 재단합니다.

03 지퍼를 달 곳을 패브릭 전용풀로 붙여 주세요.

04 끝부터 꼼꼼하게 풀을 바른 후

05 이렇게 안으로 접어서 꼭 붙여주세요.

02

: 안감에 지퍼 달기

06 안감도 도안에 있는 힙색(본체) 2장을 재단하고, 시접 부분을 풀 발라서 붙여주세요.

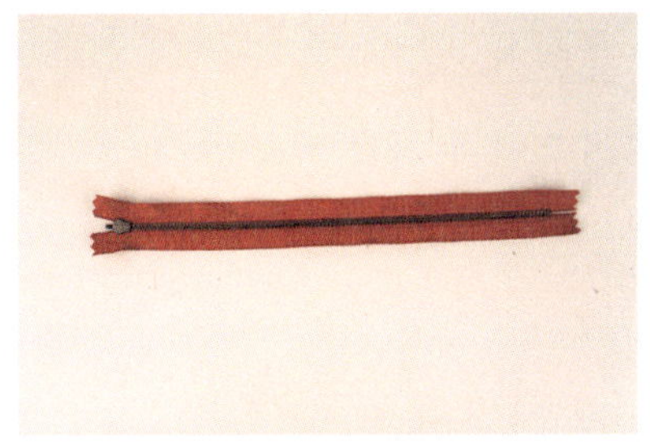

07 25cm 지퍼를 준비하고

08 붙인 안감을 먼저 올려놓습니다.

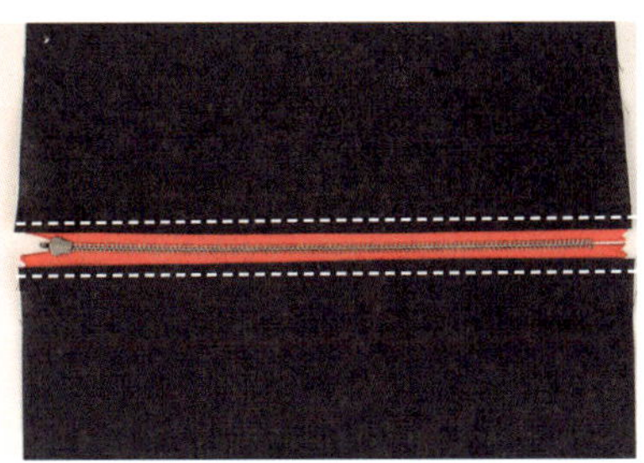

09 표시된 선대로 박음질 해주면 되는데 이 때 지퍼를 꼭 뒤집어서 박음질 해줘야 합니다.

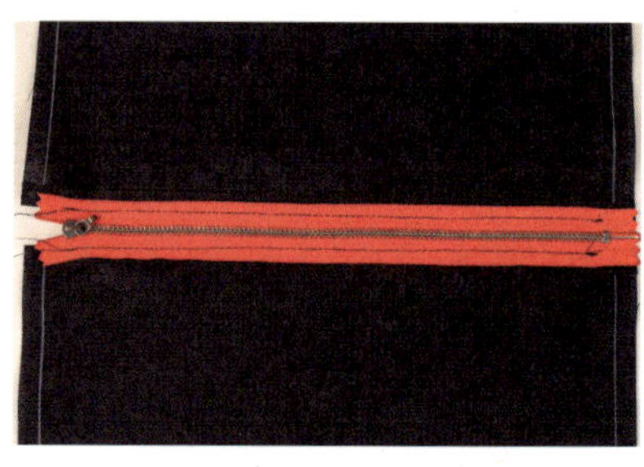

10 박음질 한 지퍼를 옆으로 뒤집어 놓은 상태입니다.

11 보이시죠? 지퍼를 박음질 한부분이요.

12 지퍼를 뒤집어 놓은 안감 위에 접어놓은 겉감을 지퍼가 보이게 그대로 올려놓습니다.

13 그리고 이렇게 겉에서 박음질하세요.

03

: 주머니 두 개를 박음질하기

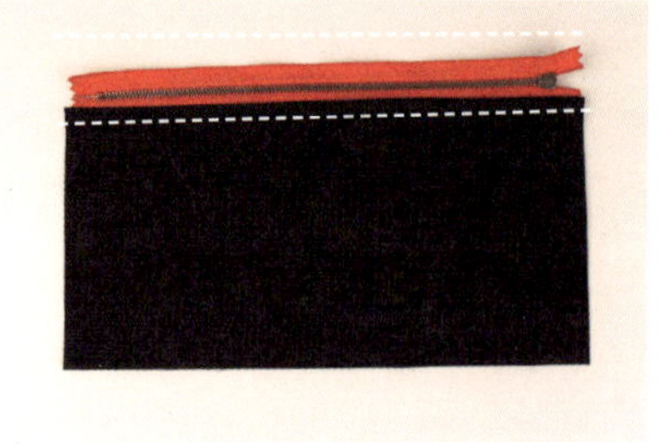

14 도안에 있는 겉주머니1로 겉감을 1장만 재단하고 위에 있는 시접만 접어놓습니다.

15 안감도 풀로 붙인 다음 박음질하세요.

16 지퍼를 뒤집어 놓고 겉감을 올려놓고 박음질하세요.

17 도안에 있는 겉주머니 2로 겉감과 안감을 재단하고 위의 시접 부분을 풀로 붙여주세요.

18 안감을 먼저 지퍼 뒤에서 박음질 해줍니다.

19 다시 안감을 뒤집은 상태에 겉감을 올려놓고 표시된 선대로 박음질하세요.

20 완성된 겉주머니 1에 겉주머니 2를 올려놓고 표시된 부분을 박음질하세요.

21 이때 겉주머니 1의 겉감과 안감을 같이 박음질 해주면 더 편리합니다.

22 주머니 두개를 동시에 힙색(본체) 겉감에만 올려놓고 박음질 해주되

23 힙색(본체)의 안감은 위로 올려놓고 겉감으로만 박음질해야 합니다.

04

: 겉감과 안감 박음질하기

24 겉감은 겉감끼리. 안감은 안감끼리 맞잡아 주세요.

25 표시된 선대로 박음질 해주시는데 창구멍은 절대로 박음질 하면 안되고 지퍼는 꼭 열어놓은 상태에서 박음질 해주어야 합니다.

26 이렇게 창구멍이 있어야 뒤집을 수 있습니다.

27 창구멍을 이용해 겉감을 꺼내어 줍니다.

28 다 뒤집었으면 창구멍을 공그르기로 마무리해주세요.

05

: 고리달고 마무리하기

29 고리가 없는 지퍼라면 이렇게 고리를 달아주어야 하는데

30 이렇게 고리가 없는 지퍼는

31 지퍼 고리를 걸어놓은 다음

32 도구를 이용해 꽉 고정을 하면 됩니다.

33 이제는 힙색의 뒷면에 가죽고리를 바느질하는데 위치를 잘 잡아준 다음

34 한쪽부터 차근차근 바느질해주세요.

 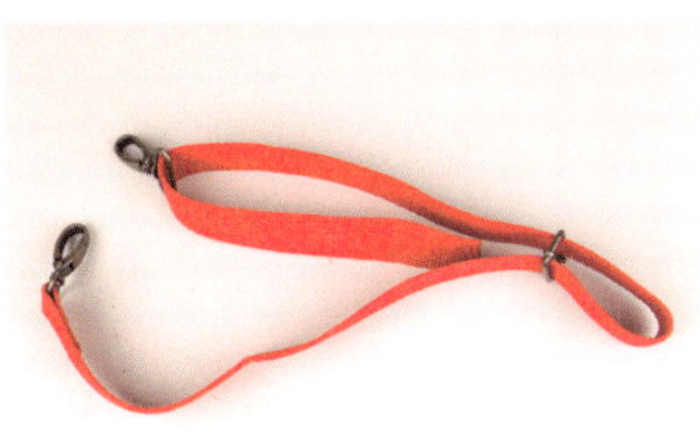

35 가방 고리의 한 쪽에 웨이빙끈을 넣어서 고정시키고

36 중간에 사각 끈 조절 연결고리를 먼저 넣고 가방 연결고리를 넣어주세요.

37 웨이빙의 한 쪽 끝을 사각 끈 조절 연결고리를 통과해 다시 나오게 합니다.

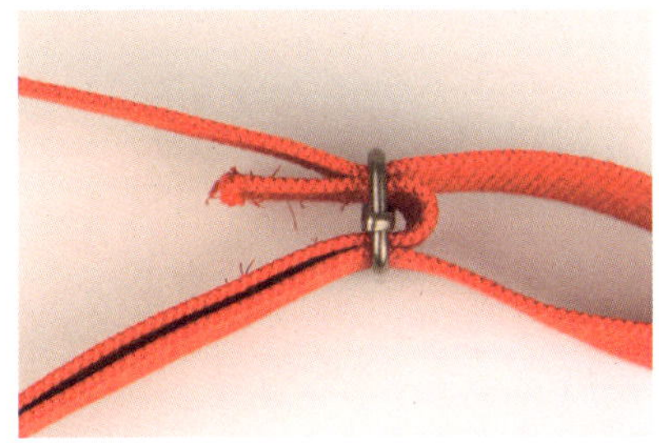  

38 사각 끈 조절 연결고리를 통과하여 다시 나오게 하는 걸 잊으면 안 됩니다.

38 그리고 끝에서 마무리를 하면 됩니다.

39 손으로 집은 부분을 재봉틀이나 손바느질로 마무리합니다.

40 그리고 가방 고리를 끼워주세요.

41 완성된 힙색의 뒷면입니다.

힙색(본체)
겉감 2장, 접착솜(2온스) 2장
안감 2장
양면 접착심지 2장

16cm

26cm

힙색(겉주머니1)
겉감 1장, 접착솜(2온스) 1장
안감 1장
양면 접착심지 1장

13cm

26cm

힙색(겉주머니2)
겉감 1장, 접착솜(2온스) 1장
안감 1장
양면 접착심지 1장

10cm

26cm

주름가방

엄마 생신이 다가올 때쯤
주름가방을 만들어 드렸다.
반응?
딸내미가 만들었다니 좋아하시긴 하는데
어째 반응이 신통치 않다.
그 이유는 주머니가 없다는 거.
울 엄마 겁나 주머니 좋아하는데
좀 심플하게 만들었더니 반응이 좀 그러네.
뭐여~~ 열나게 만들었구먼….
냉큼 다시 빼앗아오곤 '다시 만들어 줄게' 했다.
내 금세 주머니 겁나 많은 거로 만들어 주면 되잖아.
엄마는 웃는다.
좋다는 소리지.

주름가방

재료
겉감 1/2마, 안감 1/2마, 접착솜 4온스 1/2마, 양면
접착심지 1/2마, 가방 손잡이

원단·부자재 출처 : 꾸밈디자인, 샬롱드마젤

겉감, 안감 재단 **배치도(110×45cm)**

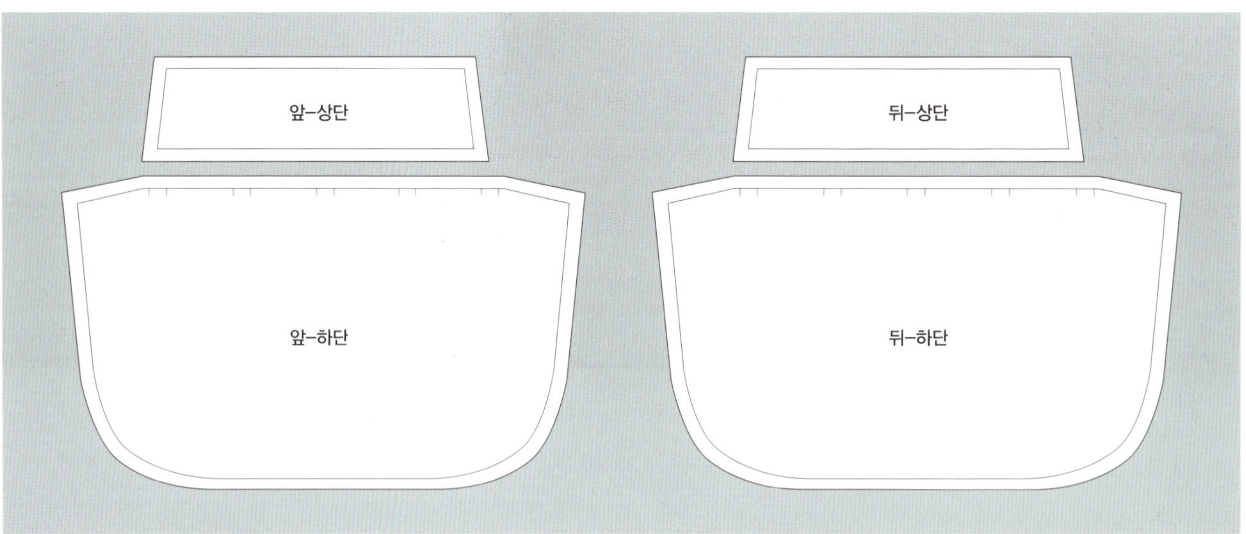

01

: 겉감 재단하고 주름 잡아주기

01 도안에 있는 겉감 하단 2장을 시접 1cm로 재단하세요.

02 시접없이 접착솜 4온스를 2장 재단해주세요.

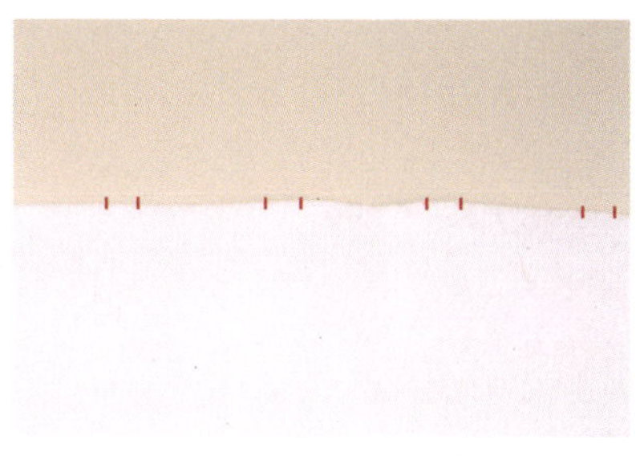

03 재단선을 그릴 때 접착솜에 접히는 부분을 표시하고

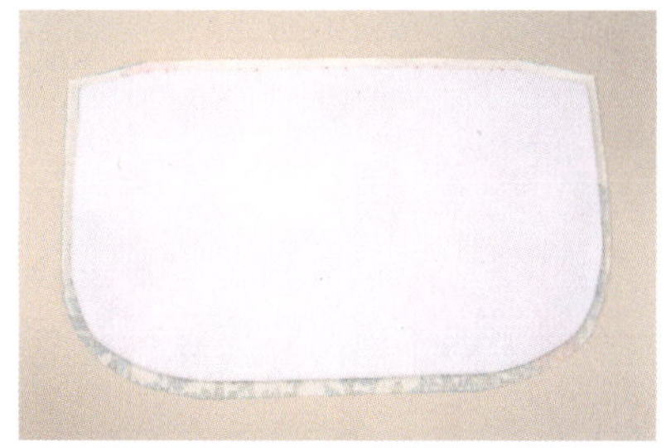

04 재단한 접착솜을 겉감 하단 안쪽에 다림질을 해주세요.

05 미리 표시해 둔 주름선대로 접어서 시침 클립으로 고정을 하는데

06 겉감은 접착솜이 있어서 주름이 잘 잡히지 않으니 꼭 시침 핀이나 시침 클립으로 고정하세요.

07 시접선 바깥쪽으로 한 번 박음질하세요.

08 이렇게 주름이 잡힐 부분을 먼저 박음질 하면 상단을 박음질 할 때 편리합니다.

02

09 도안에 있는 상단을 시접 1cm로 2장 재단을 합니다.

10 시접없이 접착솜 4온스를 2장 재단해서 겉감 상단의 안쪽에 접착솜을 붙여주세요.

겉감 하단

겉감 상단

11 겉감 상단을 겉감 하단에 올려놓고 박음질하세요.

상침

12 겉감 상단을 위로 올려주고

13 표시된 부분을 상침으로 박음질해주는데

14 이렇게 박음질 해주면 됩니다.

15 박음질한 겉감 상단과 겉감 하단을 겹쳐서

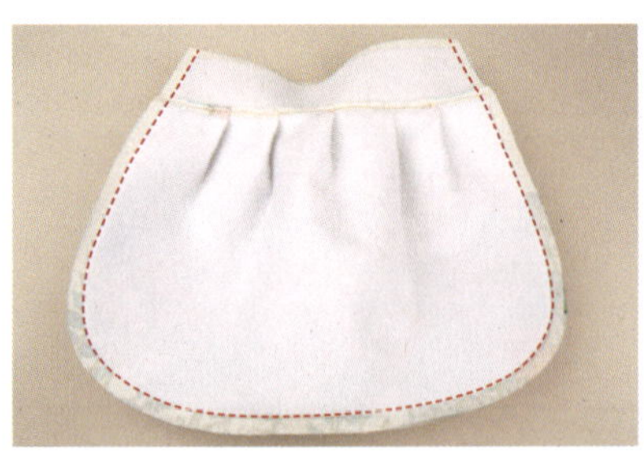

16 표시된 선대로 박음질하세요.

: 겉감과 안감 박음질하기

17 도안에 있는 안감 2장을 시접 1cm로 재단을 합니다.

18 안감 2장이 마주 보게 맞대어 놓고

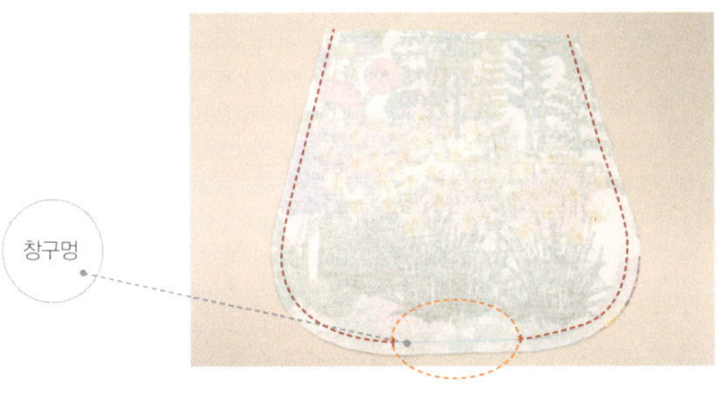

19 표시된 선대로 박음질 하되 창구멍을 제외하고 박음질해주면 돼요.

20 저는 하단에 창구멍을 내었는데 하단이 불편하면 옆선에 해도 좋아요.

21 겉감은 뒤집지 말고 안감만 뒤집어 놓으세요.

22 겉감 속에 안감을 넣어 주세요.

23 안감과 겉감의 끝이 잘 맞아 떨어지게 한 후 시침 핀으로 고정을 하시고

24 표시된 선대로 박음질 해줍니다.

**: 안감을 꺼내주고
손잡이 달아 마무리하기**

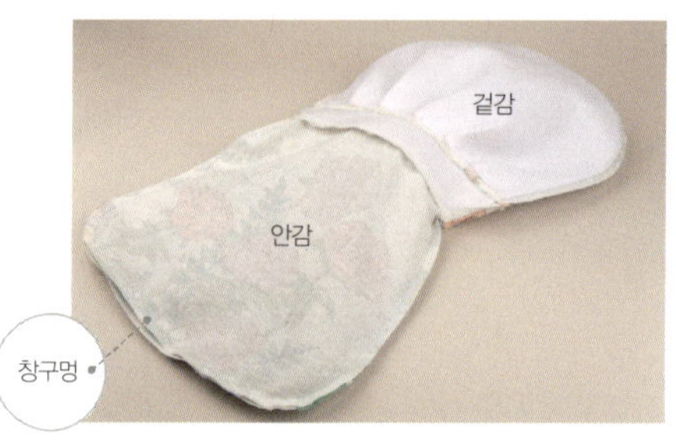

25 상단을 박음질한 다음 안감을 겉으로 꺼내어 주세요.

26 표시된 창구멍으로 겉감을 꺼내어 주어야 하는데

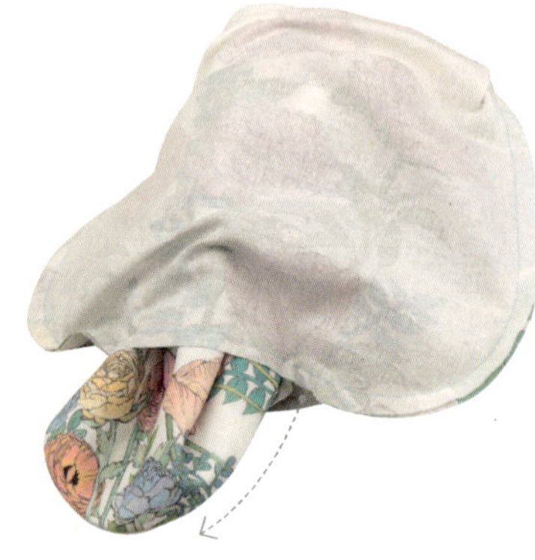

27 창구멍의 양 끝이 뜯어지지 않게 조심스럽게 뒤집습니다.

28 다 뒤집은 다음 창구멍은 공그르기로 마무리를 합니다.

29 겉감에만 접착솜을 붙여서 안감이 위로 올라오는 현상이 있으니 시침 클립으로 고정시키고

30 표시된 부분을 상침으로 마무리를 해주세요.

31 가방 상단을 4등분을 해서 수성펜으로 표시를 하고 가방 손잡이를 달아주면

32 주름가방이 완성됩니다.

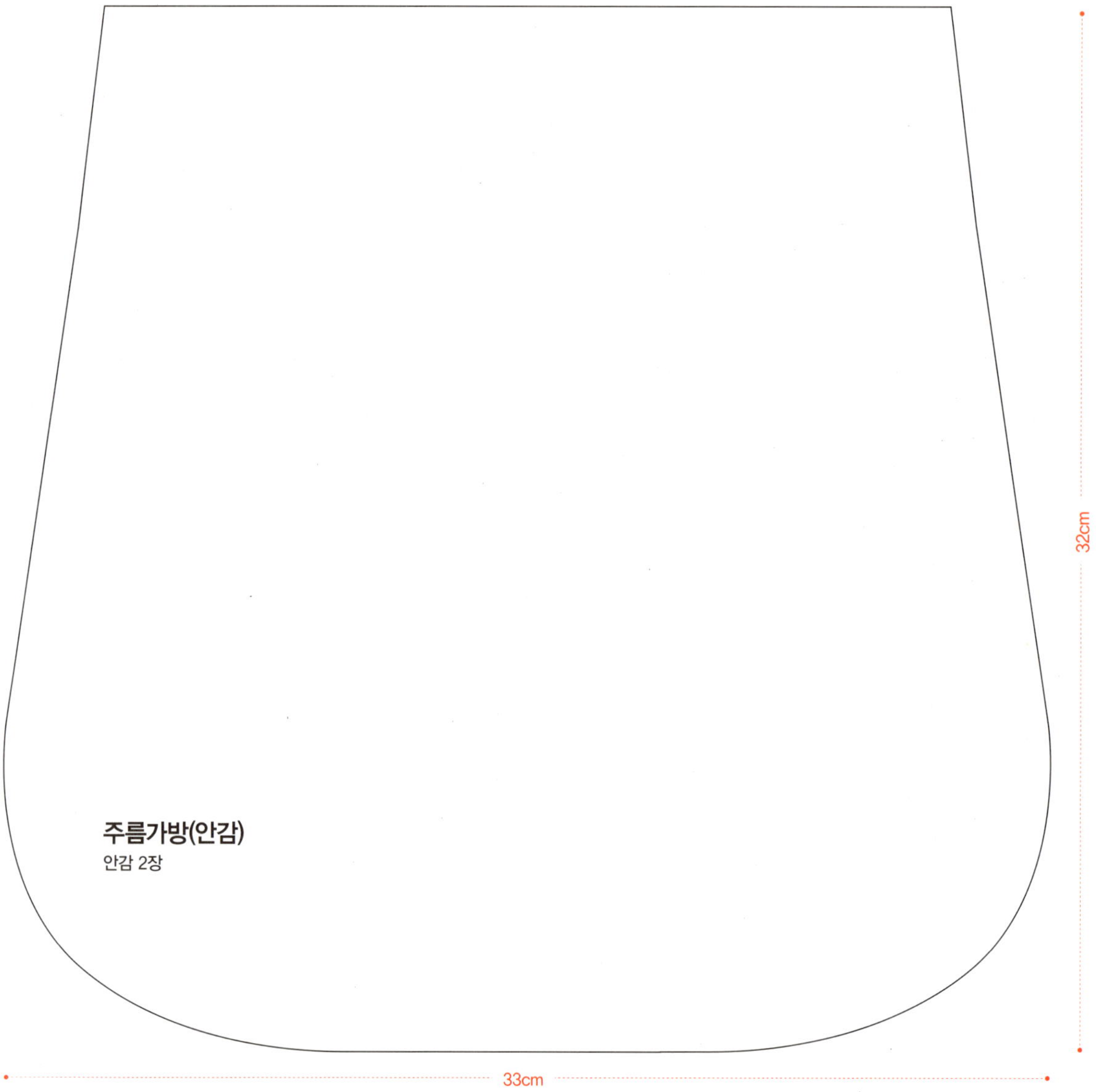

주름가방(안감)
안감 2장

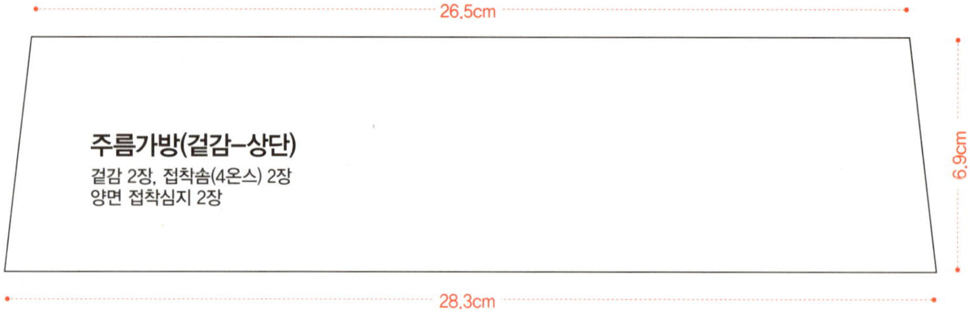

32cm

33cm

26.5cm

주름가방(겉감-상단)
겉감 2장, 접착솜(4온스) 2장
양면 접착심지 2장

6.9cm

28.3cm

주름가방(겉감-하단)
겉감 2장, 접착솜(4온스) 2장
양면 접착심지 2장
44cm
25cm

보라배낭

어쩌다 대중교통을 이용하게 되는 날이면
백 속에 담아 두었던 소지품을 배낭 속에 넣고
단화를 신고 편한 차림으로 외출한다.
배낭을 메면 내 두 손이 자유롭기 때문….

사진 찍는 동생과 사진 촬영을 나갈 때도
어김없이 배낭을 애용하는데
카메라를 넣는 배낭이란 뻔하지 않은가?
투박하고 멋스럽지도 않고….
그럴 때 이 특이한 배낭을 메고 나가
멋진 사진을 찍으리라!

보라배낭

재료
겉감 1마, 안감 1마, 5온스 접착솜 1마, 2온스 접착
솜 1마, 양면 접착심지 1마, 접착심지 1마, 20cm/
25cm지퍼 각 1개씩, 3cm 웨이빙끈 2m, 3cm 가방
연결고리, 3cm 가방 후크, 가방 고리

원단 출처 : 모던패브릭

겉감 재단 **배치도(110×90cm)**

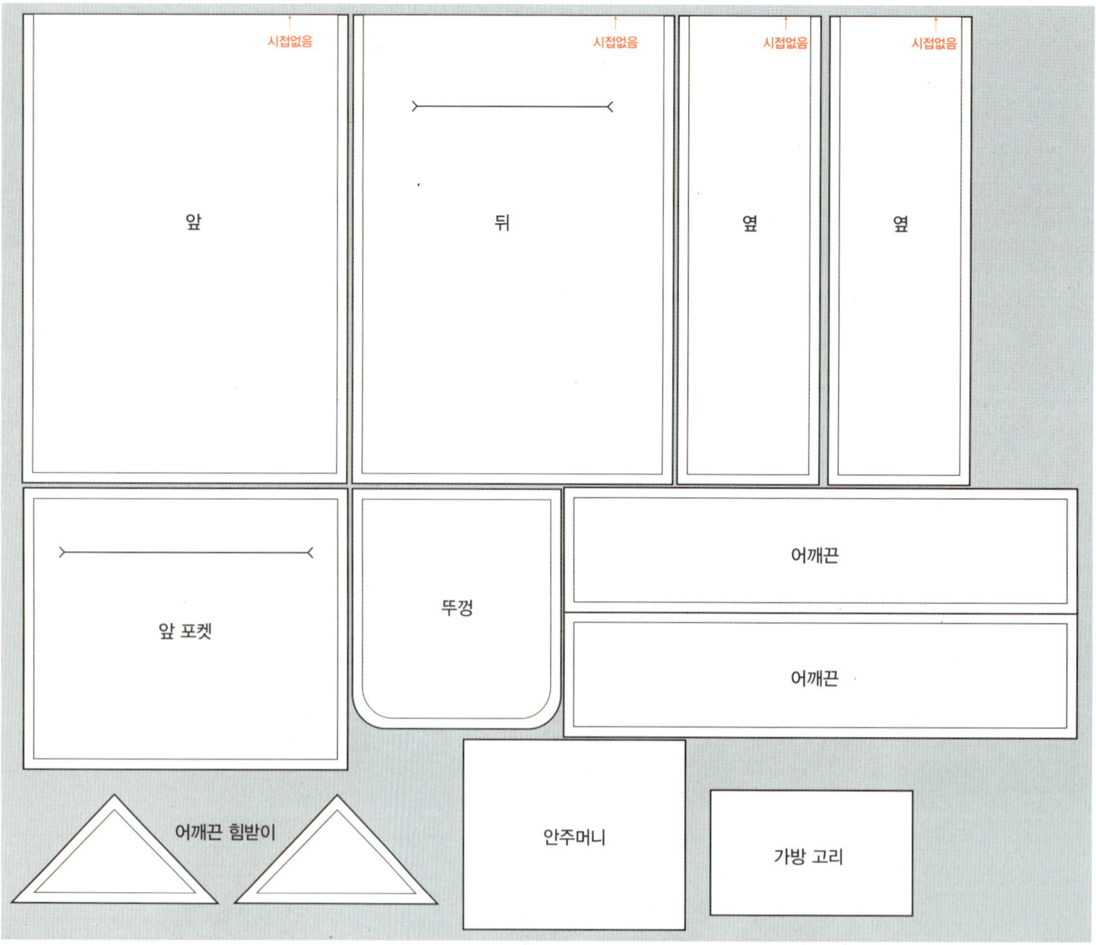

시접없음	시접없음	시접없음	시접없음
앞	뒤	옆	옆

앞 포켓

뚜껑

어깨끈

어깨끈

어깨끈 힘받이

안주머니

가방 고리

01

**: 재료 준비하고
접착솜 붙이기**

01 겉감, 안감, 5온스, 2온스 접착솜, 양면 접착심지, 20cm/25cm지퍼, 웨이빙끈, 가방 연결고리, 가방 후크, 가방 고리를 준비해주세요.

02 겉감의 앞판부터 양면 접착심지와 접착솜을 붙여주세요(상단은 시접이 없어요).

03 배낭 옆부분에도 양면 접착심지와 접착솜을 붙여주세요(상단은 역시 시접이 없습니다).

04 배낭 바닥에 양면 접착심지와 접착솜을 붙여주세요.

05 배낭 뚜껑에 양면 접착심지와 접착솜을 붙여주세요.

06 접착솜을 붙인 뚜껑에 안감을 올리고 창구멍을 뺀 나머지를 박음질합니다.

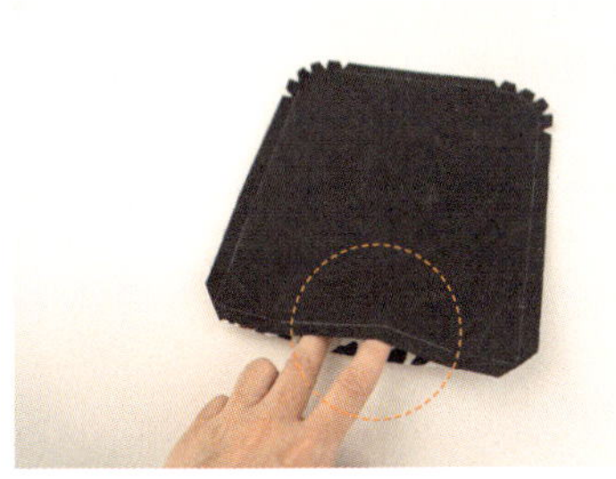

07 둥근 부분에 가위집을 내주고 창구멍으로 뒤집습니다.

02

: 앞포켓만들기

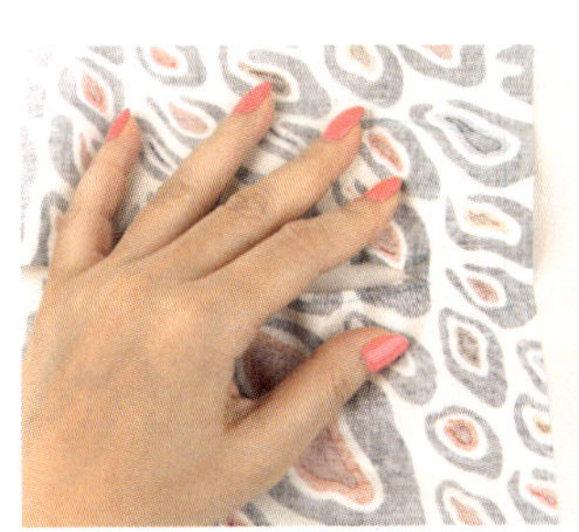

08 배낭 포켓에 지퍼 선을 표시하고 이렇게 잘라주세요.

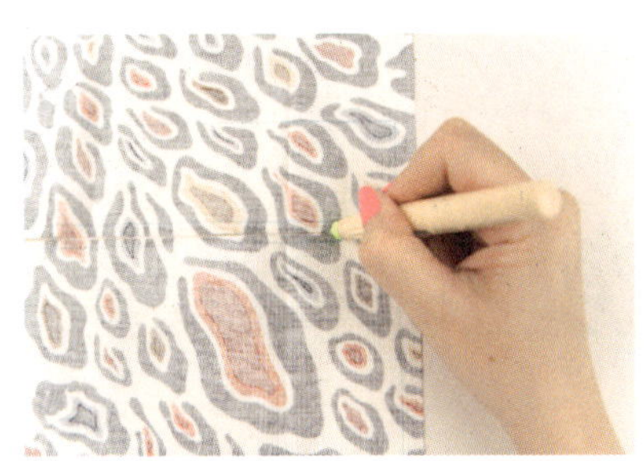

09 잘라준 지퍼 양 끝의 세모 모양부터 패브릭전용 풀을 발라주고

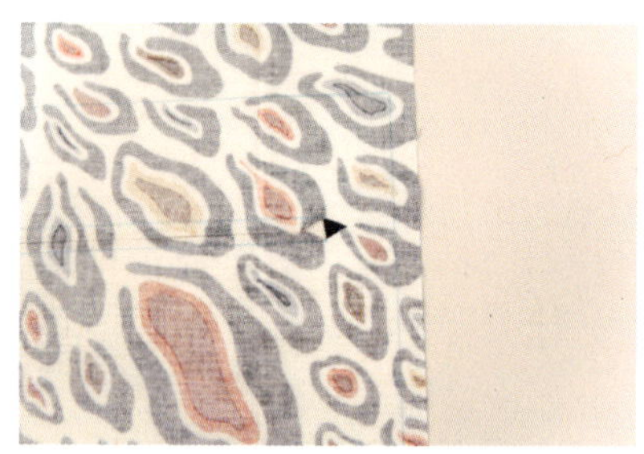

10 이렇게 붙여주세요. 양 끝 모두 붙여주면
됩니다.

11 그리고 긴 쪽을 다시 패브릭전용 풀을 발
라서 붙여주세요.

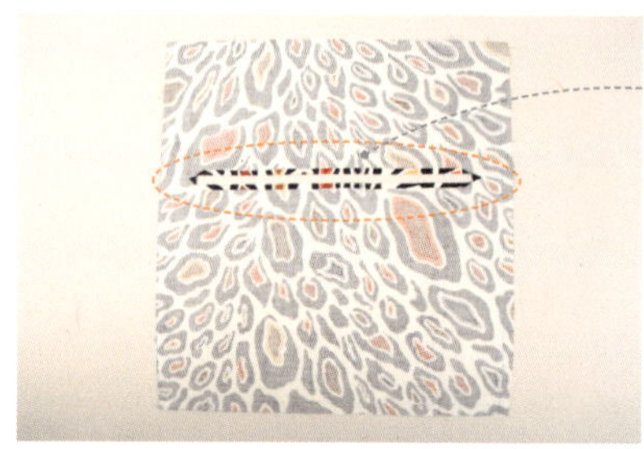

12 지퍼 구멍이 완성되었습니다.

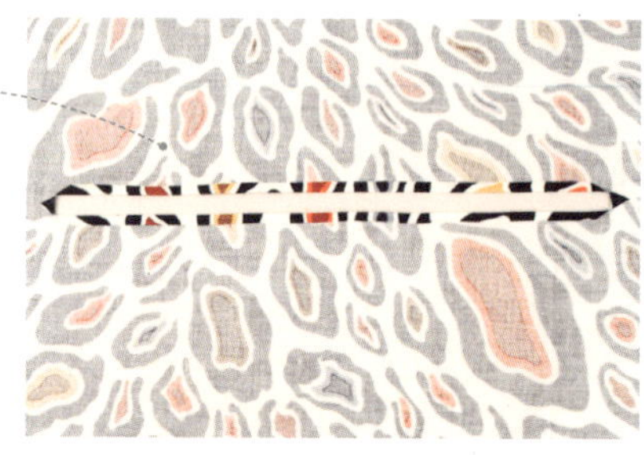

13 이렇게 나왔으면 잘 하신겁니다.

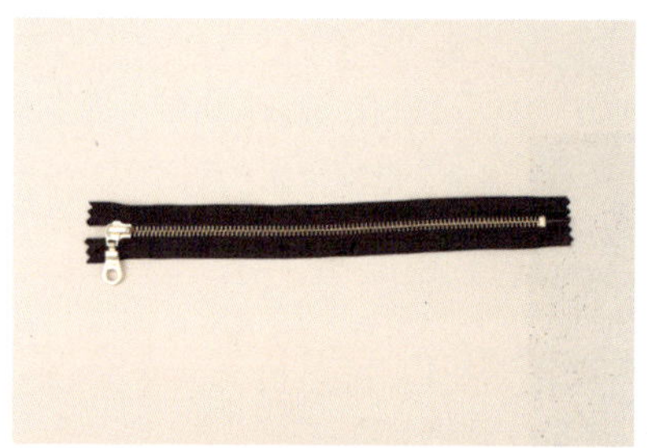

14 25cm 지퍼 위에

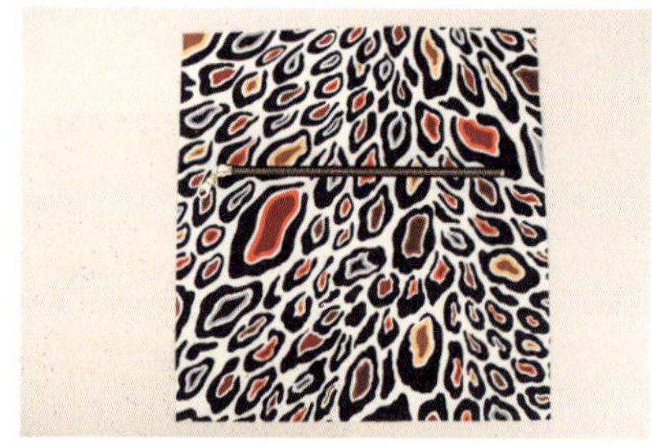

15 13번의 포켓주머니를 뒤집어서 올려놓습
니다.

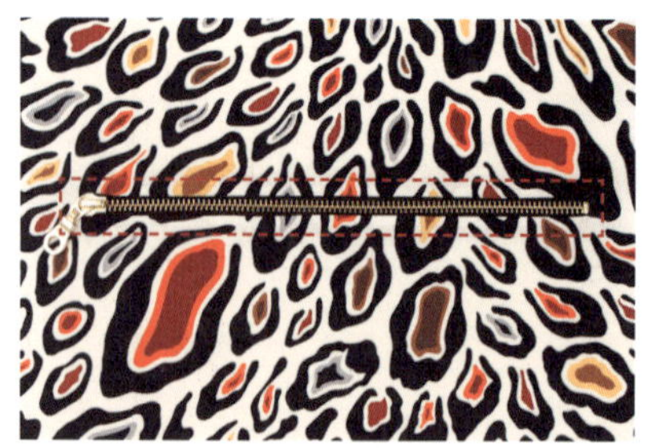

16 표시된 선대로 박음질하세요.

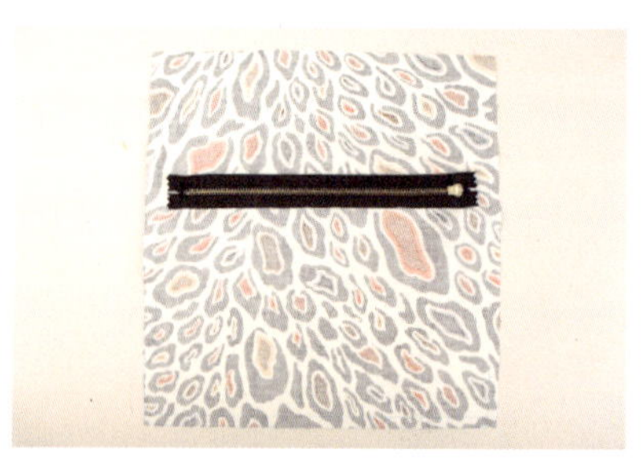

17 박음질을 하고 뒤집은 모습입니다.

18 안감도 겉감과 마찬가지로 지퍼 구멍(8~
12번)을 만들어 주세요.

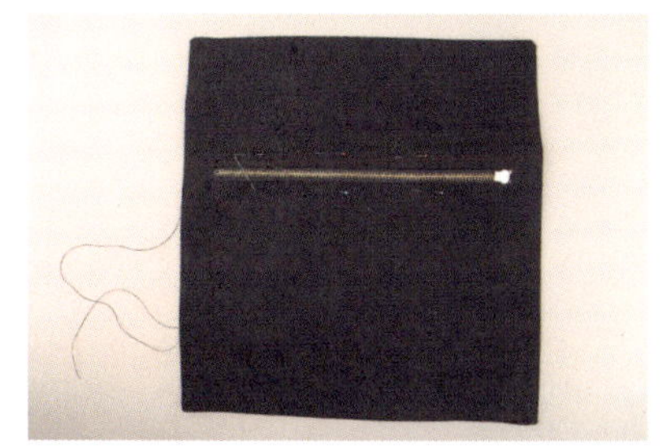

19 겉감의 겉과 안감의 겉끼리 마주보게 놓고 창구멍을 뺀 나머지를 박음질하세요.

20 창구멍을 이용해 뒤집어 주고

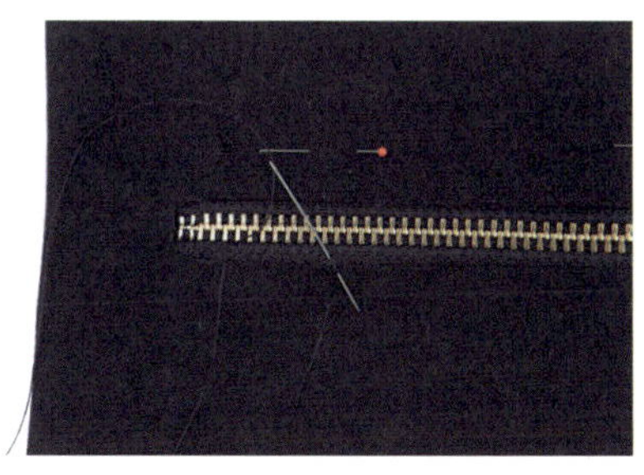

21 안감 쪽에서 지퍼 구멍을 공그르기로 마무리 해주세요.

22 겉쪽에서 지퍼가 보이지 않게 한번 접어줍니다.

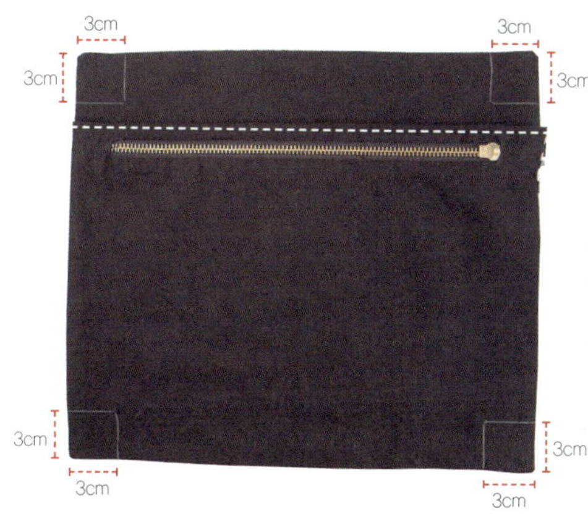

23 상단 부분이 접혀있어야 잘 된 모습이고 표시된 부분은 미리 박음질해 놓습니다.

24 네 귀퉁이 모두 각을 잡아서 표시된 부분을 박음질하세요.

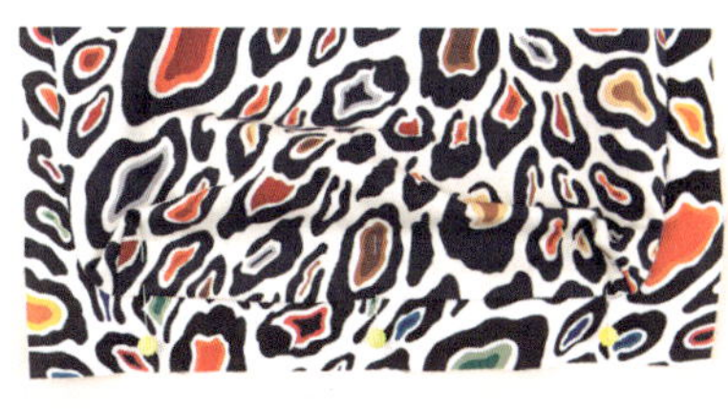

25 뾰족하게 나온 부분은 가위로 잘라주시고

26 완성된 포켓을 겉감의 겉에 올려놓습니다.

27 시침 핀으로 잘 고정을 해서

28 사방을 박음질 해줍니다.

03

: 어깨힘받이 만들기

29 웨이빙끈(7cm)을 잘라서 사각 고리링을 넣어서 중간 부분을 박음질하세요.

30 어깨끈 힘받이 겉쪽에 박아놓은 웨이빙을 넣어서 표시된 부분만 박음질 해줍니다.

31 그리고 뒤집어 표시된 부분을 잘라주고

32 박음질해주세요.

33 배낭의 뒤판 부분에 어깨끈 힘받이를 양쪽 모두 박음질하세요.

04

: 어깨끈 만들기

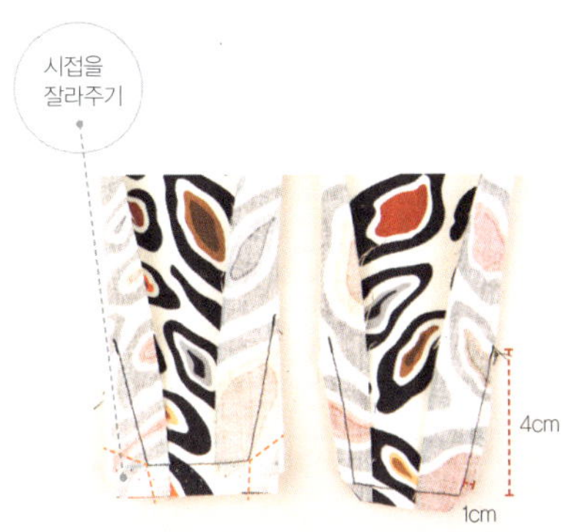

34 배낭의 어깨끈을 도안대로 잘라서 가운데 접착솜을 붙여주세요.

35 각 어깨끈 하단은 이렇게 박음질하셔서 시접을 잘라주세요.

36 웨이빙끈을 올려놓고 겉에서 박음질하세요.

05

: 배낭 고리 만들기

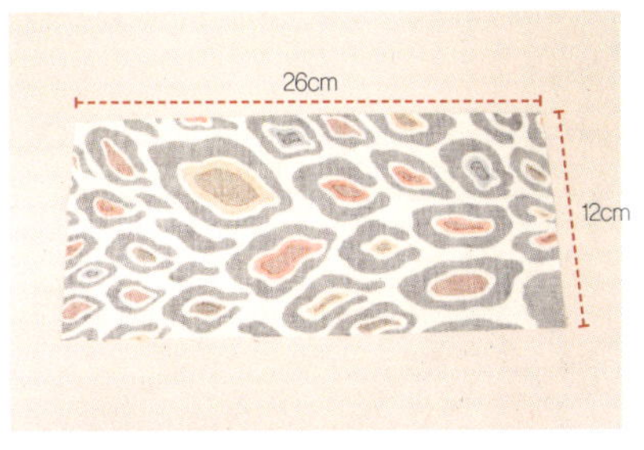

37 배낭 고리를 만들 원단을 가로 26cm, 세로 12cm로 재단하고

38 가운데로 접어준 후

39 반절로 접어 준 다음 표시된 부분을 박음질합니다.

40 양 끝 6cm를 빼고 가운데 부분을 한 번 더 접어서 표시된 부분만 박음질합니다.

41 이렇게 배낭 고리가 완성되었습니다.

06

42 배낭의 뒤판 상단에서 3cm를 띄워서 어깨끈과 배낭 고리를 같이 상단을 박음질 하세요.

43 한꺼번에 같이 박음질해야 나중에 뚜껑을 박음질 할 때 움직이지 않아서 좋습니다.

44 어깨끈에 가방 연결고리를 이렇게 넣어주세요.

45 그리고 어깨끈 힘받이에 있는 고리에 어깨끈 웨이빙을 넣어줍니다.

46 가방 연결고리 안쪽에 한 번 더 넣고

47 웨이빙끈을 바느질로 고정하세요.

48 배낭의 등판 상단에 미리 만들어 놓은 뚜껑을 얹습니다.

49 표시된 부분을 두 줄로 박음질합니다.

07

: 배낭 바닥과 앞판 등판을
박음질하기

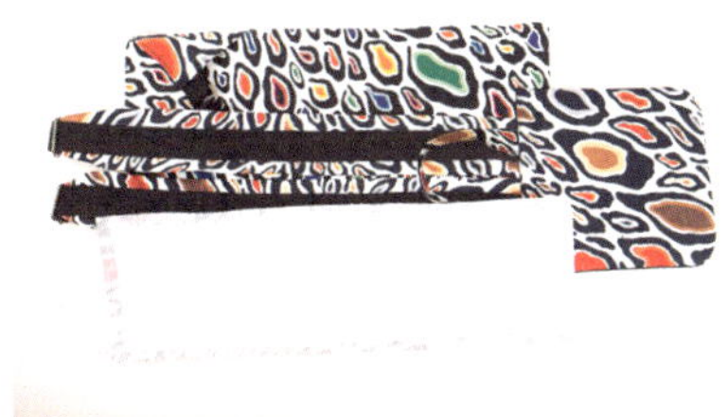

50 배낭 본체 옆을 배낭의 등판과 연결해서 박음질하세요.

51 양쪽 모두를 박음질합니다.

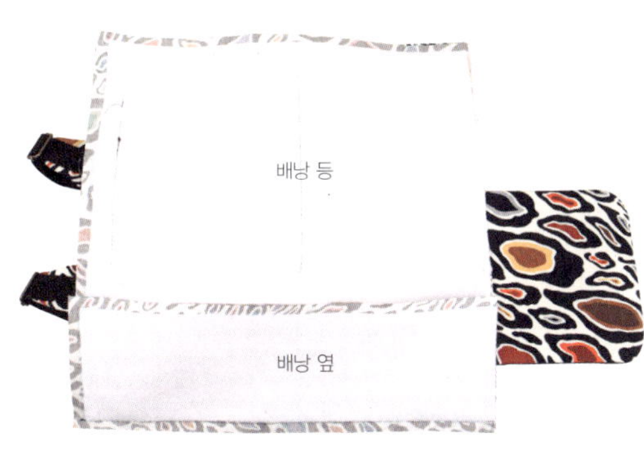

52 양쪽 옆선과 배낭의 앞판을 시침 핀으로 잘 고정한 다음 박음질하세요.

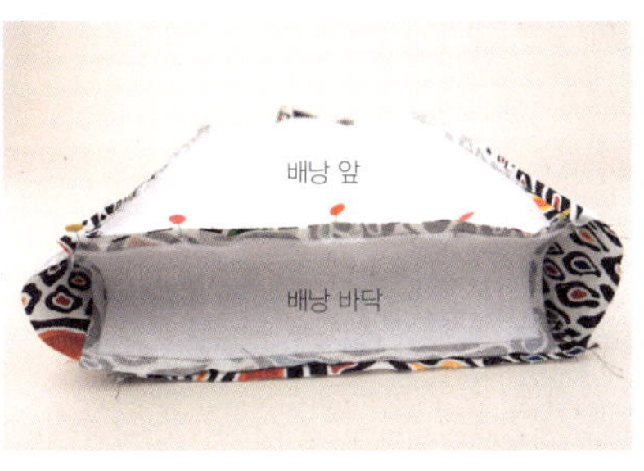

53 배낭의 바닥과 옆판. 등판 부분의 긴 쪽을 먼저 박음질해야 배낭이 뒤틀리는 현상이 없어요.

54 배낭의 모서리 부분은 이렇게 시접을 가름솔로 박음질하세요.

: 배낭 안감에
지퍼 주머니 달기

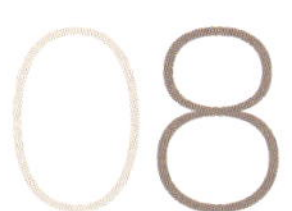

55 안감의 한 장은 지퍼 구멍까지 그려주고 나머지 한 장은 지퍼 구멍 없이 그리면 됩니다.

56 2온스 접착솜에도 지퍼 구멍을 그려주세요.

57 사방으로 0.5cm를 더 여유 있게 그려주세요.

58 여유 있게 그린 선대로 잘라주세요.

59 겉감의 지퍼 구멍 만들기(8~13번)까지를 참조해서 구멍을 내고 잘라 놓은 접착솜을 붙여주세요.

60 지퍼 고리가 지퍼용원단 겉의 오른쪽으로 오게 올려놓고, 표시된 대로 박음질하세요.

61 지퍼를 위로 올린 후 옆으로 뒤집어 주세요.

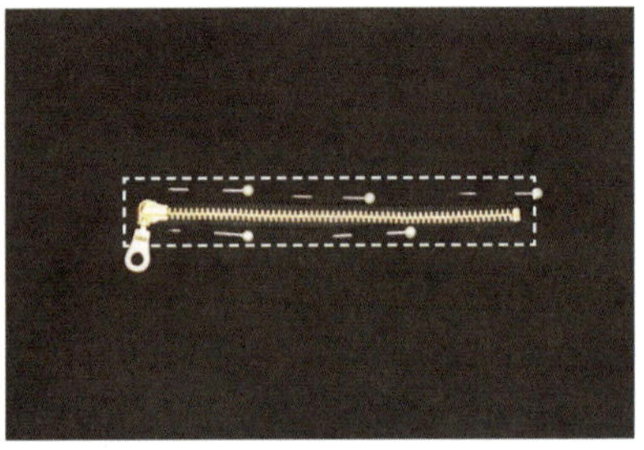

62 지퍼 주머니 위에 안감을 올려놓고 박음질하세요.

63 지퍼 주머니가 완성된 모습입니다.

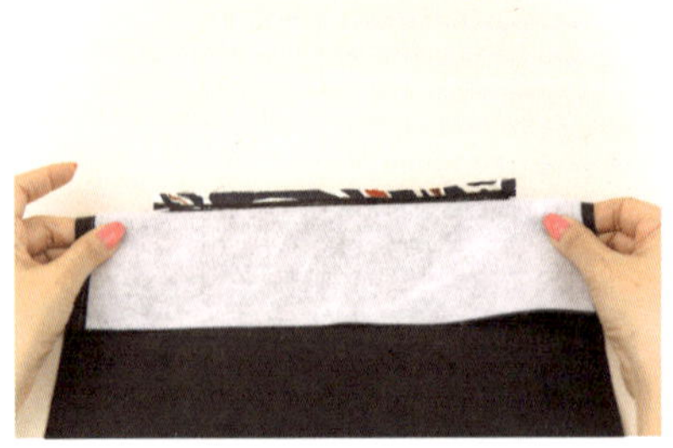

64 상단은 안감을 앞으로 접어서 지퍼와 주머니 감을 잘 잡아 박음질하면 됩니다.

67 지퍼 주머니의 옆은 안감이 물리지 않게 잘 박음질하세요.

66 오른쪽도 이렇게 원단을 옆으로 하면서 박음질하면 됩니다.

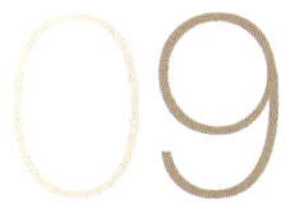

09

: 안감 완성해서
겉감 속에 넣고
마무리하기

67 배낭 바닥 안감에도 접착솜(2온스)과 양면 접착심지를 같이 다림질을 해주세요.

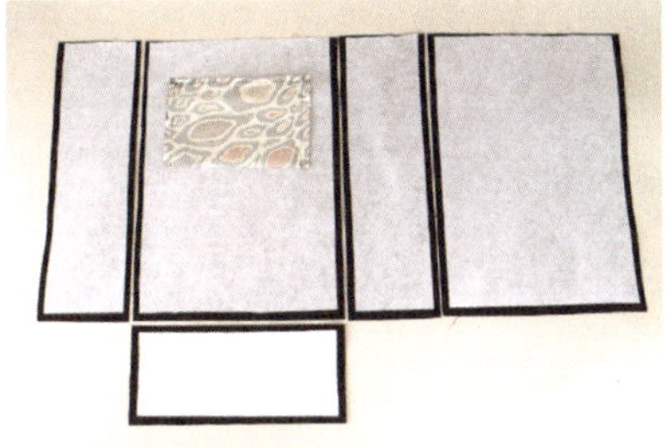

68 안감의 몸통은 2온스 솜만 모두 붙이고 겉감(51~56번)을 참조하면서 박음질하세요.

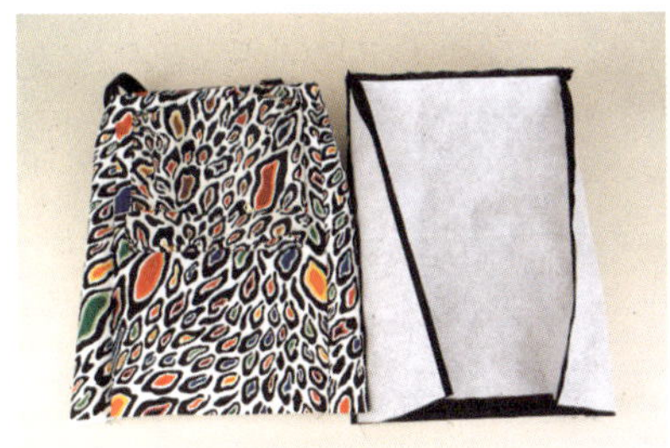

69 완성된 겉감과 안감은 겉감만 뒤집어 주세요.

70 안감을 겉감 속에 집어넣고, 시침 클립으로 고정해주세요.

71 저는 상단에 가죽 바이어스를 대었는데 다른 바이어스가 있으면 그걸로 마무리를 하면 됩니다.

72 가방 연결고리를 옆선의 중앙에 오도록 위치를 잘 잡아

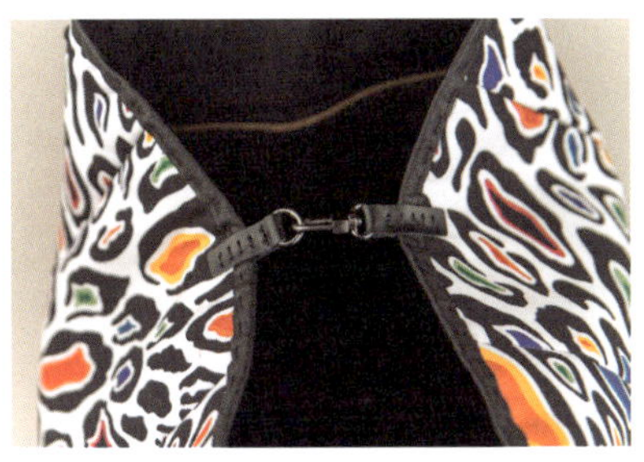

73 이렇게 바느질을 해주세요.

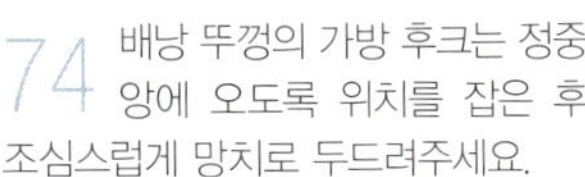

74 배낭 뚜껑의 가방 후크는 정중앙에 오도록 위치를 잡은 후 조심스럽게 망치로 두드려주세요.

75 배낭 앞판의 적당한 위치에 후크를 달 위치를 그려줍니다.

76 그리고 실뜯개로 구멍을 내어주세요.

77 안감과 같이 후크가 나오게 넣어줍니다.

78 이렇게 고정을 한 후 다칠 염려가 있으니 검정색 원단으로 덧대어 줘도 좋습니다.

79 배낭 뚜껑과 안감을 이렇게 같이 박아주어야 배낭을 메고 다닐때 안감이 늘어지지 않습니다.

80 완성된 배낭의 앞판입니다.

바이어스로 처리
(시접 필요없음)

지퍼재단선(20cm지퍼)

배낭(본체 앞면, 등쪽면)

겉감 2장, 접착솜(7온스) 2장
안감 2장, 접착솜(2온스) 2장
양면 접착심지 2장

44cm

30cm

배낭(본체 바닥)
겉감 1장, 접착솜(7온스) 1장
안감 1장, 접착솜(2온스) 1장
양면 접착심지 1장
30cm
12cm
배낭(어깨끈)
겉감 2장
접착솜(7온스) 2장
48.5cm
6cm
10cm
배낭(본체 옆)
겉감 2장, 접착솜(7온스) 2장
안감 2장, 접착솜(2온스) 2장
양면 접착심지 2장
44cm
12cm

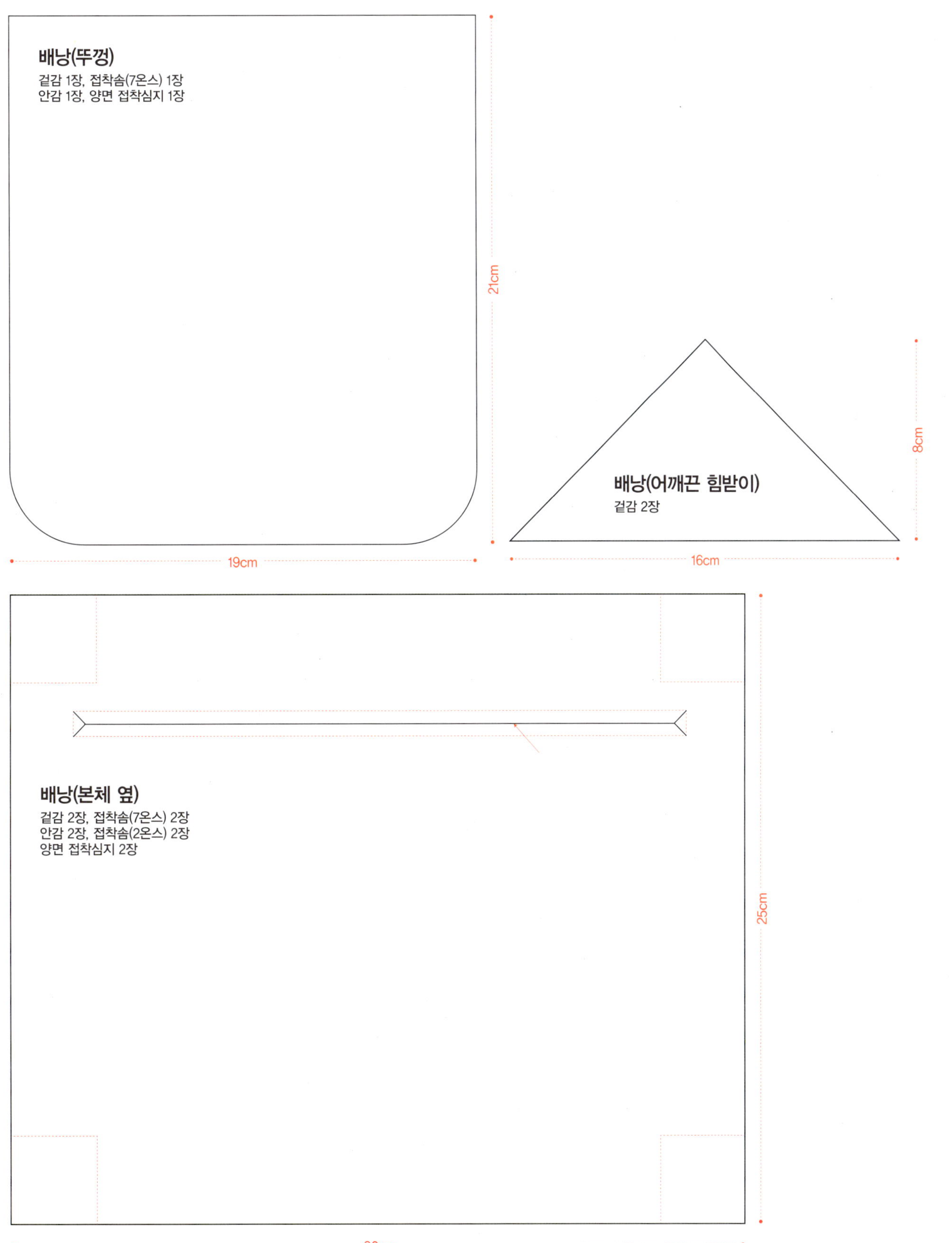

배낭(뚜껑)
겉감 1장, 접착솜(7온스) 1장
안감 1장, 양면 접착심지 1장
21cm
19cm
배낭(어깨끈 힘받이)
겉감 2장
8cm
16cm
배낭(본체 옆)
겉감 2장, 접착솜(7온스) 2장
안감 2장, 접착솜(2온스) 2장
양면 접착심지 2장
25cm
30cm

카메라 배낭

초록빛 창가에 어김없이 찾아온
아침 햇살이 또 하루를 재촉한다.
두 손으로 가려 보아도
햇살은 여전히 나를 유혹한다.
이럴 때 배낭 하나 들쳐 메고
어디론가 나가야 하는 거 아냐?

우이씨~
오늘은 회사에 안 가고 촬영이나 갈란다!
혼자서는 가기 싫은데….
동생에게 전화를 걸어 촬영 가자고 꼬셔보는데
늘 그렇듯 직장인은 하루를 자기 맘대로 할 순 없다

결국, 주말에 촬영가기로 약속하고
거실의 커튼을 닫았다.

카메라 배낭

재료

겉감 1마 , 안감 1마. 접착솜 5온스 110×65cm, 2온스 110×65cm, 양면 접착심지 110×65cm, 30cm 지퍼 1개, 60cm 양방향 지퍼 1개, 3cm 사각끈 조절 연결고리 2개, 3cm 둥근 사각링 가방 연결고리 2개, 웨이빙끈(폭 3cm) 2m

원단 출처 : 엔조이퀼트

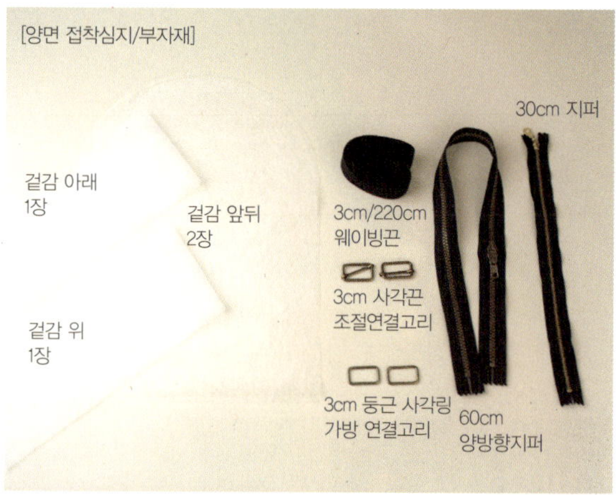

겉감 재단 **배치도(110×90cm)**

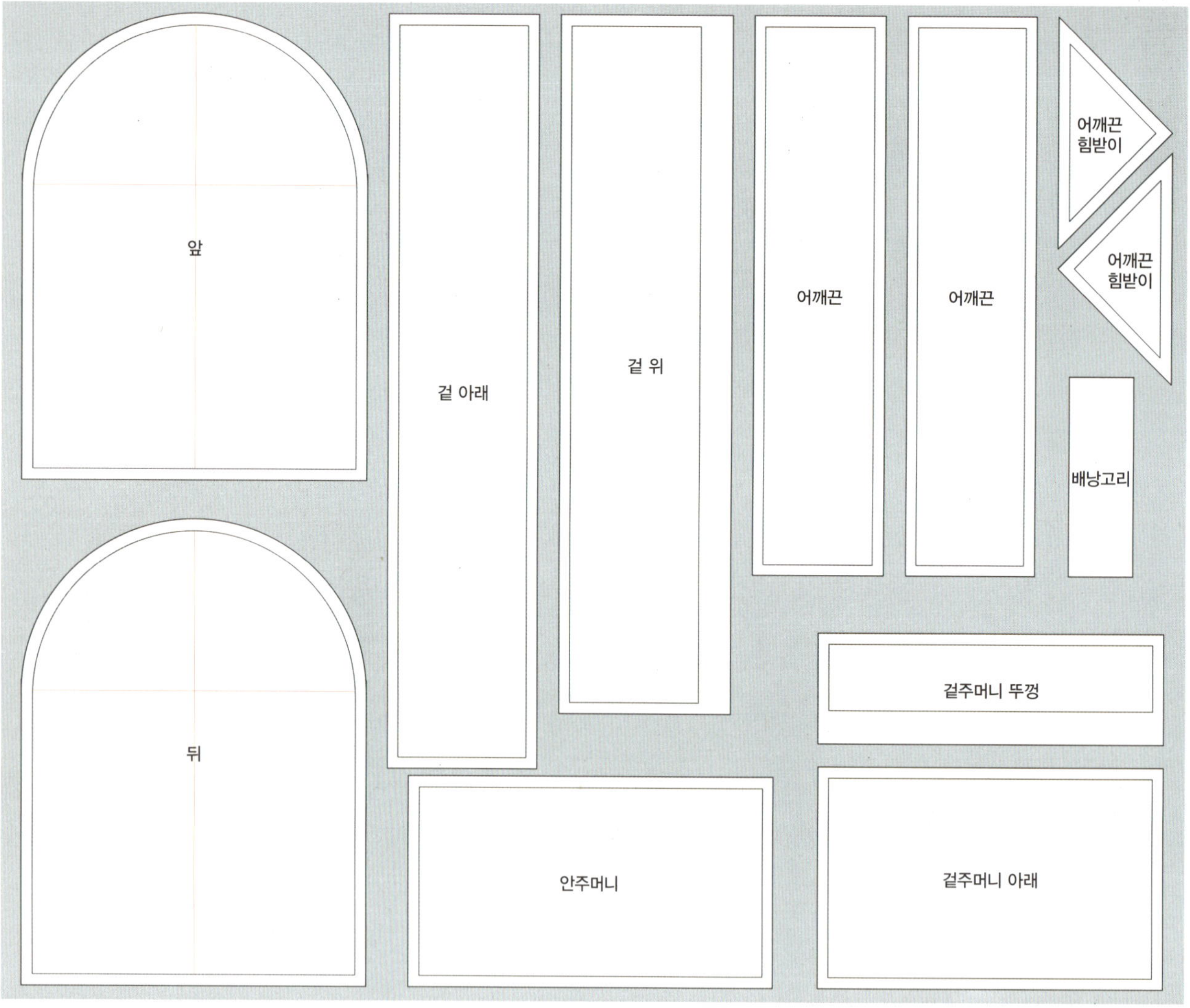

01

: 어깨끈 만들기

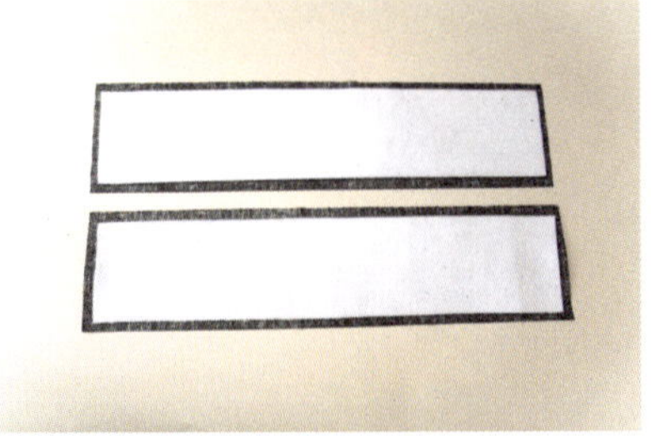

01 어깨끈 원단 안쪽에 접착솜 5온스를 잘라서 가운데에 붙여주세요.

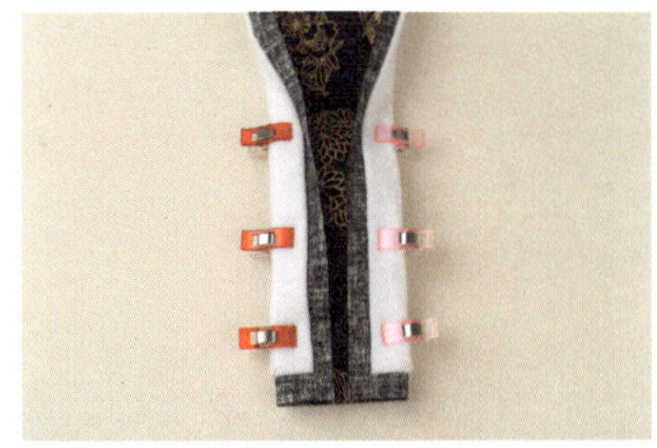

02 접착솜을 붙인 어깨끈은 뒤집고, 가운데 1cm정도의 여유를 두고 시침 클립으로 고정합니다.

03 접어놓은 어깨끈 위에 선을 표시한 후 박음질하고 시접은 그림대로 잘라주세요.

04 시접을 자르고 사진처럼 뒤집은 후 시침 클립으로 고정을 해준 다음

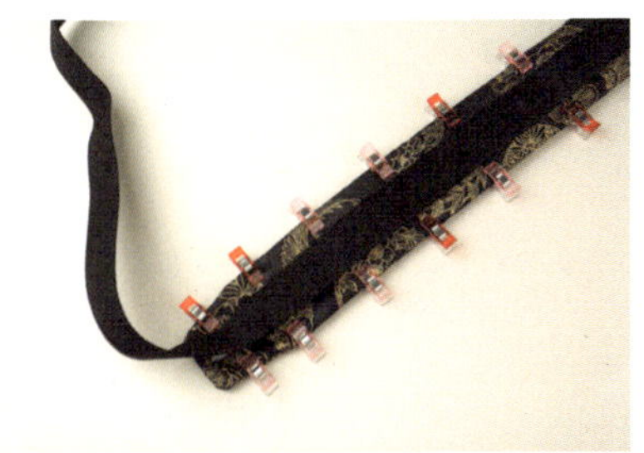

05 어깨끈 위에 웨이빙끈(1m)을 올려놓고 위치를 잡아 줍니다.

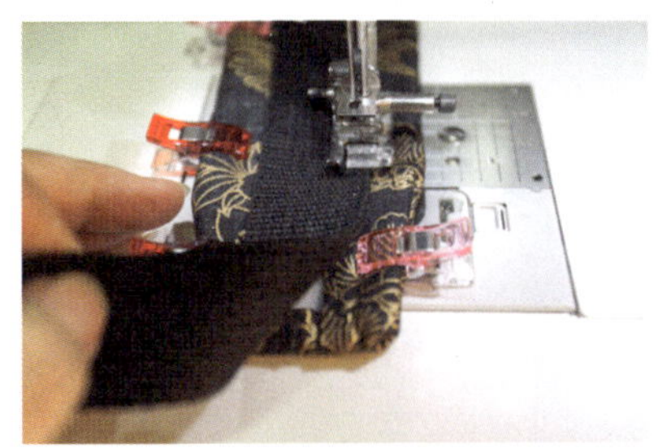

06 웨이빙끈과 어깨끈을 같이 박음질하세요.

07 안쪽의 접착솜이 보이지 않게 잘 박음질하세요.

08 박아놓은 웨이빙끈이 위로 보이게 사각 연결고리를 미리 끼워주세요.

02

: 어깨끈 힘받이 만들기

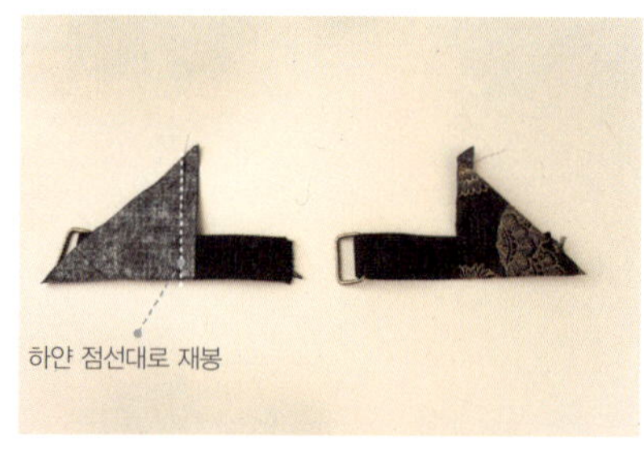

09 웨이빙끈은 10cm로 잘라 사각링을 끼워 준 후 어깨끈의 안쪽이 보이게 접어주세요.

10 점선대로 박음질한 어깨끈을 옆의 이미지 처럼 뒤집어 주세요.

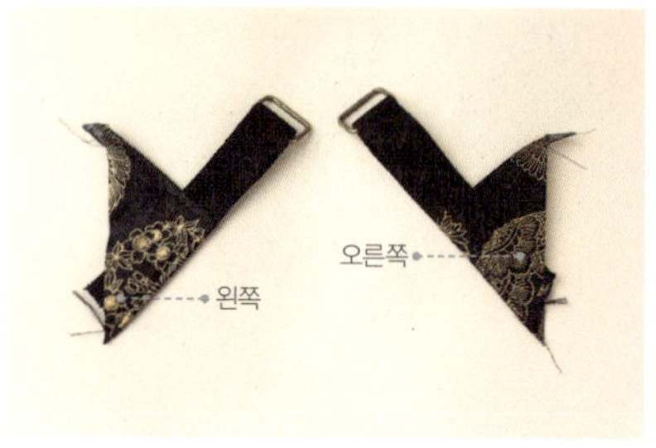

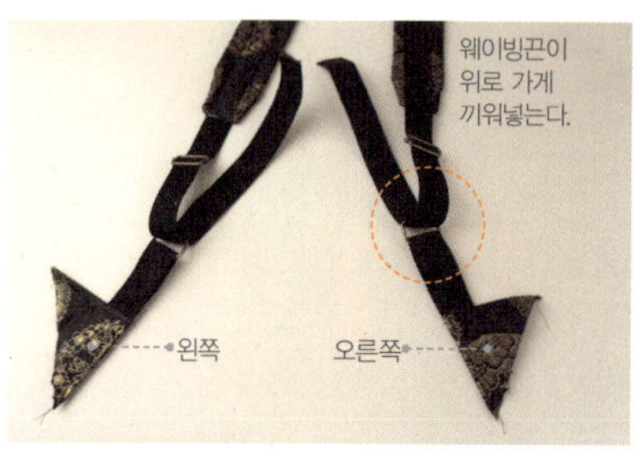

11 하얀 점 선대로 양쪽 모두 박음질을 하고 삐죽 튀어나온 시접은 잘라주세요.

12 어깨끈 힘받이의 사각링에 어깨끈 웨이빙 끈을 위에서 아래로 끼워 넣을 때 양쪽을 구분하여 넣어야 합니다.

13 그리고 다시 사각 연결고리의 가운데 부 분 위쪽에 그 끝을 집어넣어주세요.

14 위쪽으로 집어넣은 웨이빙끈을 아래로 다 시 통과시킨 다음

15 하얀 점선대로 박음질을 하되 박음질이 힘들면 손바느질로 하 면 됩니다.

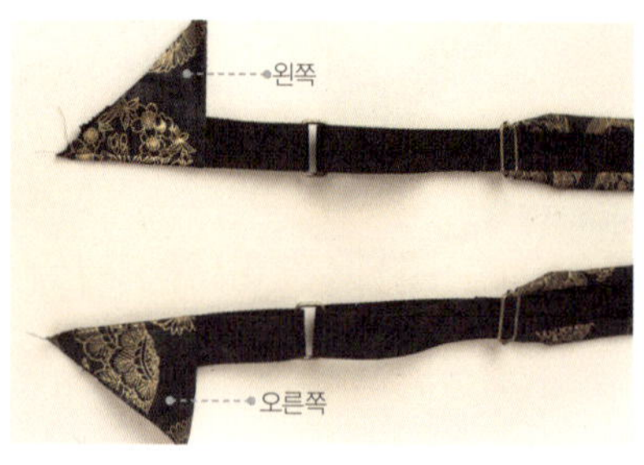

16 배낭을 만들 때는 어깨끈의 왼쪽과 오른쪽 을 확실히 구분해야 함을 잊으면 안되요.

03

: 배낭 고리 만들기

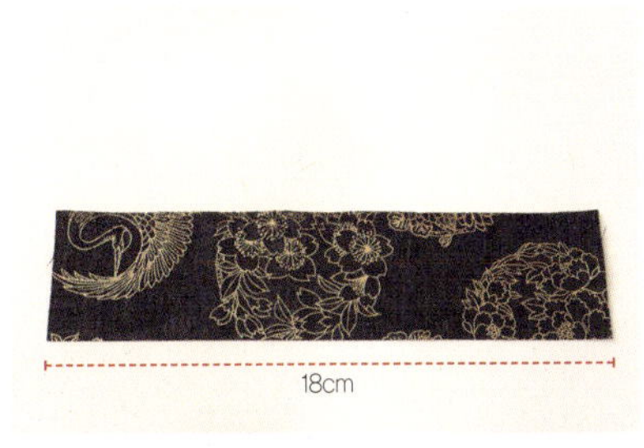

17 18~20cm 정도로 원단을 잘라 가운데로 접어주되, 배낭 고리가 길기를 원하면 25cm로 하면 됩니다.

18 양옆을 가운데로 접은 후 한 번 더 접어주세요.

19 다시 한 번 더 접고, 가운데 6cm를 다시 박음질하세요.

04

: 배낭 등판 만들기

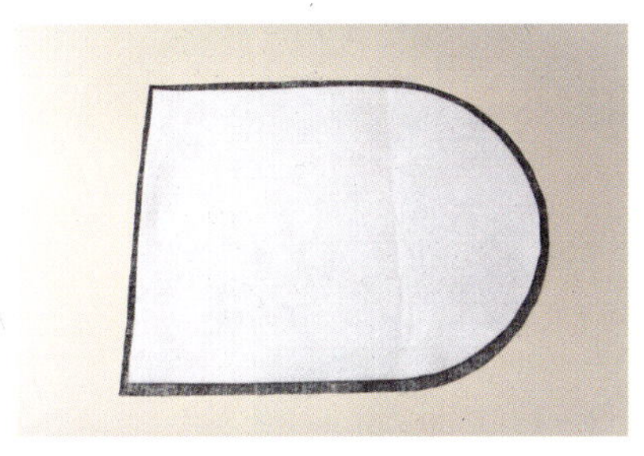

20 겉감의 앞과 뒤 모두 접착솜과 양면 접착 심지를 올려놓는데

21 이렇게 양면 접착심지를 가운데에 놓고 그 위에 접착솜을 놓은 다음, 겉감 쪽으로 다림질을 하면 됩니다.

22 표시된 선대로 박음질을 해야 하는 데 왼쪽과 오른쪽을 잘 구분하여 박음질을 해줍니다.

23 겉감 등판 위쪽에 어깨끈을 나란히 올려놓고 표시된 선대로 박음질해주세요.

24 가방 고리를 다시 올려놓고 표시된 선대로 한 번 더 박음질을 하면

25 배낭의 등판이 완성됩니다.

26 앞 포켓주머니를 재단하고

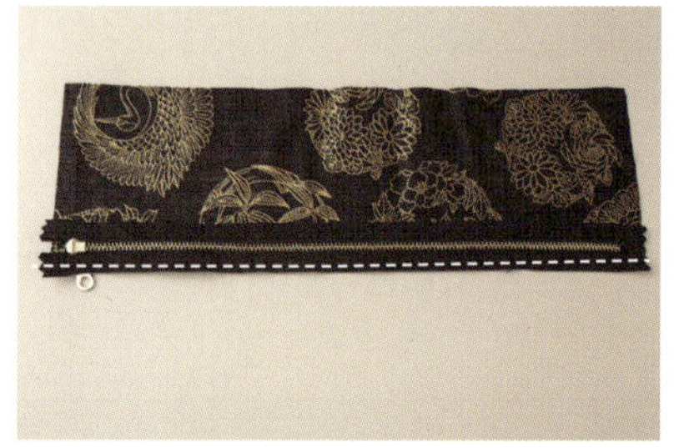

27 지퍼를 뒤집어 포켓의 윗부분에 올려놓고 박음질하세요.

28 포켓의 윗부분을 지퍼의 아랫부분에 올려 놓고 박음질해주세요.

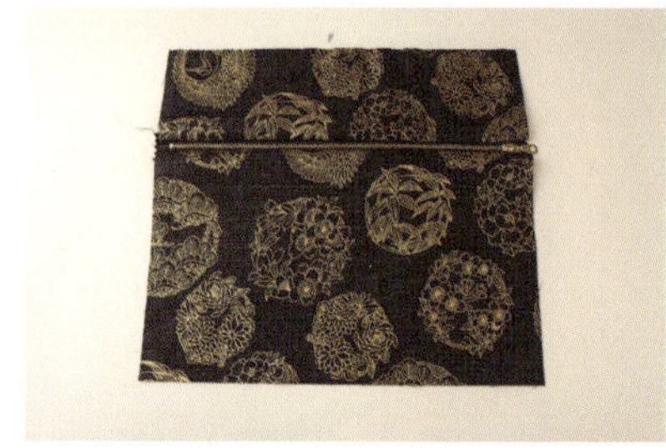

29 포켓 윗부분을 위로 올리고

30 포켓 아랫부분만 상침을 해줍니다.

31 주머니 위를 아래로 내린 후

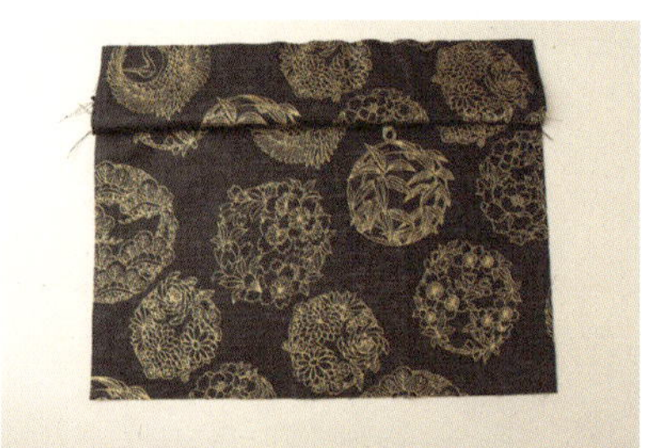

32 지퍼가 가려질 만큼만 다시 위로 올려주 세요.

33 그리고 표시된 부분을 상침해줍니다.

34 사방을 오버록으로 박아준 후 모퉁이에 3.5cm를 표시해주세요.

35 모퉁이를 맞잡고 표시된 선대로 박음질하 세요.

36 네군데 모서리를 박음질하고

37 0.5cm 시접을 남기고 잘라줍니다.

38 그리고 1cm의 시접을 안으로 접어 준 다음

39 접어놓은 시접에 원단 전용풀을 바른 후

40 안으로 붙여주세요.

41 사방을 모두 한 번 박음질 해 준 다음

42 겉으로 보이게 뒤집으세요.

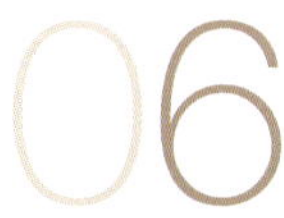

06

: **앞면에 포켓주머니 박음질하기**

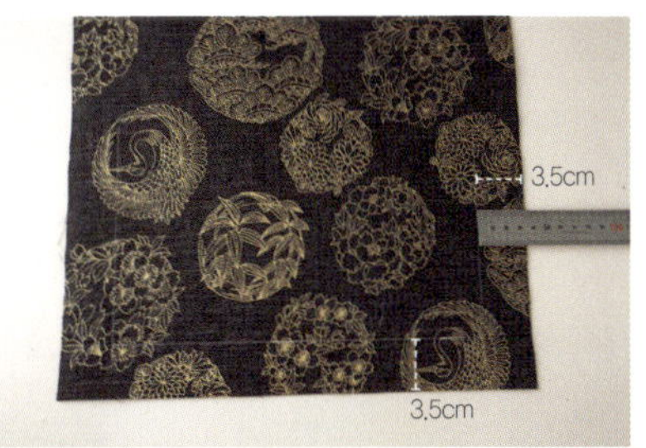

43 3.5cm를 띄워 주머니 선을 그려주세요.

44 그려놓은 선대로 주머니를 올려놓고, 주변에 시침 핀을 꽂아놓고 박음질하세요.

45 배낭의 앞판이 완성되었습니다.

07

: 배낭본체의 옆 위/아래 만들기

46 배낭 본체 겉 위의 도안으로 겉감 옆 한 쪽 면만 3cm 시접을 그리고 나머지는 1cm 시접을 그려줍니다.

47 겉감-접착심지-접착솜(5온스)를 올려놓은 후 겉면에서 다림질을 해줍니다.

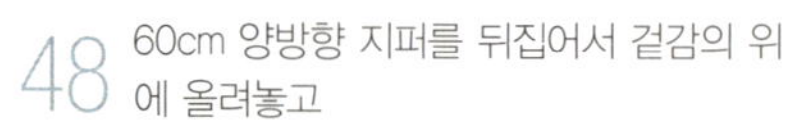

48 60cm 양방향 지퍼를 뒤집어서 겉감의 위에 올려놓고

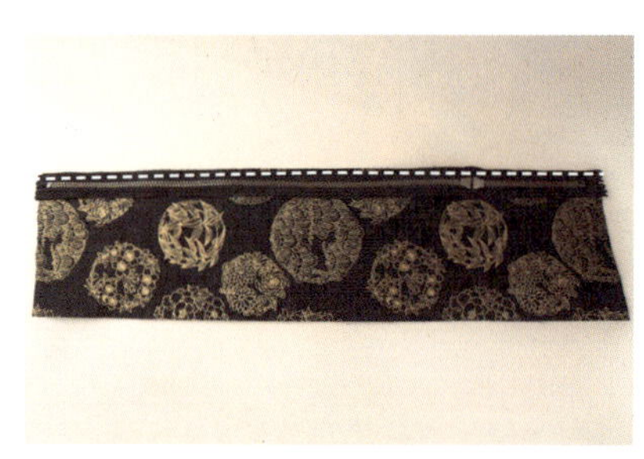

49 표시된 선대로 박음질합니다.

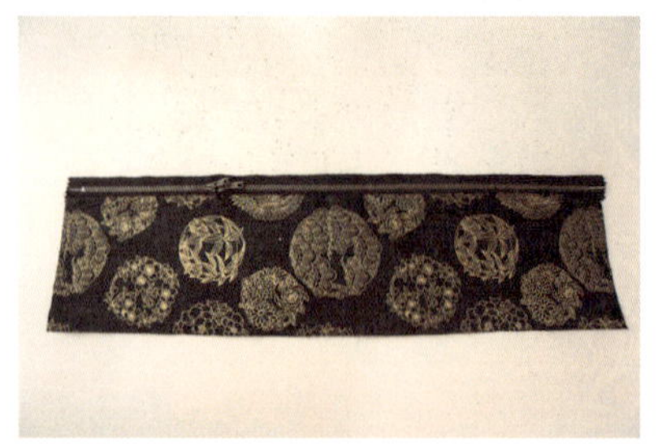

50 지퍼를 위로 올리고

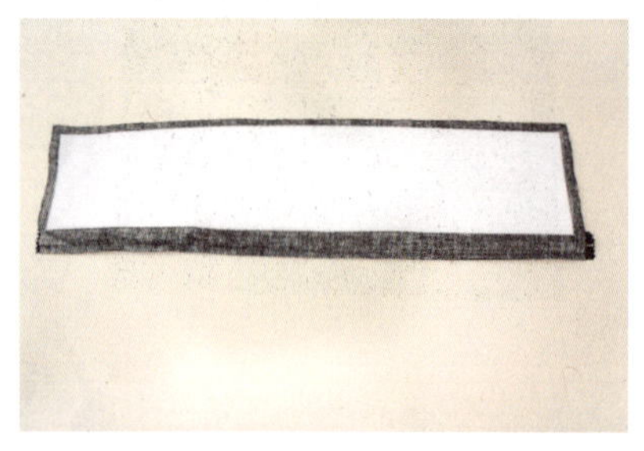

51 겉감을 위로 올려주세요.

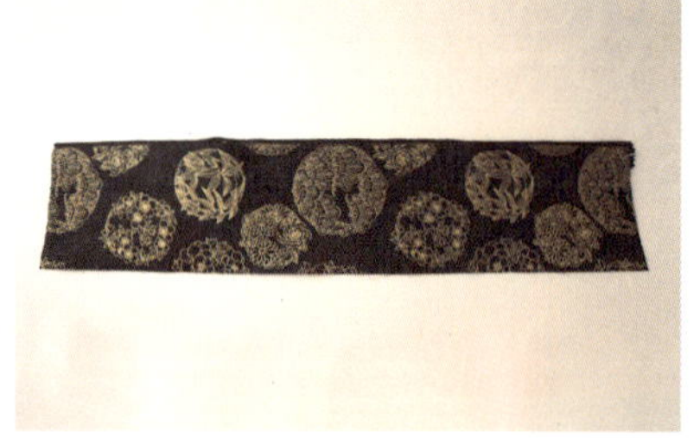

52 그리고 지퍼만 가려지게 다시 원단을 내려주는데

53 접착솜 부분까지만 내리면 됩니다.

54 배낭 본체 겉 아래의 도안을 재단하고 그 뒤에 접착솜과 양면 접착심지를 붙여줍니다.

55 배낭본체의 겉 위/아래를 맞대어 놓아 주세요.

56 양옆을 박음질하면

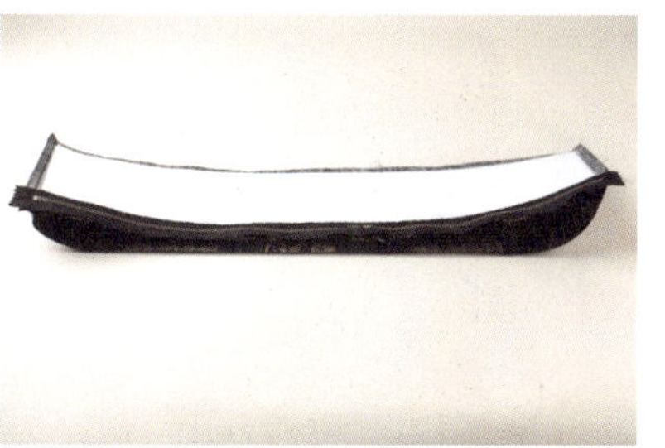

57 이런 모습이 됩니다.

58 시접을 아래로 두고 이어진 부분을 상침 해줍니다.

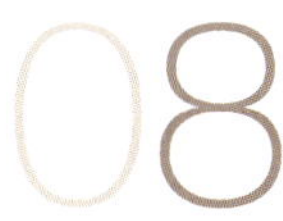

08

: 배낭 본체와 옆 박아주기

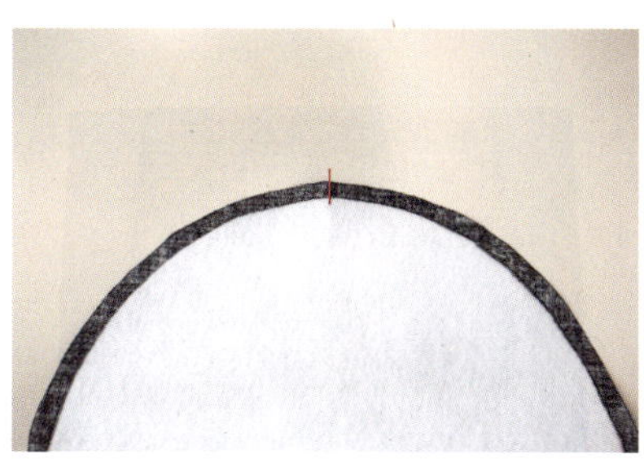

59 배낭의 앞/뒤 윗부분에 중앙표시를 하고

60 배낭의 앞/뒤 아랫부분에도 중앙표시를 해주세요.

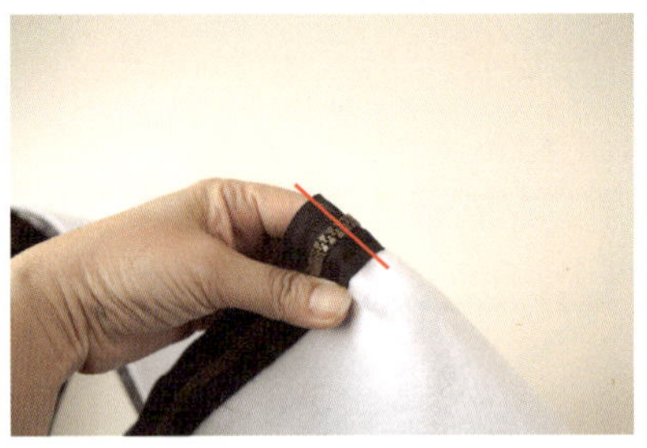

61 60cm지퍼와 배낭 앞면의 중앙을 맞대어 줍니다.

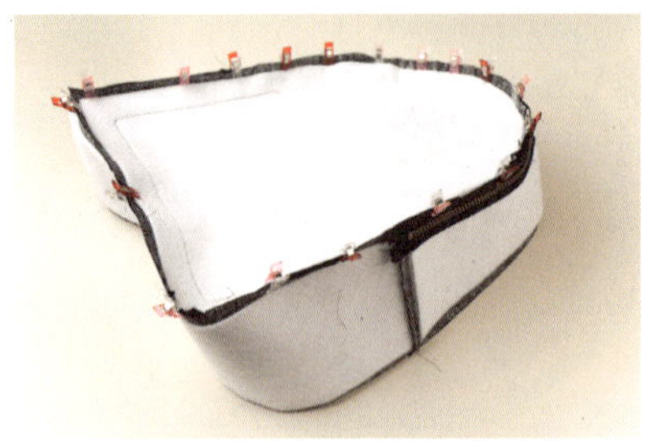

62 중앙을 표시한 옆 부분과 본체를 맞대어 시침 클립을 꽂아줍니다.

63 시침 클립을 하나씩 빼가면서 주변을 박음질하세요.

63번의 모서리는 배낭 옆의 하단에 가위집을 내준다.

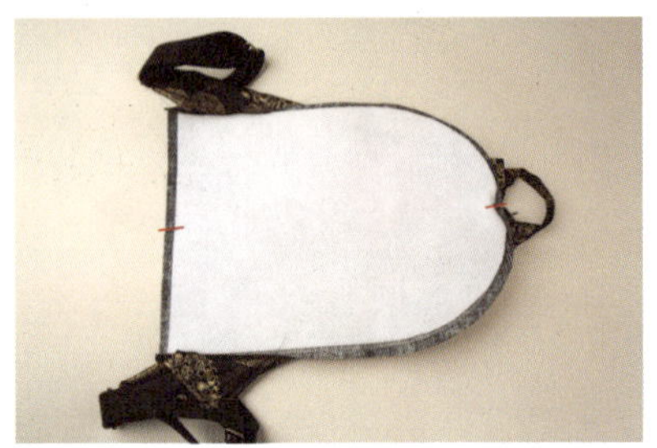

64 중앙을 표시한 배낭 본체의 뒷면과 옆을 마주 잡아 시침 클립으로 고정하고

65 앞면을 옆과 박음질 하고 등판을 위로 올려놓고 같은 방법으로 박음질 하세요.

66 앞판까지 둘레를 다 박아주면 배낭 겉감이 완성

09

: **배낭 안감에 주머니만들기**

67 창구멍을 제외하고 박음질을 해주세요.

68 사방 모퉁이의 시접을 잘라 준 다음

69 창구멍을 이용해 뒤집어 주세요.

10

: 배낭 안감만들기

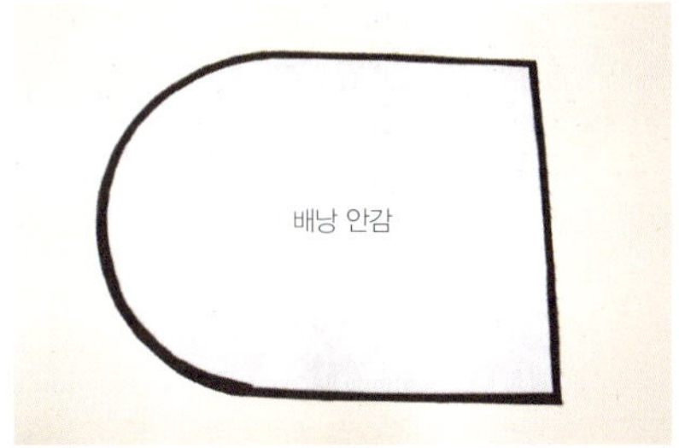

70 배낭 안감에 접착솜(2온스)를 붙여주고

71 주머니를 올려놓고 박음질을 해주세요.

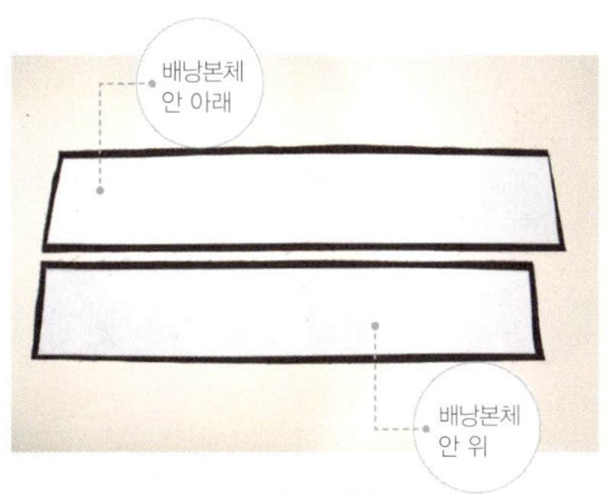

72 안감에 접착솜(2온스)을 붙여준다.

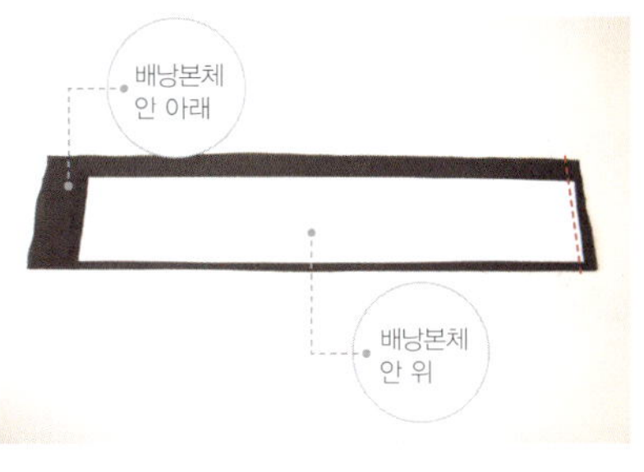

73 배낭본체 안감의 위/아래를 맞대어주고 박음질을 해주세요.

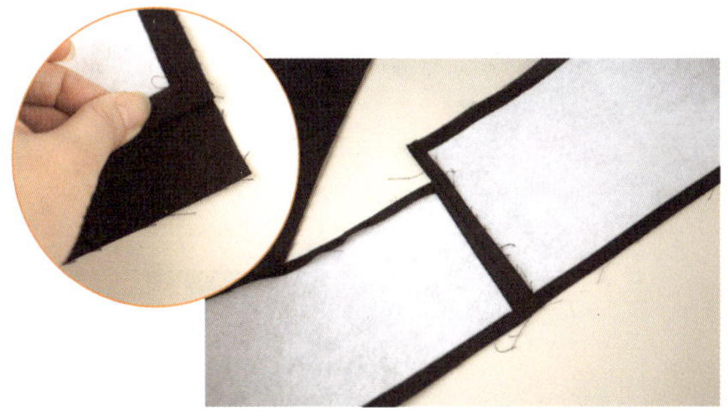

74 시접을 아래로 내려서

75 상침을 해주세요.

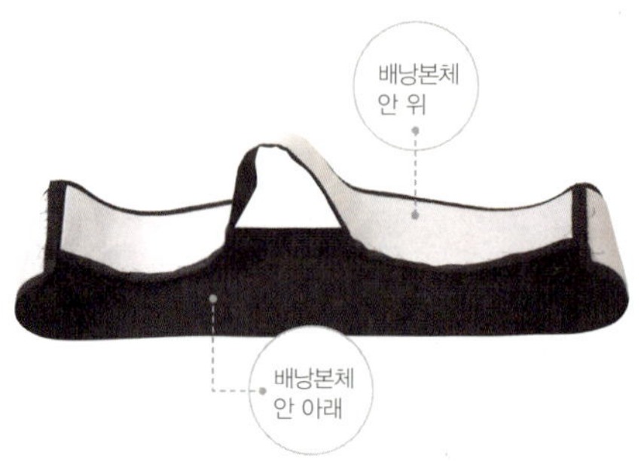

76 양쪽 모두 박음질해주세요.

77 안감의 뒤판과 배낭본체 안의 위를 맞대어 표시하고

78 배낭본체 위아래를 시침 클립으로 맞대어 고정을 해주세요.

79 배낭 바닥과 옆선을 박음질하세요.

80 바닥의 모서리를 가위집을 내어 갈라서 박음질하고

81 둥근 부분은 가위집을 내면서 박음질을 하면 됩니다.

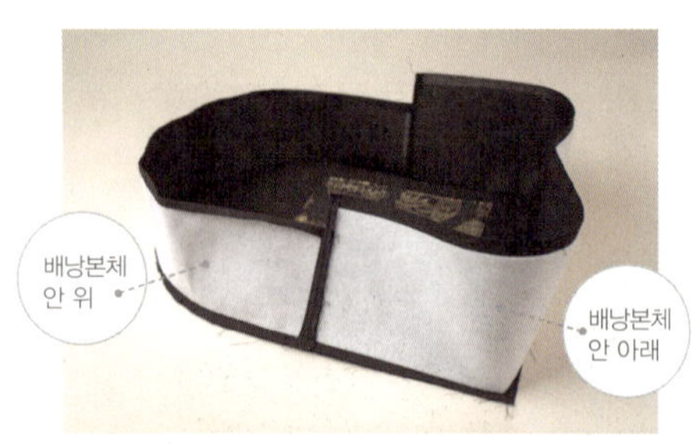

82 배낭 안감의 뒤판이 박음질이 되었습니다.

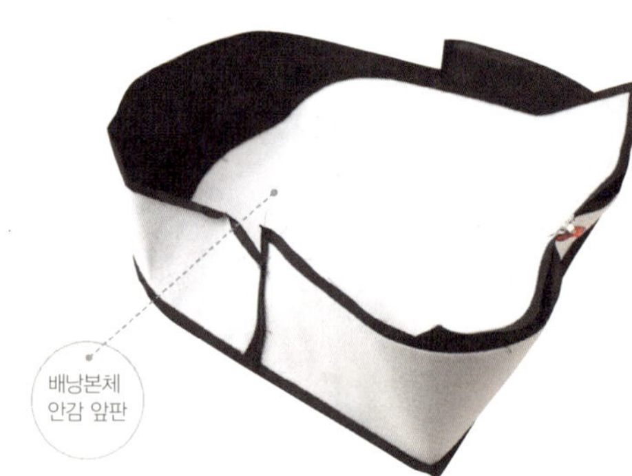

83 배낭 본체 안감 앞판 하단과 배낭 본체 안 아래의 중심을 잡아 시침 클립으로 고정하고

84 표시된 선까지만 박음질을 해주세요.

85 이렇게 박음질을 하면 됩니다.

11

: 배낭본체 겉감과
  안감 마무리하기

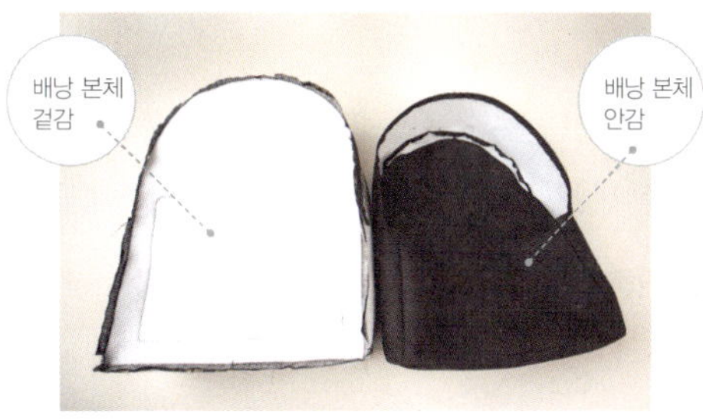

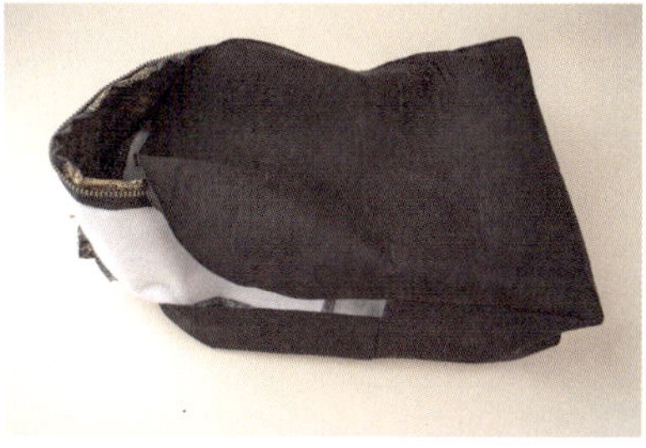

86 겉감은 뒤집지 말고 안감만 뒤집어 놓으세요.

87 겉감을 안감 안으로 넣어주세요.

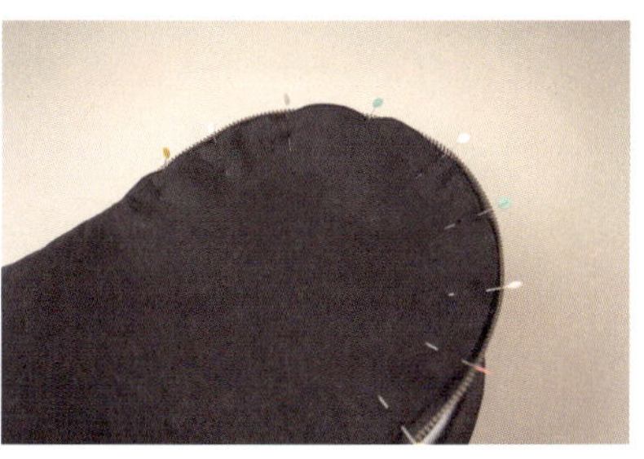

88 안감과 겉감을 시침 핀으로 고정시키고

89 상단을 지퍼와 함께 맞잡고 바느질을 해줍니다.

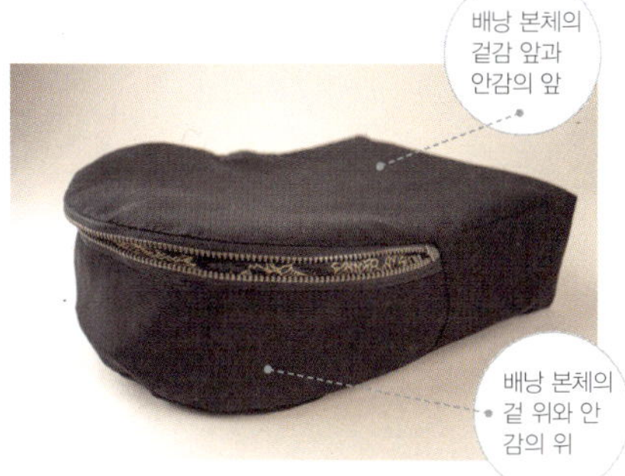

90 배낭에 안감 박음질을 마무리하였습니다.

91 겉감과 안감을 잘 잡은 후 겉에서 한 번 더 박음질을 해주면 가방을 메고 다닐 때 아주 튼튼해요.

92 멋진 배낭이 완성되었습니다.

배낭 본체(앞/뒤)
겉감 2장, 접착솜(7온스) 2장
안감 2장, 접착솜(2온스) 2장
양면 접착심지 2장

40cm

30cm

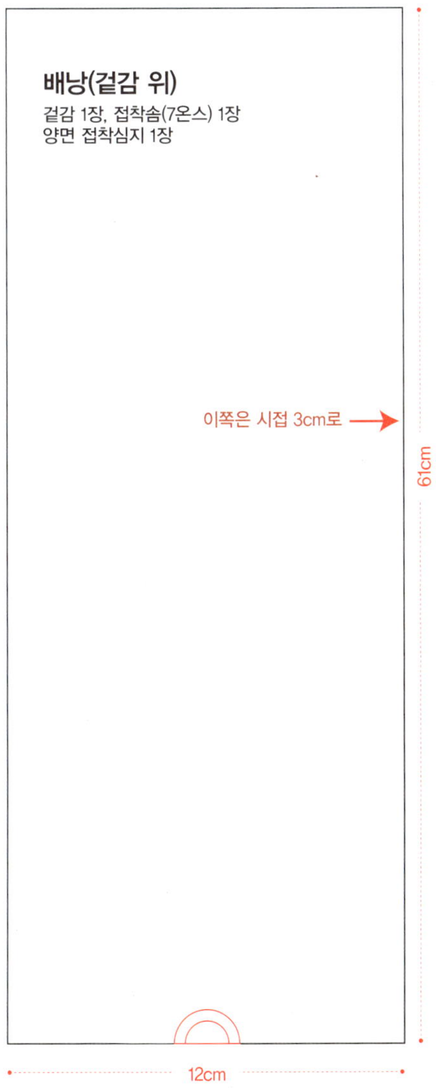
배낭(겉감 위)
겉감 1장, 접착솜(7온스) 1장
양면 접착심지 1장
이쪽은 시접 3cm로
61cm
12cm

배낭(어깨끈)
겉감 2장, 접착솜(7온스) 2장
24.5cm
10cm

배낭(안감 위)
안감 1장, 접착솜(2온스) 1장
30.5cm
10cm

33cm
12cm
배낭(안감 아래)
안감 1장, 접착솜(2온스) 1장
배낭(겉감 아래)
겉감 1장, 접착솜(7온스) 1장
양면 접착심지 1장

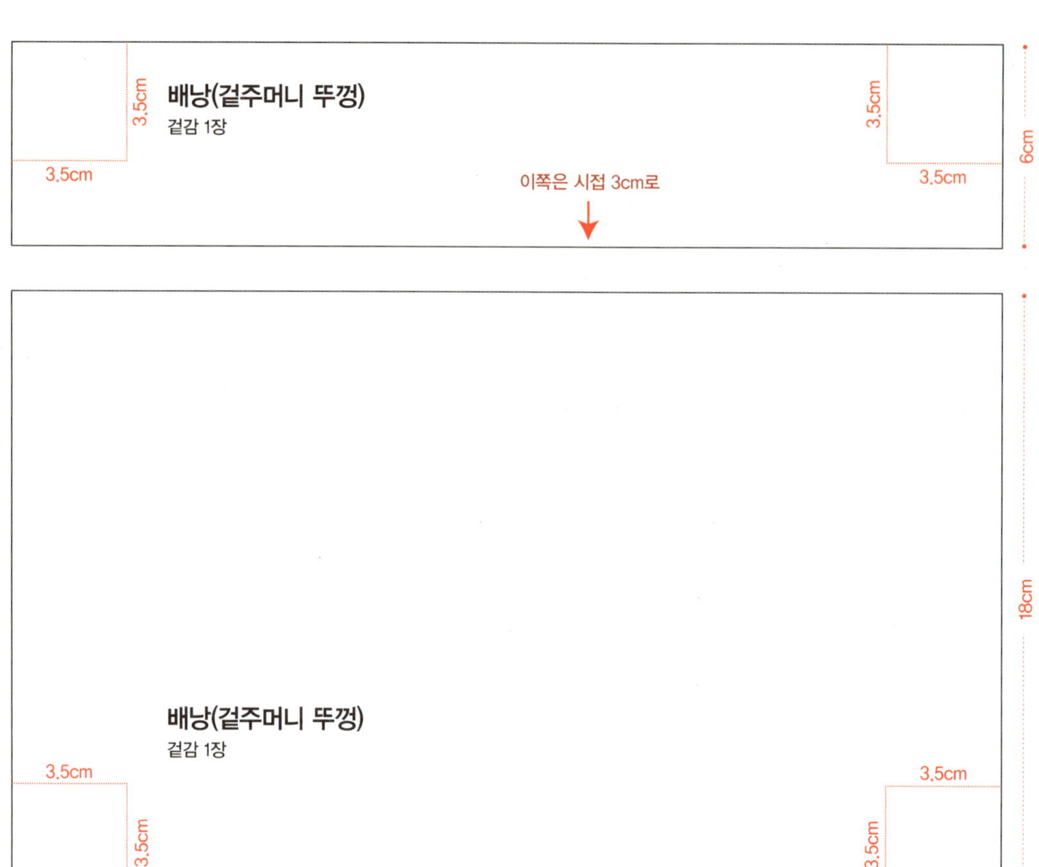

배낭(겉주머니 뚜껑)
겉감 1장
3.5cm
3.5cm
3.5cm
6cm
이쪽은 시접 3cm로
배낭(겉주머니 뚜껑)
겉감 1장
3.5cm
3.5cm
3.5cm
3.5cm
18cm
30cm

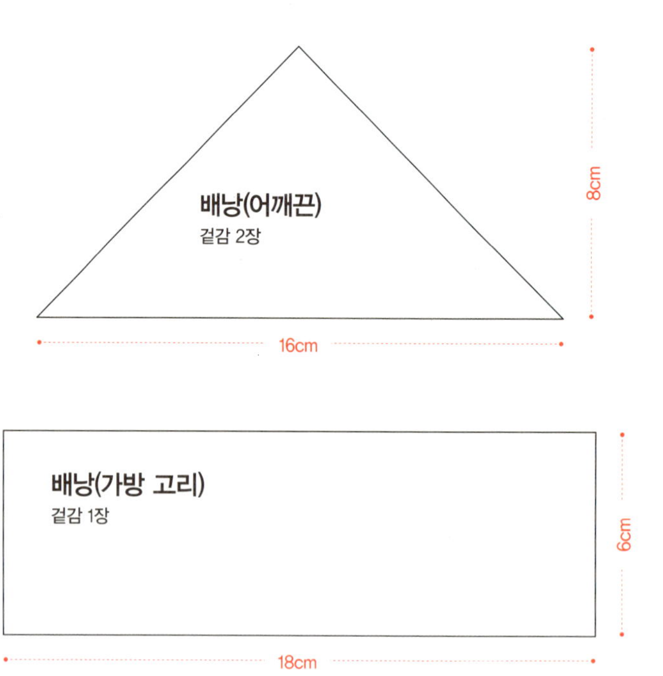

배낭(어깨끈)
겉감 2장
8cm
16cm
배낭(가방 고리)
겉감 1장
6cm
18cm

자연을 생각하는
아름다운 바느질,
리폼 그리고 에코백

리폼 다이어리 커버

나는 언제부턴가 노트에

무언가를 끄적이는 버릇이 생겼다.

늘 노트에 적어야 직성이 풀린다.

내게 없어서는 안 될 노트들~~~

사실 기억력이 문제인 거지.

기억을 잘하믄 뭐하러 노트에 적고, 그리겠느냐고….

늘 하던 버릇이라 이젠 기억하려고 하지도 않는다.

왜???

다 노트에 있으니까~

문제는 노트에 적었다는 사실을 잊어버릴 때가

종종 생긴다.

어쩔 거냐고~~

이제 그것마저도 기억이 안 나믄.

리폼 다이어리 커버

재료
안 입는 청바지 1개, 안감용 원단 1/8마

01

**: 다이어리에 맞게
 겉감 만들기**

01 먼저 커버를 만들고 싶은 다이어리를 선택 하세요.

02 다이어리를 겉감 위에 엎어 놓고 주변을 펜으로 그려줍니다.

03 시접은 넉넉하게 1.5cm로 하고 재단을 해 주세요.

04 청바지의 뒷주머니를 약간 앞으로 오게 배 치를 한 뒤에

05 재봉틀을 이용해 지그재그로 박음질하 세요.

02

: 안감 만들고 겉감과 연결하기

06 안감은 겉감과 같은 크기로 재단해주세요.

07 다이어리를 끼워 줄 양옆의 날개를 재단 하고 반으로 접어주세요.

08 고정을 하기 위해 상침을 해야 하는데 저 는 지그재그로 상침을 하였습니다.

09 날개를 안감의 겉 위에 올리고 시접 쪽에 시침질을 해주세요.

10 겉감 위에 안감을 뒤집어서 올려 놓은 다음

11 창구멍을 제외하고 나머지를 박음질하는 데 다이어리를 대고 그렸던 선보다 0.5cm 밖으로 박음질합니다.

12 다 박은 겉감과 안감을 창구멍으로 뒤집어 주세요.

13 원단이 찢어지지 않게 조심스럽게 꺼내어 주세요.

14 뒤집은 다음 창구멍을 공그르기로 바느질 하는데

03

: 책갈피끈 달고 마무리하기

15 책갈피가 필요하면 이렇게 끈을 창구멍에 넣고 공그르기를 하면 됩니다.

16 이제 나만의 다이어리 커버가 생겼으니 다 이어리를 넣어보세요.

17 앞쪽주머니에 볼펜을 찬뜩 넣어 가지고 다 니면 편리하고 좋습니다.

리폼 에코백

한 번도 입지 못하고 유행이 지나버렸다면서
청바지를 선선히 내어주던 동생,
그 청바지로 에코백을 만들었다.
유행이 지나서? 아니면 낡아서?
노노노 살이 쪘다는 소리~~
입지 못하고 버리는 옷들이 제법 많다.
멀쩡한 옷을 버리는 일은 주부에게
참으로 힘든 일임을 나는 안다.
나 역시 주부니까.
그래서 만들어 본 리폼에코백.

바지 밑단을 이용해서 만들었는데
청바지 하나에서만 여러 개의 리폼 소재가 나온다.
이렇게 리폼으로 다양하게 거듭나는
소중한 옷을 우리가 어찌 버리겠는가~~
버리지 말고 새롭게 다시 태어나게 해주자.

리폼 에코백

원단 겉감 청바지, 안감 1/2마, 웨이빙끈
부자재 올풀림 방지액, 패브릭 풀

원단 출처 : 꾸밈디자인

01

: 데코를 만들어
  원단에 붙여주기

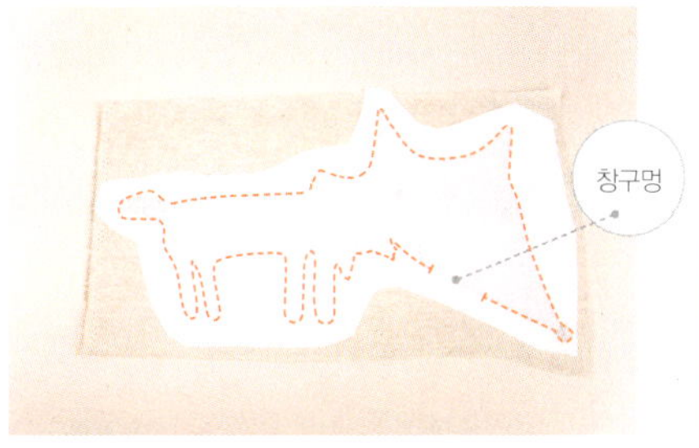

01 에코백 겉에 데코 할 원단을 잘라서 무지를 뒤에 대고 표시한 선대로 박음질 해줍니다.

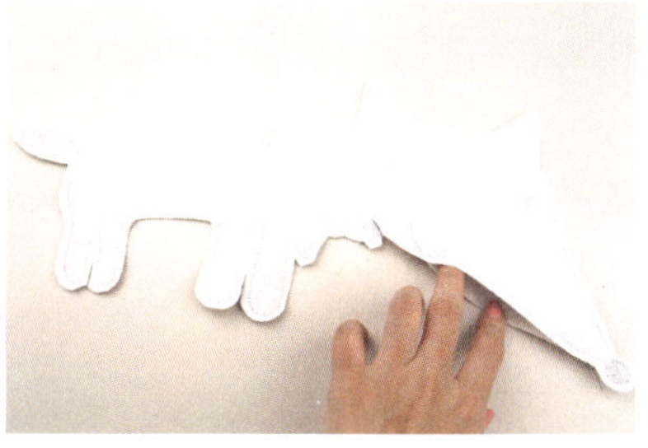

02 이때 창구멍을 꼭 남기고 박음질해야 합니다.

03 뒤집개(겸자)를 이용해서 꼼꼼하게 뒤집어 주시고 창구멍은 공그르기로 바느질하세요.

04 미리 잘라놓은 청바지에 위치를 잡은 후 수성펜으로 그립니다.

05 이렇게 표시를 하였으면

06 잘라서 데코를 할 원단 주변에 올풀림 방지액을 미리 발라서 건조하고 잘라주세요.

07 자른 원단 뒷면에 패브릭 전용 풀을 발라서

08 데코할 위치에 붙여줍니다.

09 하단에 예쁜 꽃도 붙여주고

10 상단에도 꽃을 붙여주었습니다.

11 이번엔 뒷면에 데코할 여우의 꼬리부분까지 꼼꼼히 표시를 해주세요.

12 주머니를 달 곳에 토끼도 붙여주었습니다.

02

: 고리로 사용할 새 만들기

13 가방 고리로 만들 새를 겉감과 같이 놓고 창구멍을 빼고 박음질하세요.

14 역시나 창구멍을 이용해 뒤집어 주세요.

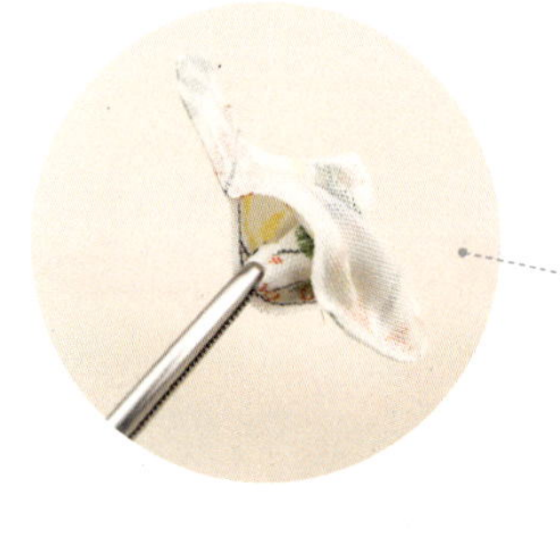

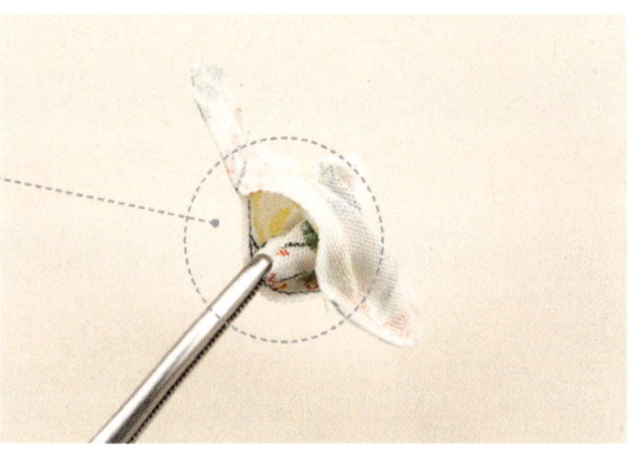

15 작은 인형을 뒤집을 때는 겸자(뒤집개)를 이용해서 뒤집으면 잘 뒤집합니다.

16 뒤집은 다음 스냅자석똑딱이를 안쪽에 먼저 달아주어야 하는데

17 정중앙에 스냅단추가 오도록 표시를 해주고 고정합니다.

18 겸자(뒤집개)를 이용해 솜을 넣어주고 창구멍을 공그르기로 마무리해주세요.

19 가방 고리로 사용할 원단을 재단해서

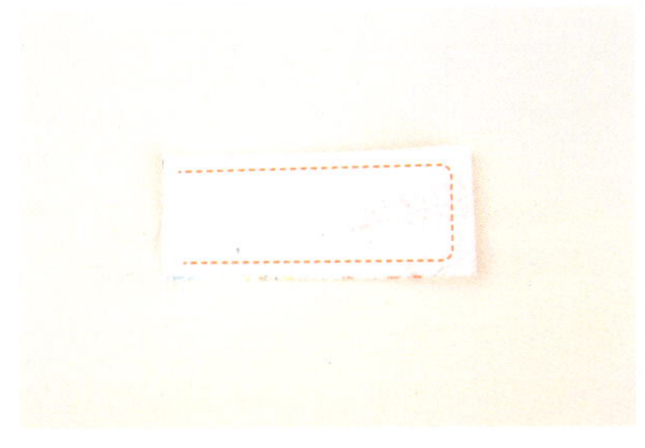

20 표시된 대로 박음질한 후 뒤집어 줍니다.

21 완성된 고리와 인형을 꿰매어줍니다.

03

: 옷감에 여우장식 달아주기

22 잘라놓은 청바지를 이어줍니다.

23 이어준 청바지 위에 데코해서 박을 주머니 와 여우를 올려주세요.

24 표시된 부분이 맘에 안 들면 살짝 옮기셔 도 좋겠죠?

25 주머니를 이리저리 옮겨가며 위치를 잡아 주세요.

26 원래 있던 주머니 박음질선 그대로 따라서 박음질합니다.

27 여우는 원하는 스티치로 재봉하는데 입체 로 표현할 곳은 재봉하지 않아도 됩니다.

28 저는 꼬리를 박지 않았어요.

: 에코백 손잡이 만들기

29 가방의 손잡이로 사용할 웨이빙끈을 잘라주세요(저는 60cm로 잘랐습니다).

30 오리고 남은 원단은 버리지 말고

31 폭을 5cm로 하여서 직각으로 잘라주세요.

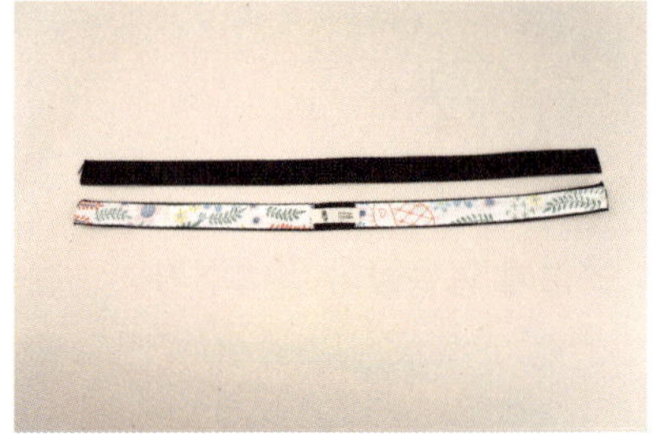

32 웨이빙끈의 한 쪽만 원단으로 박음질했습니다.

33 박음질 해놓은 웨이빙끈을 청바지 안쪽에 시침 핀으로 고정합니다.

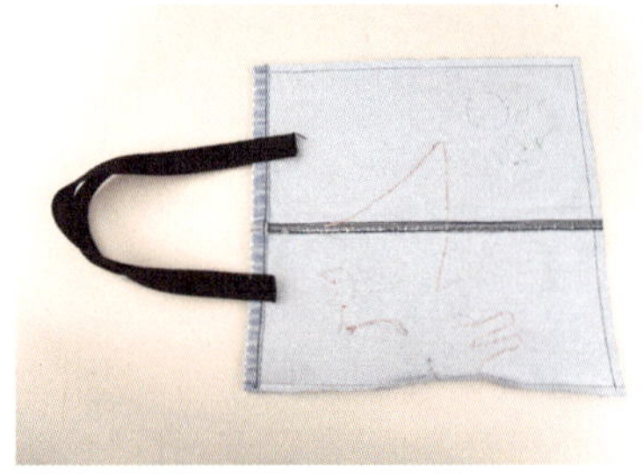

34 양쪽 모두 길이가 잘 맞도록 먼저 박음질합니다.

35 겉감의 크기와 같은 사이즈로 안감을 잘라서 표시한 대로 박음질하세요.

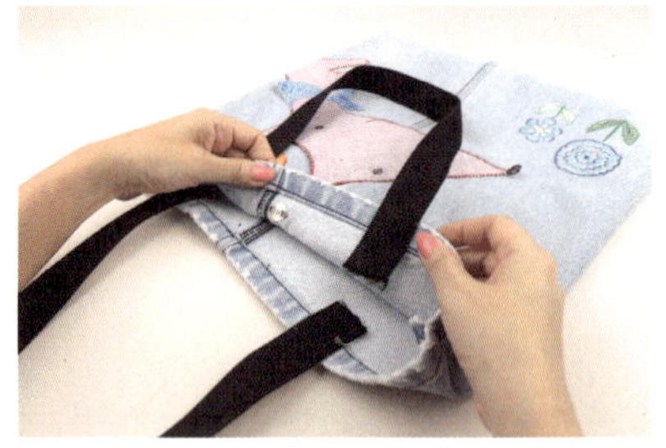

36 청바지의 겉감 쪽에 스냅 자석단추 암컷을 먼저 달아주세요.

05

: 겉감과 안감 박음질하고
  여밈고리 달아 마무리하기

37 양쪽으로 벌려서 제대로 고정을 시키고

38 여밈 장치로 사용될 인형고리를 달아줍니다.

39 그리고 박음질해놓은 안감을 그대로 겉감 속으로 넣어줍니다.

40 안감을 공그르기 해야 하니 안감이 겉으로 나오게 뒤집어 주세요.

41 안감의 시접 부분을 접어가면서 청바지 겉감 안쪽에 공그르기 해줍니다.

42 깔끔하게 하얀 실로 해서 잘 보이지 않아요.

43 공그르기가 완성되면 다시 겉감이 밖으로 나오게 뒤집어 주세요.

44 완성된 리폼 에코백입니다.

리폼 크로스백

재봉틀과 노는 것이 좋다.
친구와도 같은 재봉틀이 없었다면
우울증에 걸렸을지도 모를 일. ㅋㅋ
온종일 봉틀이와 놀라고 해도 난 즐겁다.

이번 크로스 백은 재봉틀로 자수를 놓았다고 할까?
원단을 오리고 붙이고, 재봉틀 박음질로 모양을 내고,
나의 재미난 놀이였던 크로스 백이다.

언제까지 계속하고 싶은 나만의 장난스러운
재봉틀 자수,
그래서 난 행복하다.

리폼 크로스백

재료 : 청바지, 안감 1/4마, 데코용 원단, 패브릭전
용품, 올풀림 방지액, 가방 고리 2개, 3cm 가방끈
조절연결고리 1개, 오링 2개, 사시꼬미 1개, 1.5cm
폭 웨이빙끈 1m

원단·부자재 출처 : 안 입는 청바지, 엔조이퀼트

겉감/안감 **재단 배치도(55×45cm)**

01

: 장식물 오려서 붙이기

01 먼저 사용하려고 한 원단이미지의 둘레에 올풀림 방지액을 발라주고 다 마른 다음에 오려주세요.

02 저는 엔조이퀼트에서 올풀림 방지액을 샀어요.

03 다 오려놓은 고양이들인데 올풀림 방지액이 마르면 딱딱해져서 자르기가 아주 편리하답니다.

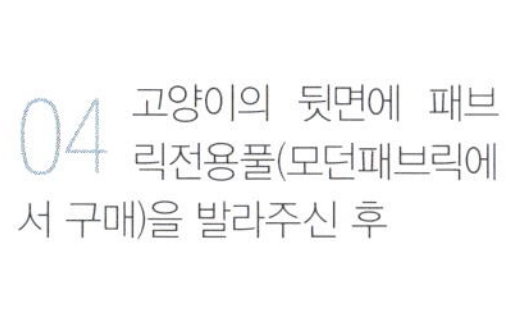

04 고양이의 뒷면에 패브릭전용풀(모던패브릭에서 구매)을 발라주신 후

05 적당한 위치에 붙여주세요.

06 그 다음 재봉틀을 이용해서 지그재그로 재봉해주세요.

07 앞뒤를 재봉틀로 박았던 원단 뒤쪽입니다.

08 일일이 재봉틀을 이용해 박음질만 했는데도 멋들어진 작품이 나왔네요.

09 고양이의 디테일을 살리기 위해 수염도 박아주었습니다.

10 한쪽 면은 이렇게 뒷주머니를 이용해 박아주었습니다.

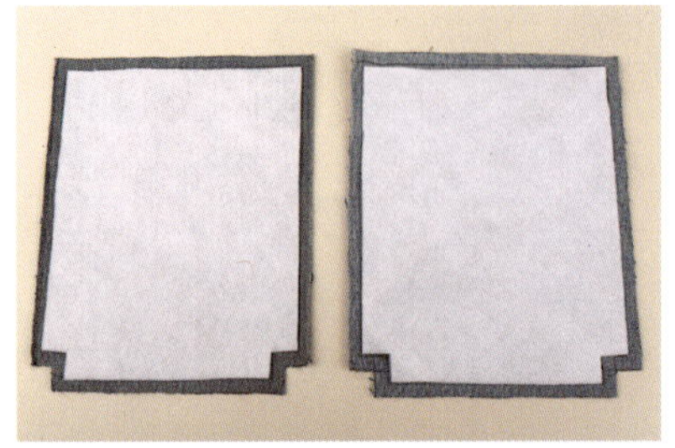

11 다 박은 청바지 뒷면에 접착솜을 붙여주세요.

12 겉면끼리 맞대어 준 다음

13 표시된 선대로 박음질을 해주세요.

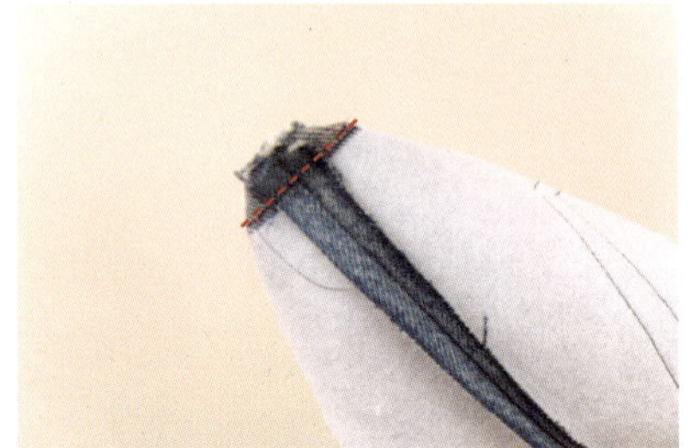

14 밑바닥과 옆선을 맞대어서 박음질합니다.

02

: 안감 박음질하고 가방 고리 달기

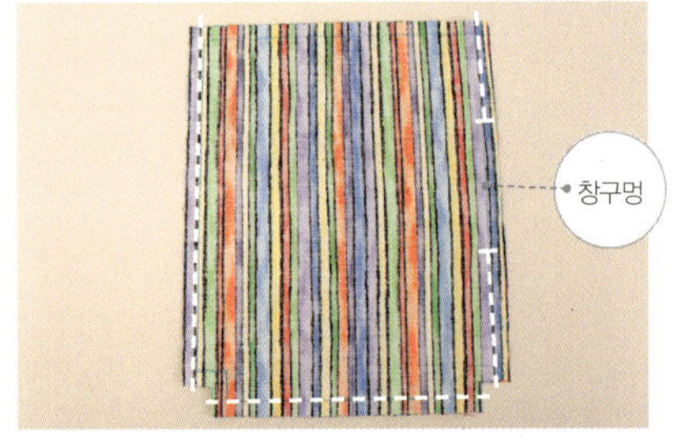

15 안감도 겉면끼리 맞대어서 박아주되 창구멍을 남겨놓고 박음질하세요.

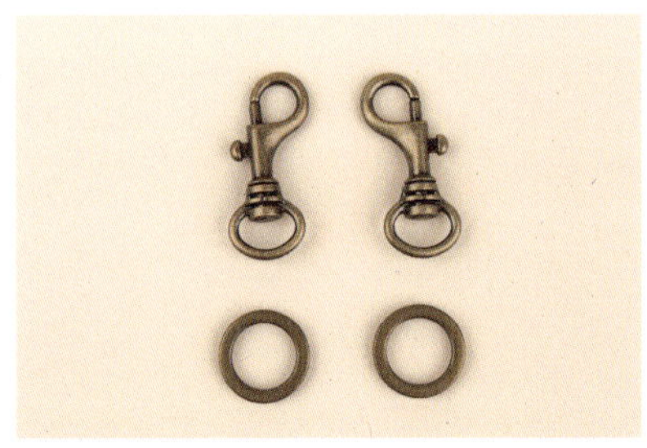

16 가방 고리(엔조이퀼트에서 구매)와 오링을 준비합니다.

17 동그란 고리(오링) 속에 스트랩을 만들어서 넣어주는데

18 양쪽으로 접고 가운데로 한 번 더 접어서 올이 밖으로 나오지 않게 하세요.

19 겉감의 겉 상단에 오링을 안으로 집어넣어 고정합니다.

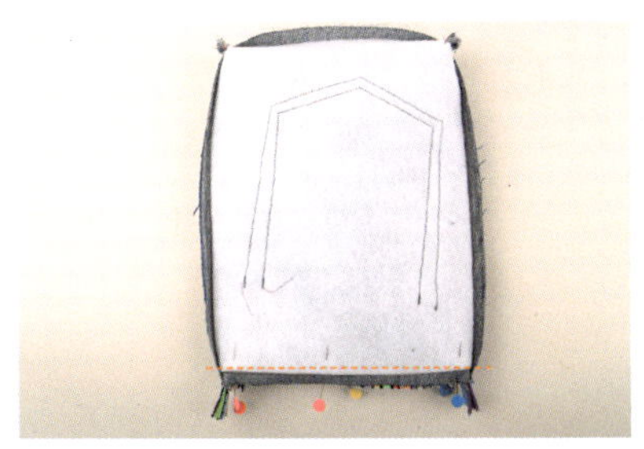

20 뒤집힌 겉감 속에 안감을 집어넣습니다.

21 안감을 집어넣고 시침 핀으로 고정하고 표시된 선대로 겉감의 둘레를 박음질합니다.

22 창구멍으로 안감을

23 조심스럽게 꺼내주세요.

24 창구멍은 공그르기로 마무리하세요.

03

: 웨이빙끈과 사시꼬미 달아
마무리하기

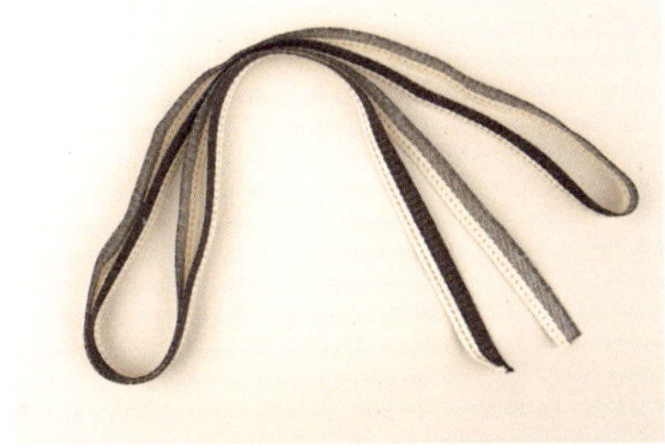

25 크로스백에 사용될 1.5cm폭 웨이빙끈을 준비합니다.

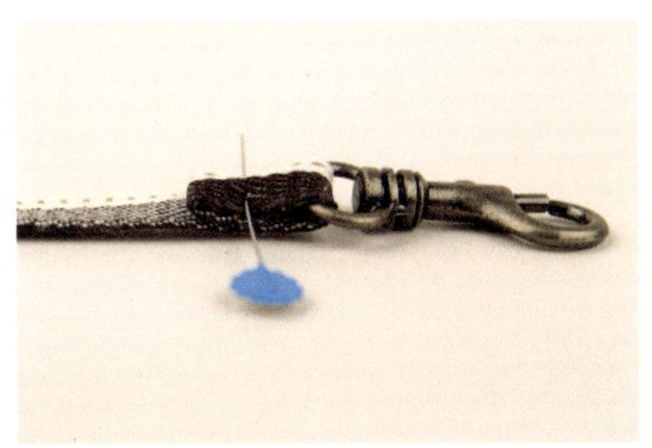

26 가방 고리의 시작 부분을 고정해주세요.

 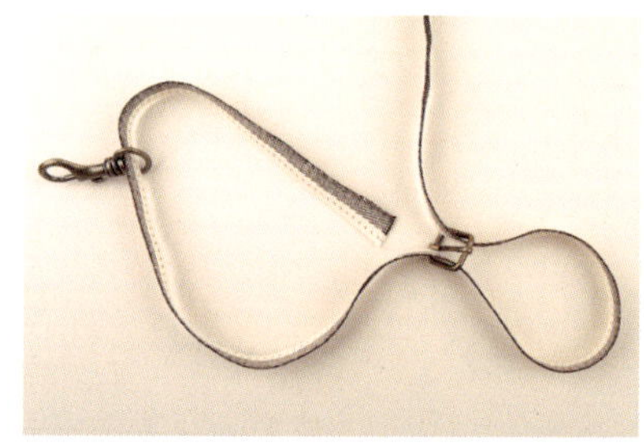

27 가방끈 조절 연결 고리에 웨이빙끈을 앞으로 넣어서 다시 되돌아 통과시킨 다음

28 가방 고리를 다시 끼워주고

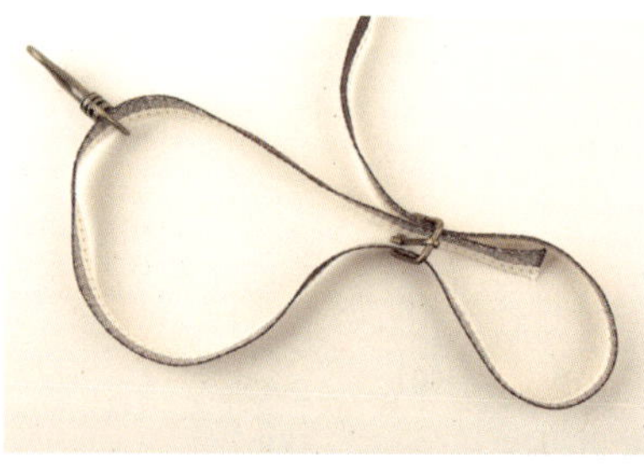 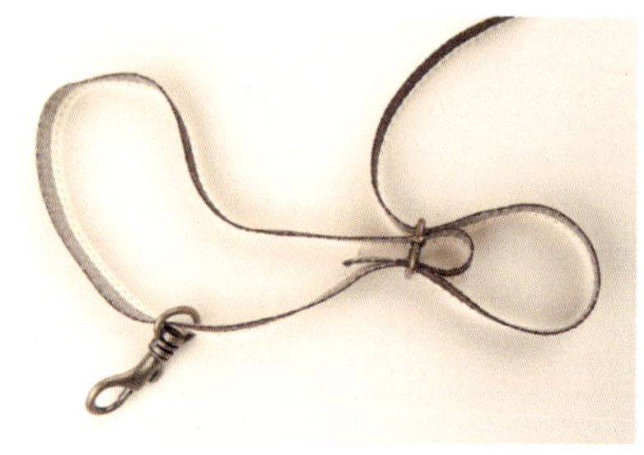

29 가방끈 조절 연결 고리로 넣었다가

30 되돌아오면 됩니다.

31 그리고 웨이빙끈의 끝 부분을 고정하면 크로스백의 가방끈이 완성됩니다.

32 가방의 본체에 만들었던 스트랩에 끼우고 사시꼬미를 달면 멋진 미니 크로스백이 완성됩니다.

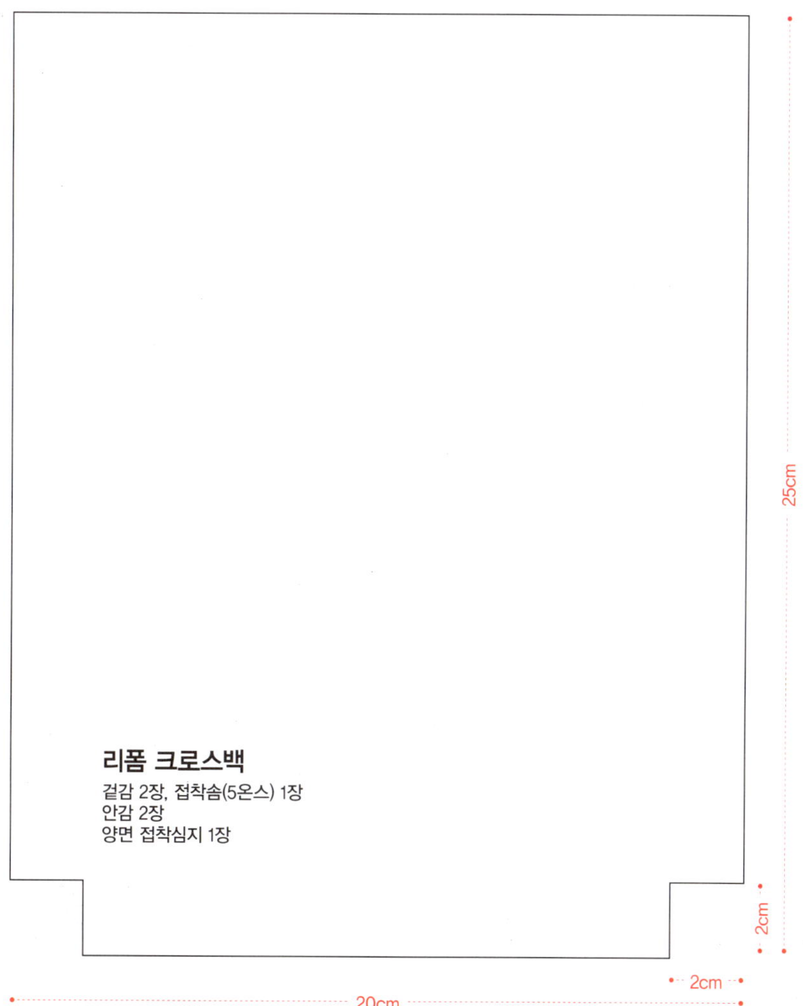
리폼 크로스백
걸감 2장, 접착솜(5온스) 1장
안감 2장
양면 접착심지 1장
25cm
2cm
2cm
20cm

에코백

에코백은 누구나 들고 다니기 편하고, 만들기도 쉽다.
나 역시 딸의 요청으로 후다닥 만들었지만
내가 더 열심히 가지고 다닌다.
딸은 무난한 게 좋다면서
엄마는 왜 그렇게 요란한 걸
좋아하느냐며 핀잔까지….

그렇다고 핀잔까지 주는 건 좀 글치 않냐?
원단이 너무 이뻐서 만들어줬는데
이것들이 아주 배가 불렀어.
그래 알았다.
이렇게 이쁜 에코백을
니들이 어디 가서 보겠느냐고.
사실 이 에코백 내 취향이거든.
쳇!
내가 다 들고 다닐 거다.

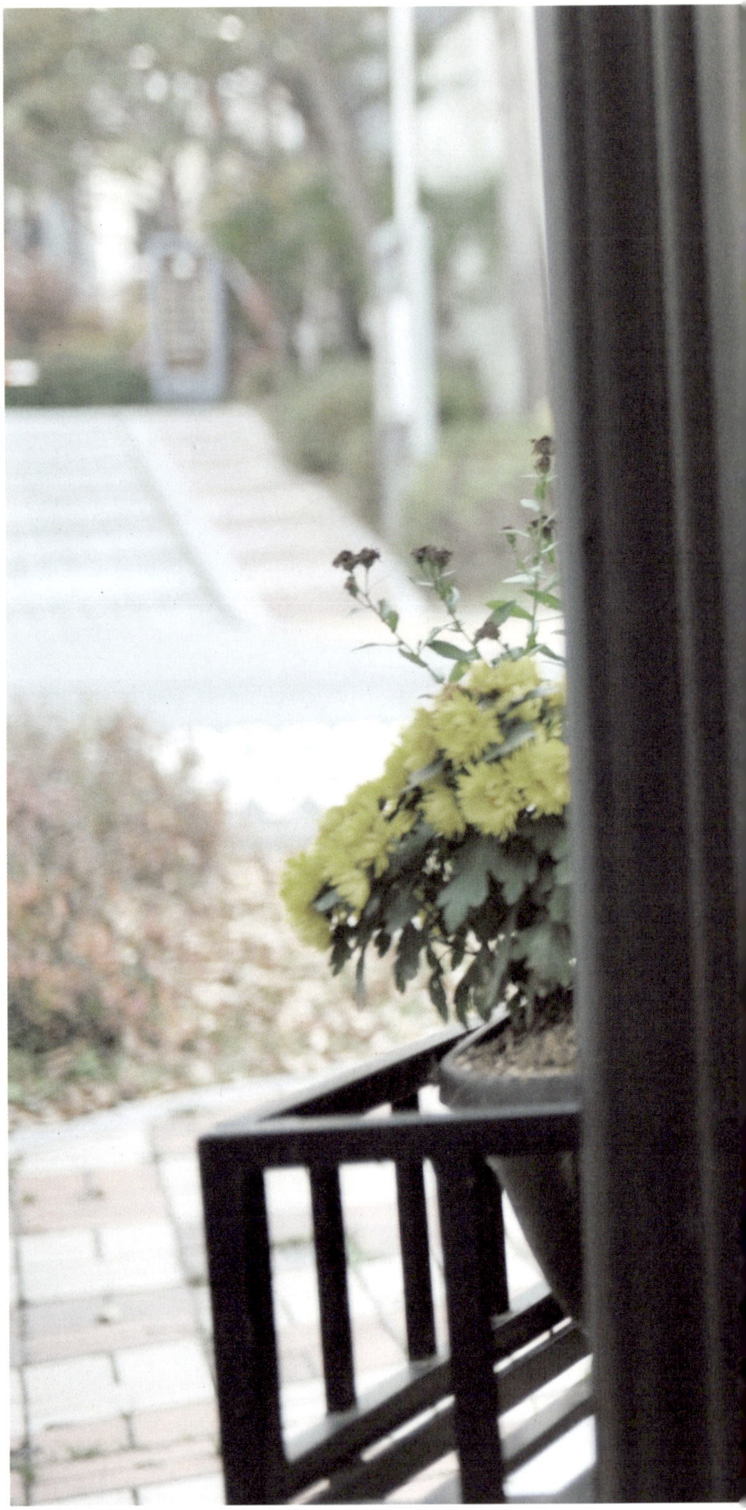

에코백

재료
겉감 1/2마, 바이어스 테이프, D링 1개

원단 출처 : 모던패브릭

↑
겉감 재단 **배치도(110×45cm)**

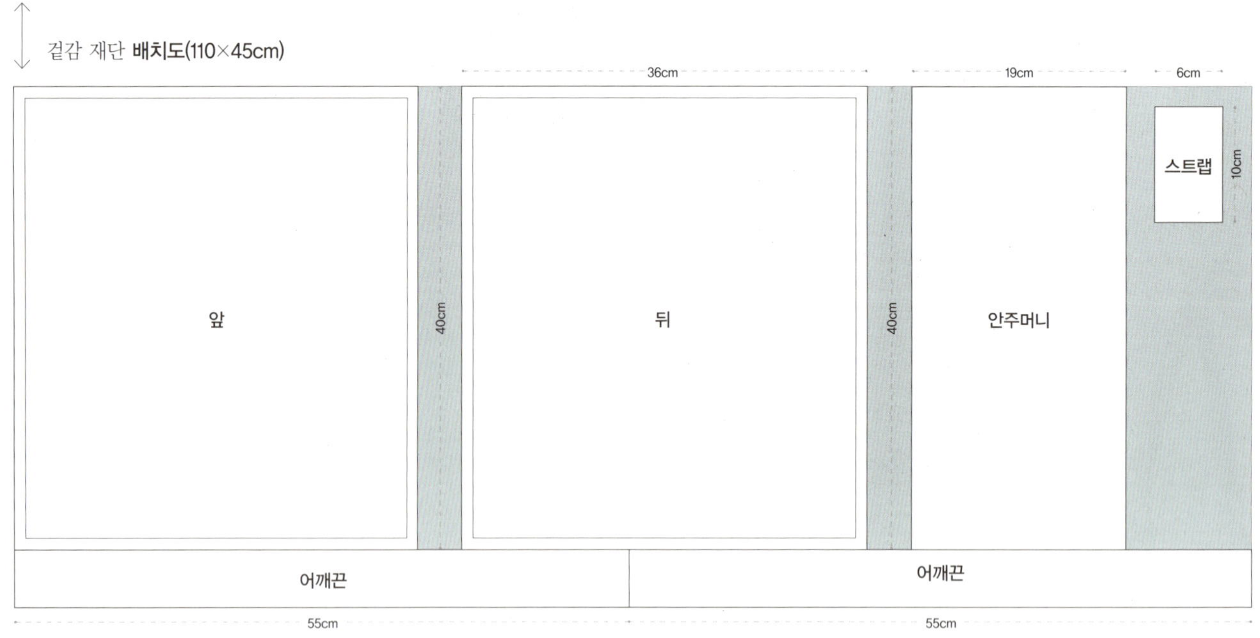

01 재료를 준비해주세요.

02 겉감은 도안대로 2장을 재단해주세요.

03 주머니에 사용할 원단도 도안대로 1장만 재단해주세요.

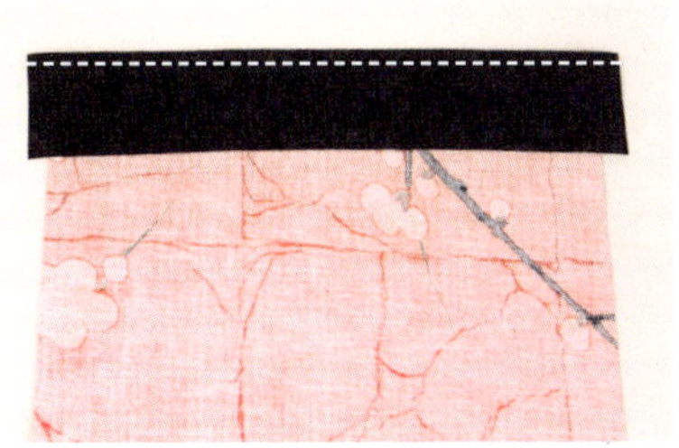

04 바이어스 테이프를 적당한 크기로 자르고 주머니 상단에 표시된대로 박음질하세요.

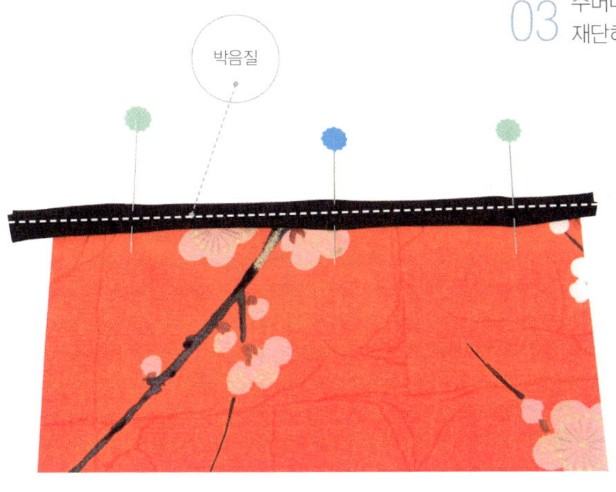

05 한 번 접어서 시침 핀으로 고정을 한 다음 표시된 선대로 박음질하세요.

06 아래에서 위로 한 번 접은 다음

07 양옆으로 적당한 크기의 바이어스 테이프를 잘라 표시된 선대로 박음질하세요.

08 박음질을 한 주머니를 옆으로 뒤집은 다음 시침 핀으로 고정한 후 표시된 선대로 박음질하세요.

02

: 어깨끈과 D링 고리 만들기

09 어깨끈으로 사용할 원단을 가로 60cm, 세로 8cm로 2장을 재단해주세요.

10 시접 부분(1cm)을 접어서 다림질을 해주세요.

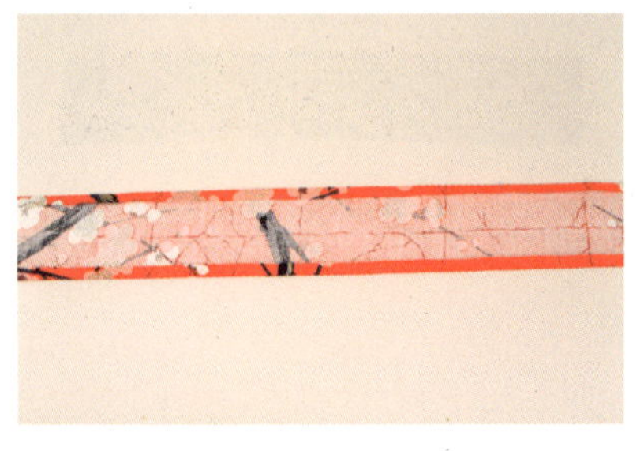

11 위아래 모두 해줍니다.

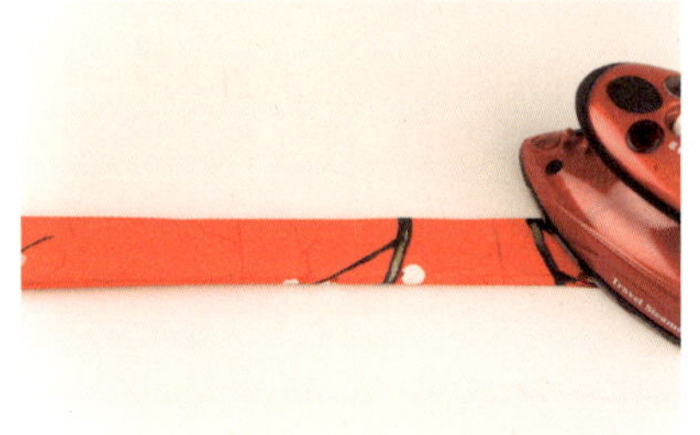

12 다시 반을 접어서 다림질을 하고

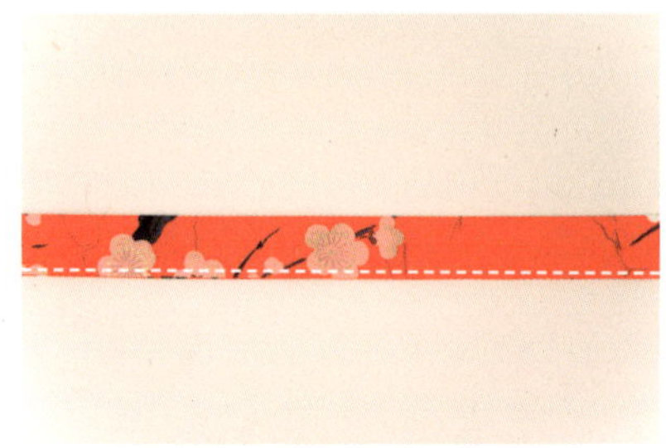

13 표시된 부분을 박음질하세요.

14 D링에 사용할 스트랩을 재단해주세요.

15 가운데로 접고 다시접어서 다림질을 한 후 양 끝을 박음질하세요.

16 D링을 넣고 한 번 더 고정을 하기 위해 박음질 해주면 됩니다.

03

: 주머니와 겉감 박음질하기

17 먼저 만들어 놓은 속주머니와 D링 고리를 상단에 맞춰서 올려놓고

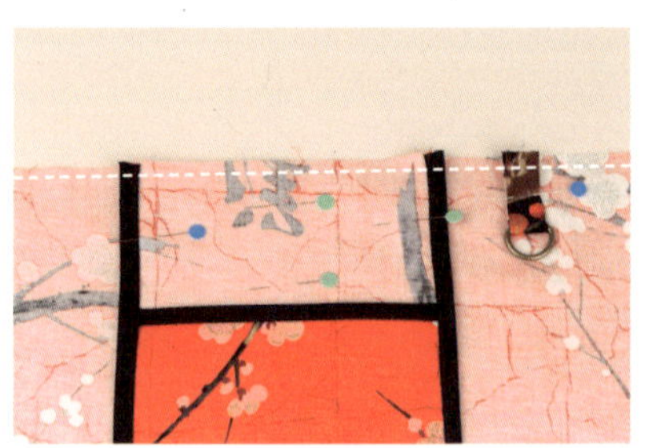

18 상단을 고정하기 위해 표시된 부분을 박음질하세요.

19 그리고 겉감의 겉쪽에 어깨끈을 시침 핀으로 고정을 시켜줍니다.

20 표시된 부분을 박음질하세요.

21 이제 겉감 두 장을 모두 이어서 박음질해야 하는데 이때 바이어스를 같이 박음질하면 됩니다.

22 바이어스는 한 번 접고

23 또 한 번 더 접고 박음질하세요.

24 상단에 남은 바이어스는 잘라주면 됩니다.

25 가방 밑단에도 바이어스를 대고 양쪽을 조금 남긴 후 박음질하세요.

26 남긴 바이어스를 한 번 접고

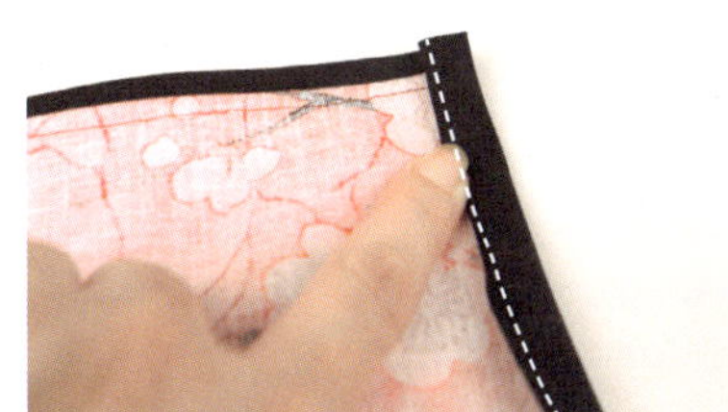

27 또 옆으로 접어서 박음질하세요.

28 이제는 상단의 띠를 두를 차례인데 표시된 부분을 박음질하면 됩니다.

29 뒤집어서 이렇게 되도록 놓으세요.

30 표시된 부분을 상침을 하면 됩니다.

31 그리고 하단을 접어서 박음질하세요.

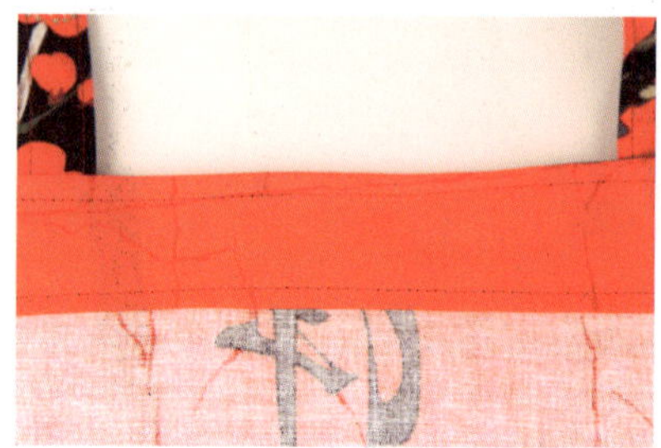

32 이렇게요.

33 멋스러운 에코백이 완성 되었습니다.

Bon's
Espresso
E-CHE
이 채
PLASIR D'A

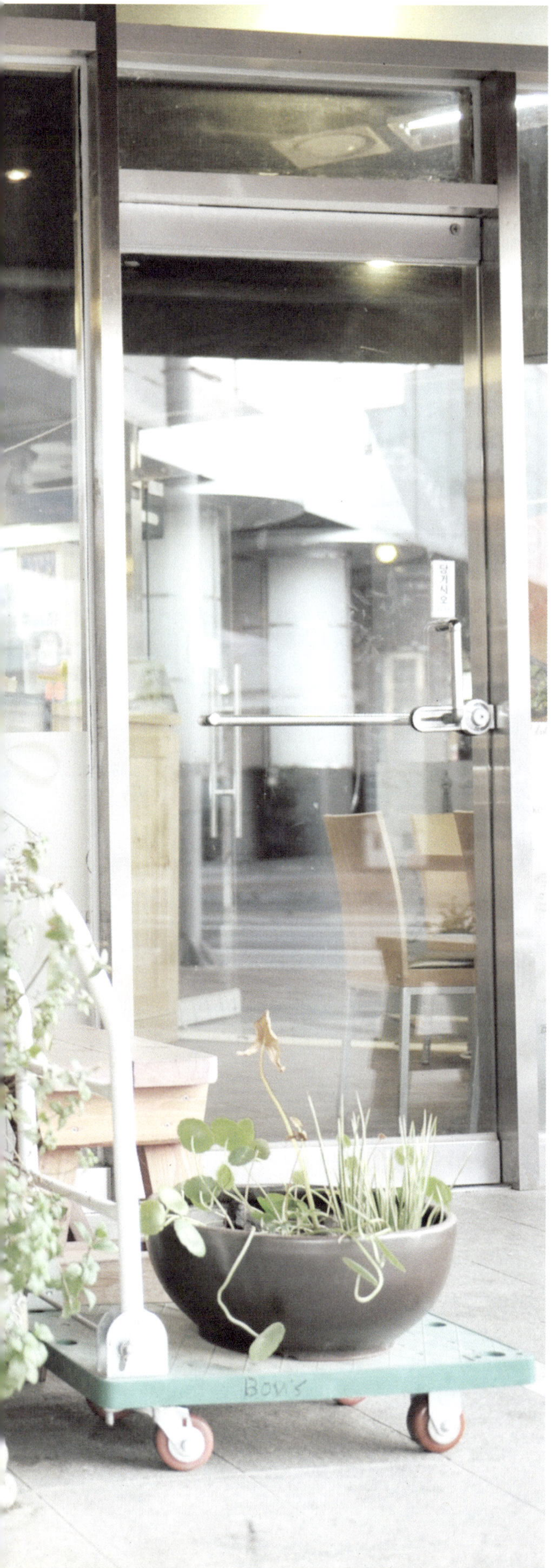

청바지로 만든

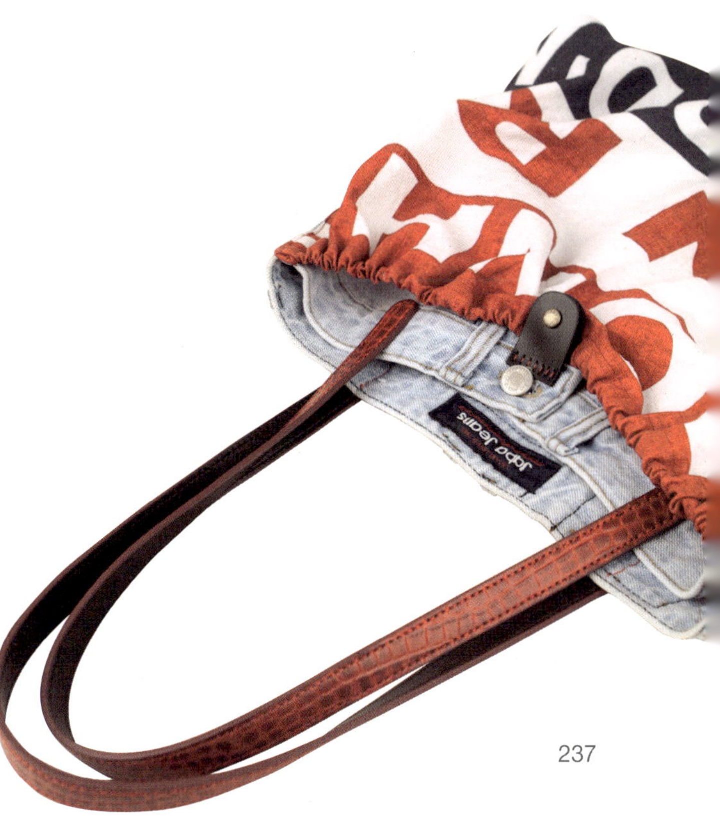

리폼 숄더백

청바지라는 녀석은 참 알 수 없는 존재.
오래된 청바지 하나를 앞에 두고
나는 잠시 행복한 고민에 빠진다.
무엇을 만들까?
이 궁리 저 궁리를 하다 보면
어느새 나도 모르게 잔잔한 콧노래가 흘러나온다.
시간마저 멈춘 듯 커피 향 가득한
감미로움까지 더해진다.

나는 결국 숄더백을 만들어 보기로 하고
과감하게 청바지를 싹둑 잘라
재봉틀을 돌려 본다.
오늘도 봉틀양과 즐거운 수다를 떨었다.

리폼 숄더백

재료
청바지, 덧대어줄 원단 1/4마 정도, 가방 손잡이,
사시꼬미

원단·부자재 출처 : 청바지, 엔조이퀼팅

청바지, 덧대어줄 원단 1/4마 정도, 가방 손잡이,
사시꼬미

원단·부자재 출처 : 청바지, 엔조이퀼팅

01

: 청바지로 가방 본체 만들기

01 안 입는 청바지를 준비합니다.

02 적당한 크기로 바지를 잘라주세요.

03 청바지의 밑단을 리퍼로 뜯어주세요.

04 뒤도 리퍼로 뜯어주고

05 바지가 평평해지는 부분까지 뜯어주세요.

06 이렇게 앞부분을 뜯었더니

07 바지가 평평해졌어요

08 뒷부분도 꼼꼼히 평평해지는 부분까지 뜯어주세요.

09 앞뒤가 모두 골고루 평평해졌는지 한 번 확인을 하고

10 표시된 선대로 박음질해주고 아래에 삐죽 나온 부분은 가위로 잘라주세요.

02

: 청바지에 원단 덧대기

11 청바지 앞에 덧대어 줄 원단을 청바지에 대고 잘라주세요.

12 우선 상단에는 고무줄을 넣을 만한 공간을 박음질하세요.

13 고무줄을 넣었습니다.

14 조금 튀어나온 고무줄과 함께 옆선을 박음질하세요.

15 이렇게 한 쪽만 먼저 박음질하고 고무줄을 당겨서 청바지 폭과 맞게 박음질하세요.

16 청바지의 앞부분에 시침핀으로 고정을 하고 박음질하세요.

17 아랫단을 제외하고 양쪽을 모두 박음질했습니다.

18 청바지를 뒤집어서 표시된 선대로 박음질
   하세요.

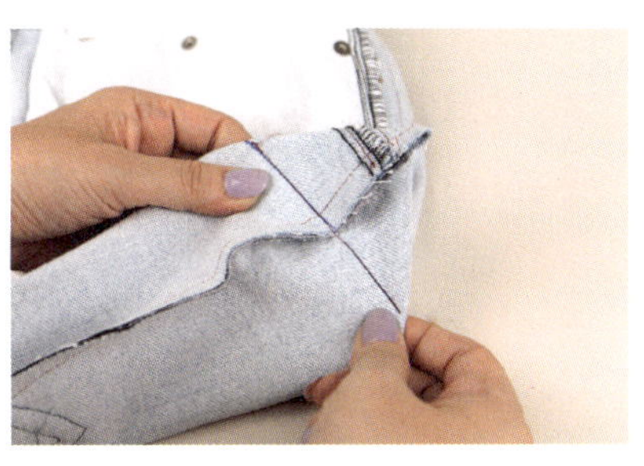

19 바닥을 만들 때는 이렇게 잡아서 박음질
   하면 됩니다.

20 양쪽으로 튀어나온 부분을 가위로 잘라주
   고 오버록을 해줍니다.

03

: 가방 손잡이 대고 마무리하기

21 적당한 위치에 가방 손잡이를
   박음질하세요.

22 바지 앞에 덧대어준 중앙에 사시꼬미를 바
   느질 해줍니다.

23 이렇게요.

24 나머지 수컷은 청바지에 바느질해주세요.

25 잘 완성된 청바지백의 뒷모습입니다.

26 가방 손잡이는 빨간색 실로 바느질했습
   니다.

27 완성된 청바지백입니다.

토드백

아침부터 벨 소리가 요란하게 울린다.
전화기 너머로
"언니, 우리 여행가자! 가자~ 응?"
다짜고짜 매달리는 목소리.
"오늘? 지금 당장?"
나는 조금은 당황했지만
계획에 없었던 여행도 재미있겠다 싶어
승낙을 하고 말았다.
가만있자. 옷가지랑 화장품
이런 것을 어디에 넣고 가지?
모두 다 너무 큰 가방이다.
그래서 만들게 된 토드백.
여행을 갈 때 함께 할 백이 있어서 좋다.

요즘도 나는 내 동생과 종종 여행 하며
오랜 시간 참으로 당차게 걸어온
나 자신을 본다.

토드백

재료
겉감 1마, 안감 1마, 양면 접착심지 1/2마, 접착솜 5
온스 1/2마, 가방 손잡이, 50cm 지퍼 1개, 20cm
지퍼 1개, 사시꼬미 2개

원단 출처 : 모던패브릭

겉감 재단 **배치도(110×90cm)**

앞

뒤

지퍼반경

지퍼반경

겉주머니

겉주머니

겉주머니

지퍼 속주머니

겉주머니

01

: 겉감에 주머니 만들기

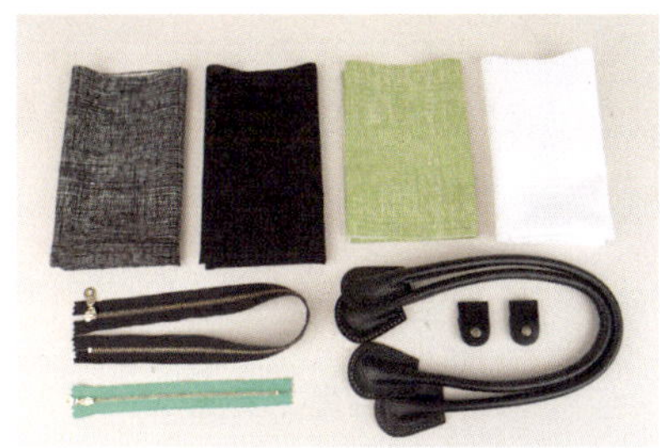

01 재료를 준비합니다.

02 도안에 있는 대로 겉감(시접 1cm)을 2장 재단하고, 겉감 뒤에 시접없이 재단한 접착솜과 양면 접착심지를 붙여주세요.

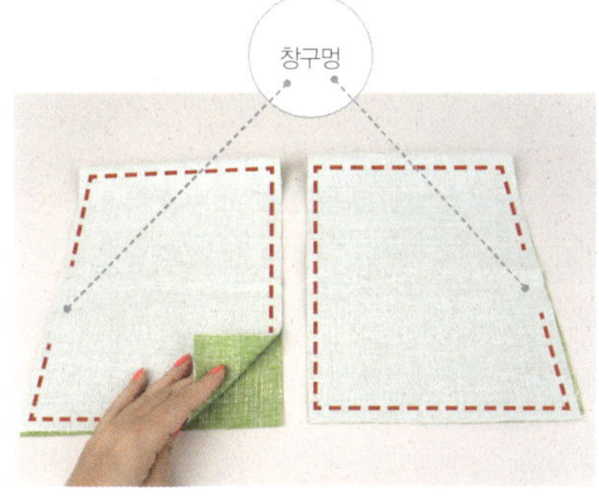

03 가방 앞에 만들어 줄 겉주머니를 25×17cm로 2장 재단해서 표시된 대로 박음질해 준 다음 창구멍을 이용해 뒤집습니다.

04 표시된 선대로 먼저 박음질하세요.

05 그런 다음 겉감에 올려 놓고, 표시된 선대로 박음질하고

06 나머지도 표시된 선대로 박음질하세요(같은 색 원단으로 주머니를 만들면 더 고급스러워 보입니다).

07 겉감 2장을 맞대어 표시된 선대로 박음질하고 바닥도 맞잡아 박음질하세요.

08 주머니에 사시꼬미 암컷을 바느질하고

09 사시꼬미 수컷을 바느질 해주세요.

10 이렇게 다른 색 실로 바느질해도 좋겠죠?

: 안감에 지퍼 주머니 만들기

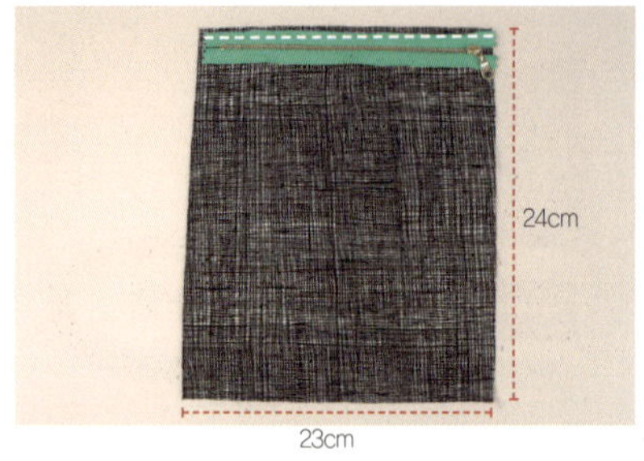

11 지퍼 고리가 오른쪽으로 가게 놓고 표시 된 선대로 박음질하세요.

12 지퍼를 위로 올리고 옆으로 뒤집은 모습입 니다.

15 주머니를 박음질 한 상단입니다. 이때 지 퍼와 주머니감만 잡아서 박음질해주는 게 포인트입니다.

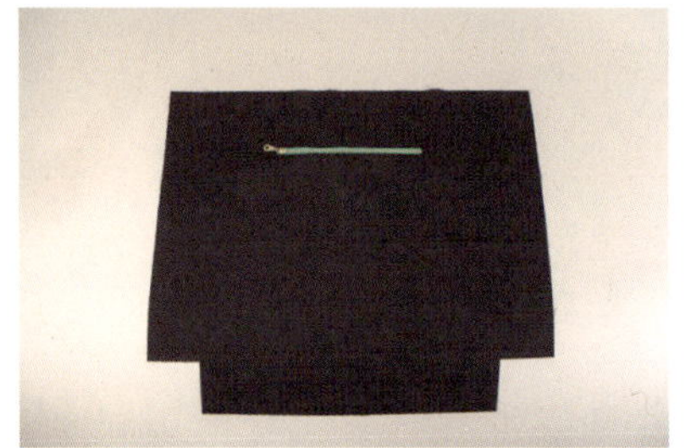

13 109p를 참조하여 지퍼 구멍을 만들고 지 퍼 주머니 위에 올려놓으세요.

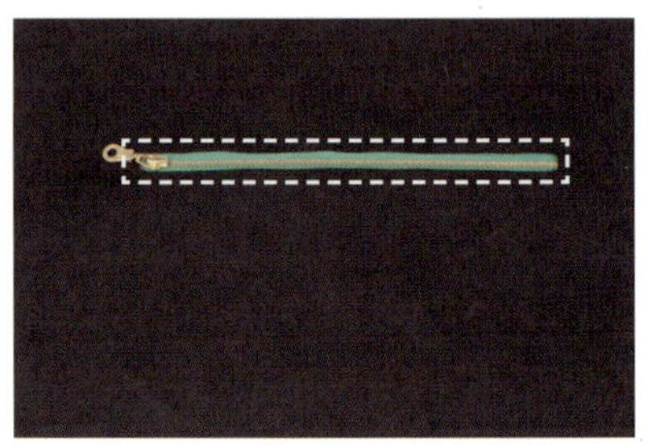

14 표시된 선대로 지퍼 구멍을 박음질해줍니다.

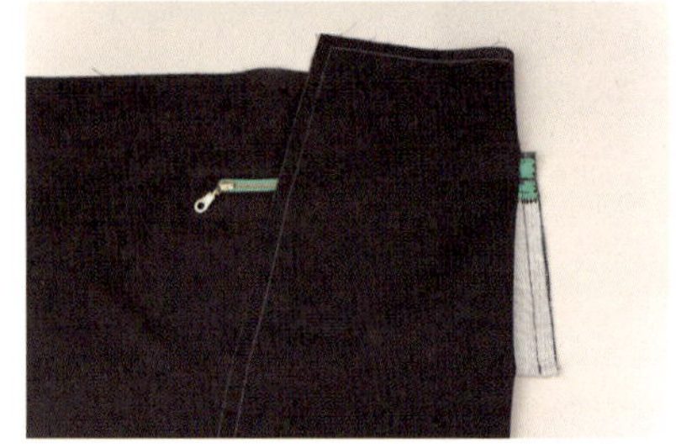

16 지퍼의 오른쪽도 이렇게 박음질하세요.

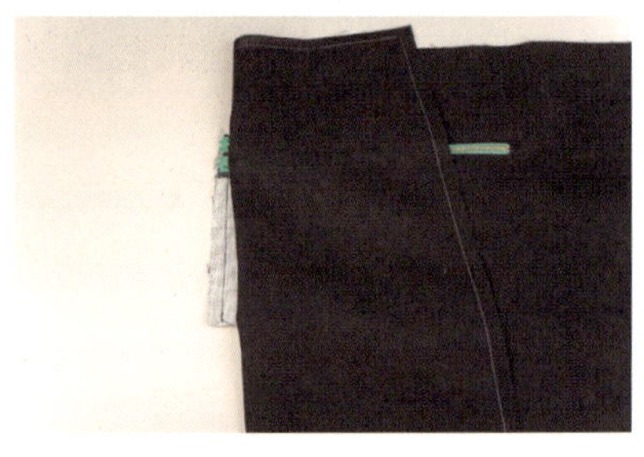

17 왼쪽도 오른쪽과 마찬가지로 지퍼와 주머 니만 잡아서 박음질해줍니다.

03

: 겉감과 안감 연결하기

18 이제는 안감을 박음질 할 차례인데 표시 된 선대로 박음질 하되 창구멍이 필요없습 니다.

19 바닥은 이렇게 맞잡아서 박음질하면 됩니 다.

20 뒤집은 겉감 속에 뒤집지 않은 안감을 넣어주세요.

21 안감이 울지 않게 잘 집어 넣어주세요.

22 시침 핀으로 고정을 하여 움직이지 않게 시침질을 하면 좋습니다.

04

: 지퍼면에 지퍼달기

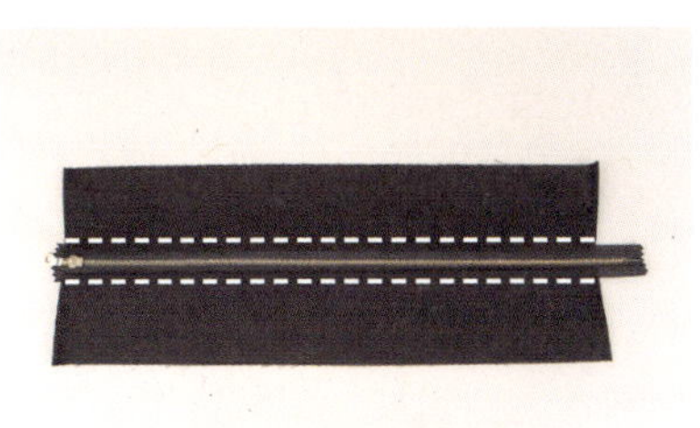

23 지퍼 뚜껑 부분의 양쪽을 모두 시접만 접어서 박음질 해줍니다.

24 지퍼를 뒤집은 후 안감을 올려 놓고 표시된 선대로 박음질하세요.

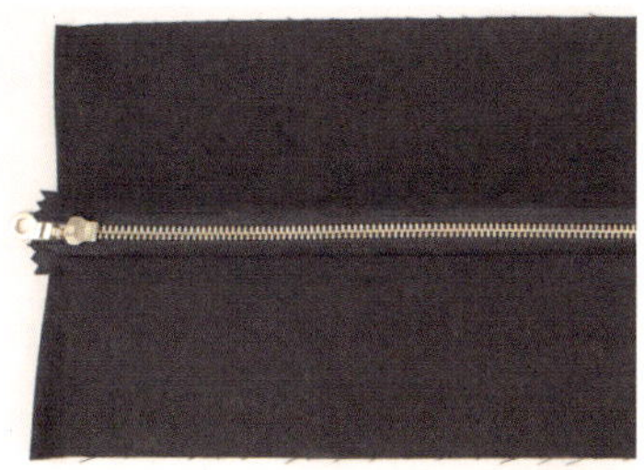

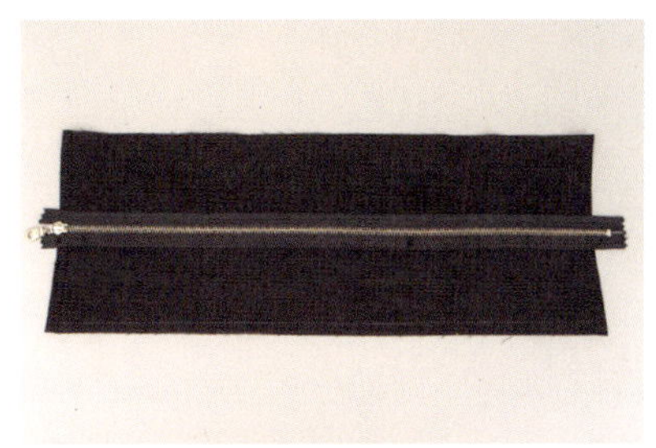

25 지퍼가 뒤집힌 게 보이죠? 이렇게 박음질 해주면 됩니다.

26 다시 지퍼를 뒤집어 놓고

27 겉감을 위에 올려 놓고 표시된 선대로 박음질해줍니다.

28 박아진 선이 보이죠?

 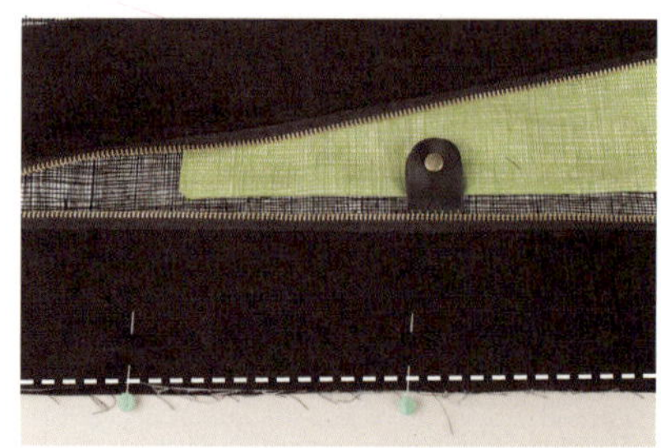

28 시침 핀으로 지퍼 뚜껑과 본체를 같이 고정합니다.

29 표시된 선대로 박음질하세요.

30 상단 둘레를 모두 박음질해줍니다.

31 상단 둘레를 모두 박음질한 후 지퍼 뚜껑을 위로 올리고, 지퍼를 잠근 다음 상침을 한 번 더 합니다.

32 표시된 선대로 박음질하면 됩니다.

33 완성된 가방의 적당한 위치에 가방 손잡이를 바느질 하세요.

34 완성된 가방입니다.

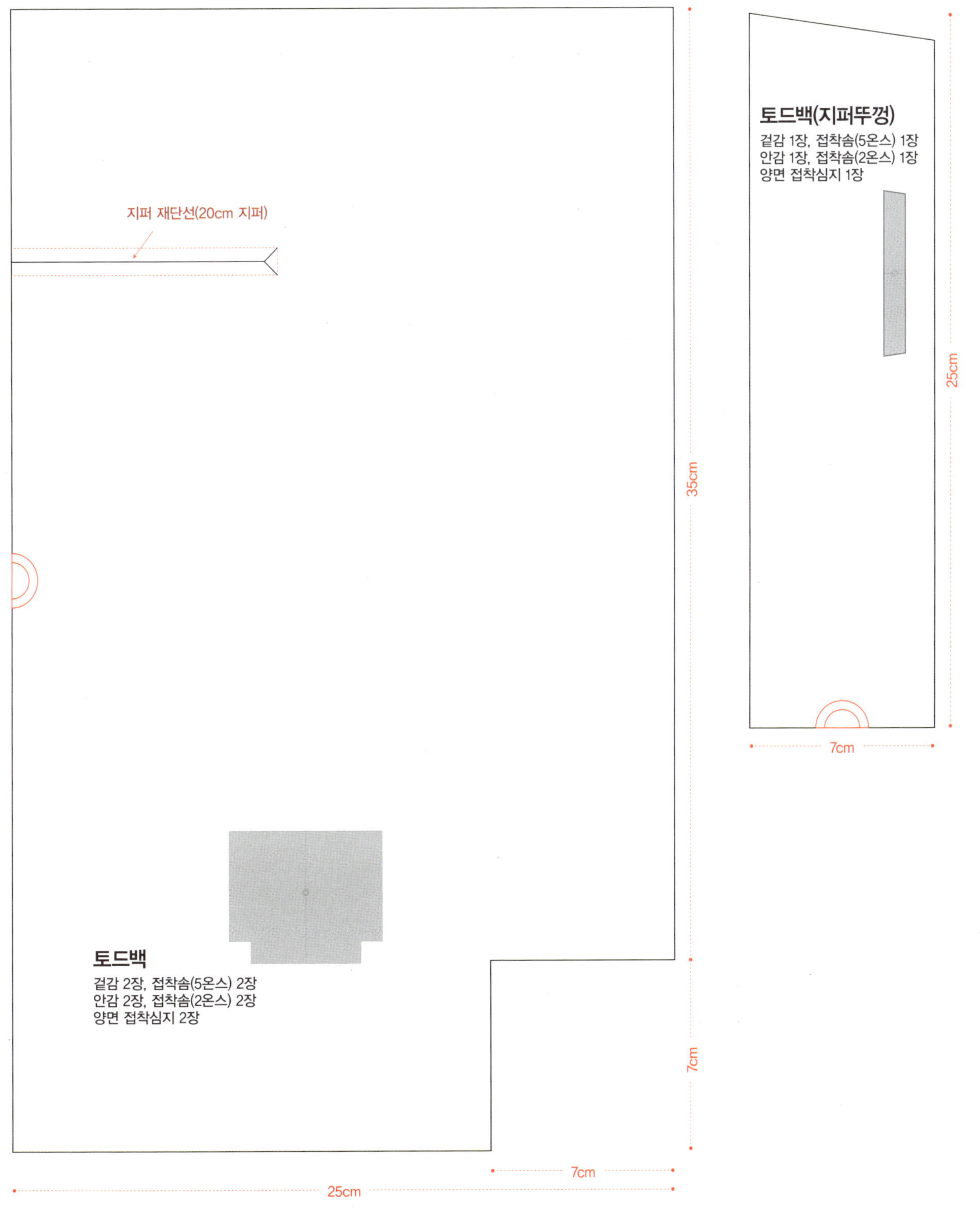

지퍼 재단선(20cm 지퍼)
35cm
25cm
토드백
겉감 2장, 접착솜(5온스) 2장
안감 2장, 접착솜(2온스) 2장
양면 접착심지 2장
7cm
25cm
토드백(지퍼뚜껑)
겉감 1장, 접착솜(5온스) 1장
안감 1장, 접착솜(2온스) 1장
양면 접착심지 1장
25cm
7cm

작은 정성,
세심함이 돋보이는,
생활소품

도시락 가방

가족과 나들이 한 번 제대로 간 적 없는
나는 나쁜 엄마,
그런 엄마를 이해해주는 착한 딸내미들.
한 해가 가기 전에 기필코 한 번 가리라 맘먹고
도시락 가방까지 만들었다.

요리에는 전혀 소질 없는 엄마라서
맨날 아빠가 만든 도시락을 들고 소풍을 간다.
내 손으로 만든 맛 난 것들을 도시락 가방에 넣고
한강공원이라도 꼭 가리라.

딸들 기대해!

도시락 가방

재료
겉감 1/2마, 안감 인조가죽 1/2마, 접착솜 5온스
1/2마, 양면 접착심지 1/2마, 자석 스냅단추, 사시
꼬미, 가방 손잡이, 바닥전용 고무판 1개

원단·부자재 출처 : 모던패브릭, 샬롱드마젤

겉감/안감 재단 **배치도(110×45cm)**

01

: 겉감에 접착솜 붙이기

01 겉감의 안쪽에 양면 접착심지를 올리고 그 위에 접착솜(5온스)을 올려놓으세요.

02 양면 접착심지와 접착솜은 시접없이 잘라 주어야 합니다.

03 양면 접착심지와 접착솜을 올려놓은 겉감을 옆으로 뒤집어 겉감의 겉쪽에서 다림질해주세요.

04 안감에 사용할 인조가죽도 도안대로 잘라 놓는데

05 인조가죽은 겉이 코팅된 걸 사용하면 편리해요.

02

: 겉감과 안감 박음질하기

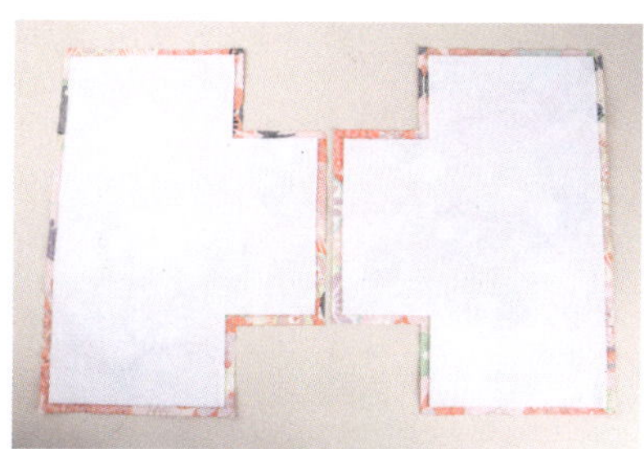

06 접착솜을 붙여 놓은 겉감을

07 두 장을 맞대어 놓고 표시된 선을 먼저 박음질하세요.

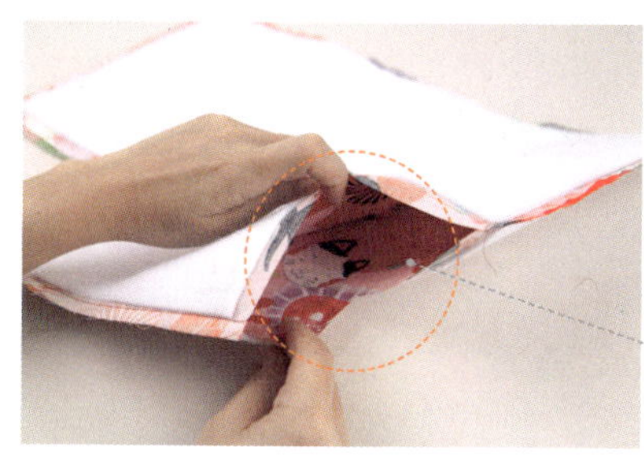

08 박음질하지 않은 부분은 맞대어 주세요.

09 박음질을 하기 위해 시침 클립으로 고정해주세요.

10 표시된 선대로 박음질을 해주면 됩니다.

11 안감으로 사용될 인조가죽도 겉감과 같은 방식으로 박음질하되 창구멍을 남기고 박음질해야 함을 잊으면 안됩니다(6~10번 참조).

12 뒤집지 않은 겉감과 뒤집어 놓은 안감의 모습입니다.

03

: 겉감 속에 안감 넣기

13 겉감 속에 안감을 넣어야 하는데

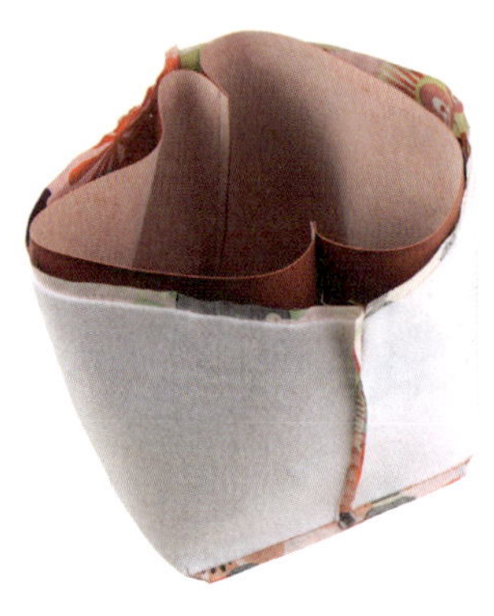

14 이렇게 잘 포개어서 넣어주면 됩니다.

15 겉감과 안감의 상단을 잘 맞대어서 시접 1cm를 띠고 박음질해 주면 됩니다.

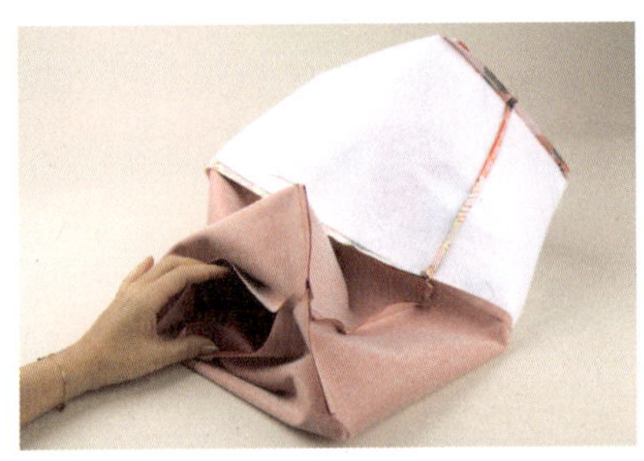

16 안감의 창구멍을 통해 겉감을 꺼내어 줍니다.

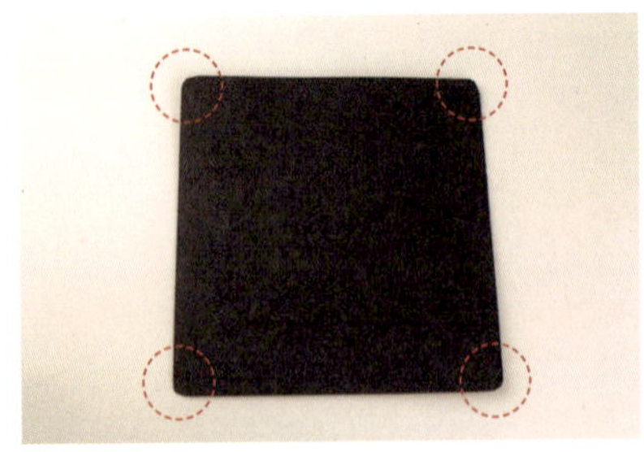

17 바닥전용 고무판을 가로세로 22cm로 자르고 4모서리를 둥글게 잘라주세요.

18 안감의 창구멍을 이용해 바닥전용 고무판을 넣어주세요.

19 안감을 겉감 속으로 집어넣고 상단을 상침해 주세요.

04

: 창구멍을 통해
  똑딱이 자석 달기

20 창구멍을 뺀 본체가 완성되었는데

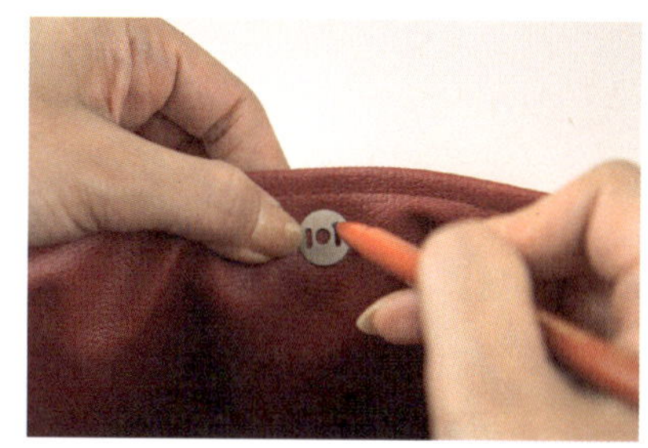

21 이제는 똑딱이 자석을 달아줄 위치를 표
   시해주세요.

22 박음질하지 않은 창구멍으로 손을 집어넣
   어 똑딱이의 수컷과 암컷의 위치를 잡아
   고정합니다.

05

: 손잡이와 사시꼬미 달기

23 완성된 가방을 양손으로 잡고 손잡이 위
   치를 잡은 후 고정합니다.

24 양옆에 사시꼬미를 고정하여 줍니다.

25 도시락 가방이 완성 되었습니다. 이제 소
   풍을 나갈까요?

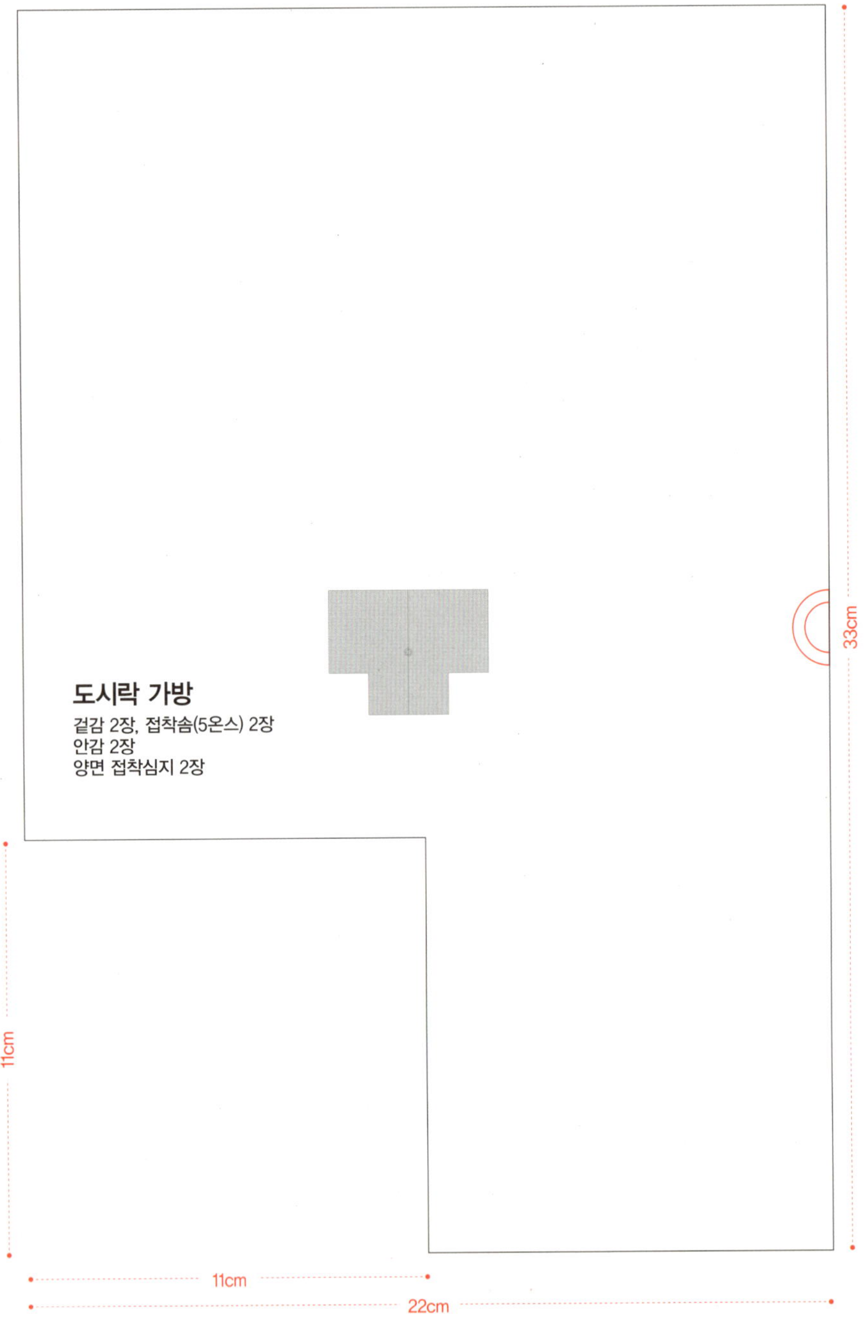

도안 축소컷(200%확대)

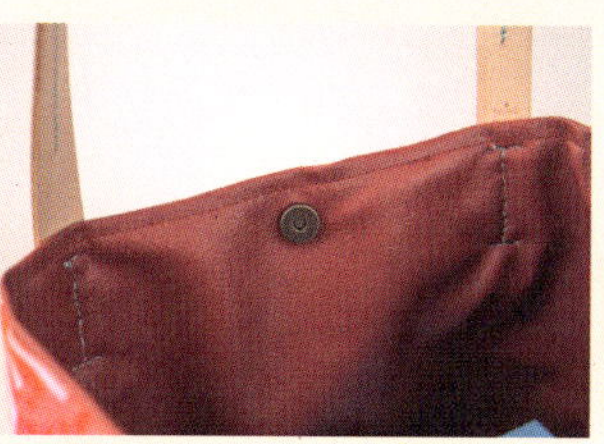
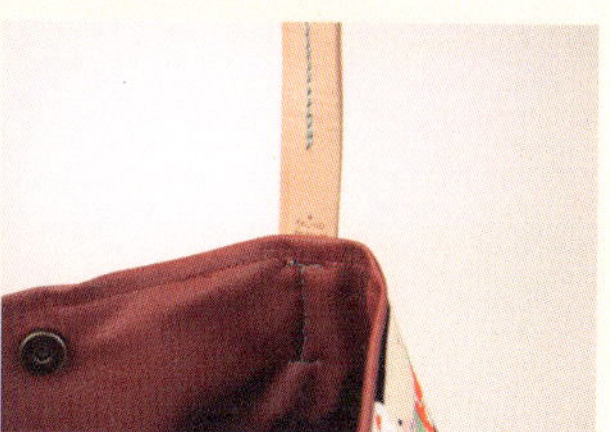

사각프레임 필통

내가 이것저것 잘도 만들어주니
딸아이의 주문이
갈수록 늘어난다.
오늘은 내게 필통을 만들어 내란다.
필통 속에 지우개를 넣지 않아도 되게끔
별도로 만들어 달라네.
나 참~~~
나는 이 궁리 저 궁리를 해서
앞에 주머니를 하나 더 달아
지우개를 넣을 수 있게 했다.

연필에 지우개가 붙어있지 않아서 좋다는 막내~~
시크하게 한마디, 엄마~ 땡큐!
헐~~~ 너무 짧지 않니? 그 인사?
그래 잘 먹고 잘살아라! ^^

사각프레임 필통

재료
겉감 1/8마, 안감 1/8마, 접착솜 4온스 1/8마, 양면
접착심지 1/8마, 7cm 똑딱이 사각프레임, 기타 장
신구

원단·부자재 출처 : 엔조이퀼트

겉감 재단 **배치도(27.5×45cm)**

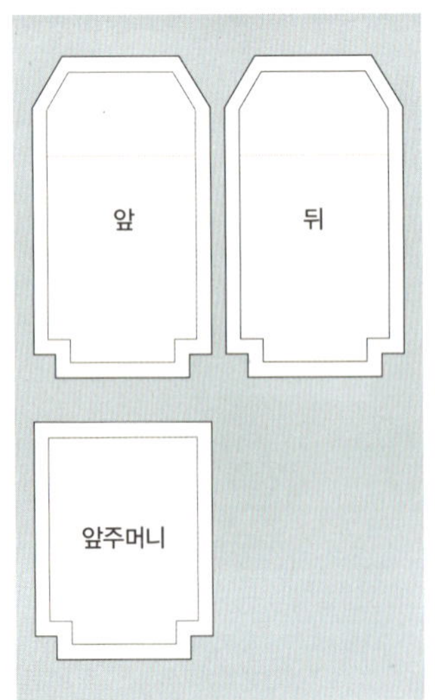

01

: 겉감과 주머니 재단하기

01 겉감은 시접 1cm를 두고 2장 재단합니다.

02 겉감의 안쪽에 양면 접착심지와 접착솜을 올려 놓고 다림질을 합니다.

03 필통의 앞면에 사용될 주머니의 끝에 올 풀림 방지 풀을 발라서 말려주세요(올 풀림 방지액이 없으면 시접을 안으로 두 번 접어서 하셔도 돼요).

04 다 말렸으면 시접을 한번 접어 박음질해주세요.

05 겉감의 겉에 주머니를 올려 놓고 표시된 부분을 시침질하세요.

06 겉감의 다른 면도 모양을 내기 위해 선을 수성펜으로 그려주세요.

07 그려놓은 선을 따라 박음질하세요.

02

: 겉감과 안감 박음질하기

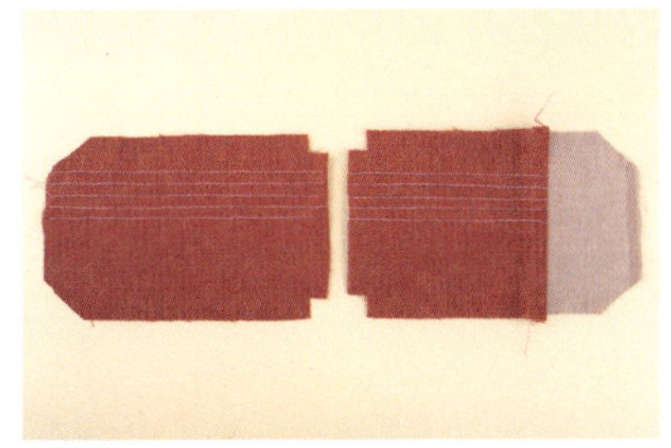

08 양쪽 모두를 다했으면 두 장을 맞대어서 박음질하세요.

09 하단은 박을 때 사진처럼 박음질하세요.

10 안감도 겉감과 같이 시접은 1cm로 하고, 2장을 재단해서 맞대어 창구멍을 빼고 박음질 합니다.

11 바닥은 시접을 가름솔로 하여서 박음질해 주면 되는데

12 이렇게 잡아서 시침 핀으로 고정하고 박음질하면 편리합니다.

13 안감에만 창구멍이 있습니다.

03

: 겉감과 안감 맞대어 박음질하고 장식 달기

14 뒤집은 안감을 겉감 속에 집어넣고 시침 핀으로 고정하고

15 표시된 선대로 박음질하세요.

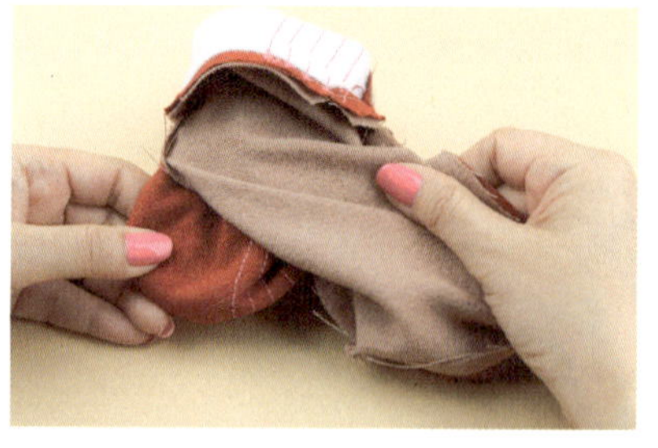

16 안감의 창구멍을 이용하여 뒤집을 차례인데

17 이렇게 조심스럽게 겉감을 꺼내면 됩니다.

18 다 뒤집었으면 창구멍을 공그르기로 마무리하세요.

19 미리 데코를 해도 좋고 저처럼 다 끝내고 해도 좋습니다.

20 라벨은 미리 궤매 주는 게 더 편리해요. 저처럼 뒤늦게 하지 마세요. 많이 불편하네요.

04

: 사각프레임 달아주고 완성하기

21 사각프레임에 다 만들어 놓은 필통을 겉으로 집어넣고

22 프레임에 있는 틈으로 밀어 넣어서 고정시켜주세요.

23 오른쪽부터 바느질을 시작하는 게 더 편리하고 좋답니다.

24 보이지 않는 곳에서 밀어 넣어 안쪽에서 바깥쪽 첫 번째 구멍으로 빼주세요.

25 그리고 두번 째 구멍 하단에 다시 바늘을 집어넣습니다.

26 안쪽에서 다시 바깥으로 빼실 때는 두 번째 구멍으로 빼고

27 다시 옆으로 옮겨서 세 번째 구멍 하단으로 집어 넣어주세요.

28 그렇게 끝까지 반복을 한 다음 같은 방법으로 되돌아옵니다.

29 X자형으로 프레임을 완성한 모습입니다.

30 조금은 특이한 방법으로 프레임을 마무리하는 것도 나름 재미있죠?

31 주머니가 있는 필통이 완성되었습니다.

7cm 사각프레임 필통
겉감 2장, 접착솜(5온스) 2장
안감 2장
19cm
1.5cm
1.5cm
7cm

필통

나는 평상시에 스케치를 즐기는 사람이라
늘 기본적으로 볼펜은 색깔별로,
형광펜, 칼 그리고 예쁜자를 가지고 다닌다.
그런 내게 딱 맞는 필통을 만들고 싶었다.

청바지를 리폼해 만든 나의 필통.
가방 속에 이리저리 굴러다녀도
때를 탈 일이 없는 필통을 만들게 되었다.

그때그때 생각나는 이미지를 모두 끄적거려야 하는
내겐 더할 나위 없이 좋은 아이.
이제는 내 가방 어느 곳에서도 금방 찾아
메모를 즐길 수 있게 되었다.

필통

재료
겉감 1/8마, 안감 1/8마, 양면 접착솜 1/8마, 30cm
지퍼 1개

원단·부자재 출처 : 청바지, 엔조이퀼트

겉감 재단 **배치도(27.5×45cm)**

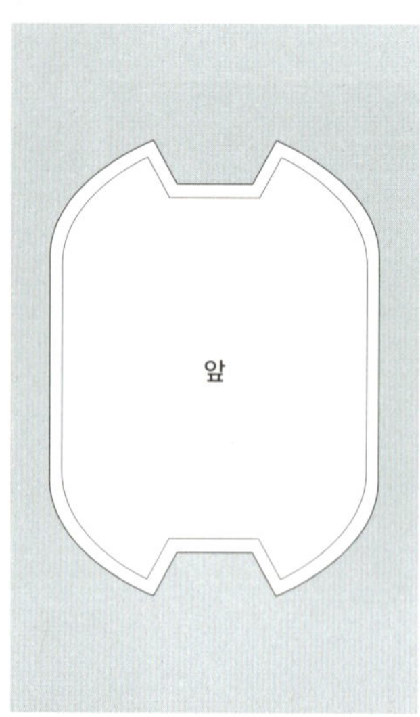

안감 재단 **배치도(27.5×45cm)**

01

: 겉감 누비기

01 겉감으로 사용할 청바지와 안감을 준비하세요.

02 겉감–양면 접착솜–안감을 놓고 다림질을 해주세요(이때 양면 접착솜이 없으면 단면 접착솜을 사용해도 상관없어요).

03 겉감의 겉에 도안지를 올려 놓고, 열이나 물에 지워지는 펜을 이용해 그려줍니다.

04 누벼줄 선을 2.5cm 폭으로 그려주세요.

05 빨간색 실로 재봉틀을 이용해 누벼주세요.

06 다 누빈 겉감을 도안 선을 따라 시접 없이 재단해주세요.

07 저는 열에 지워지는 펜을 이용해 그렸던 선을 다리미로 지웠어요.

02

: 바이어스 처리하기

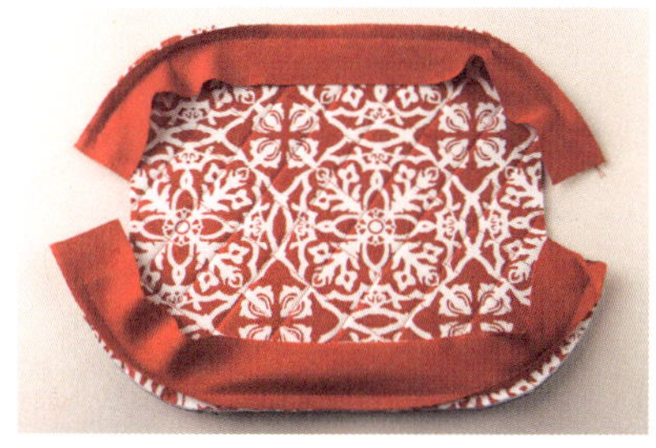

08 안감의 둘레에 바이어스를 박음질 하고

09 겉감 쪽으로 바이어스를 뒤집어 주세요.

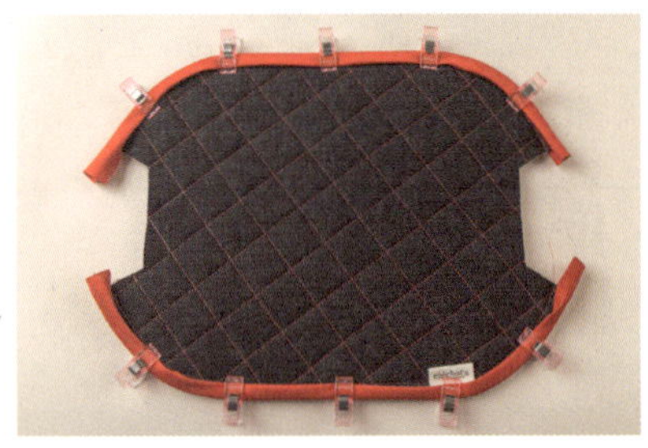 

10 바이어스는 한 번 접어서 시침 클립으로 고정을 하고

11 둘레를 박음질 하고 남은 바이어스는 재단해주세요.

 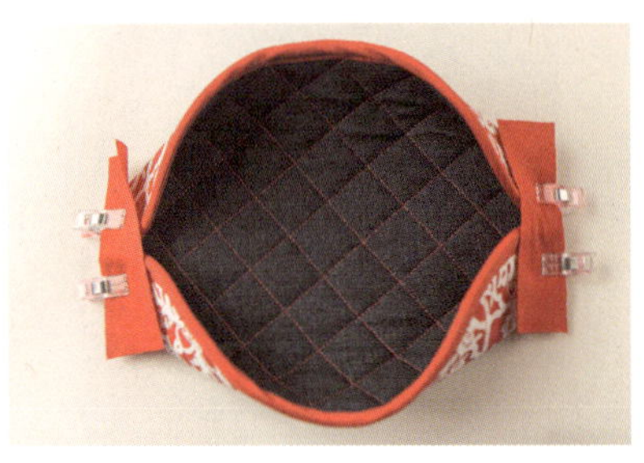 

12 양쪽을 마주 보게 놓고 시침 클립으로 고정을 한 다음 적당한 크기로 바이어스를 재단해주세요.

13 그리고 양쪽 끝에 맞게 바이어스를 올려 놓고 다시 시침 클립으로 고정한 후 하나씩 빼가면서 박음질하세요.

14 박음질을 한 바이어스를 바깥쪽으로 접어주세요.

15 그런 다음 양쪽의 남는 바이어스를 임시로 고정하세요.

16 이렇게 고정을 하면 됩니다.

17 바이어스를 한 번 접어 바느질 해줍니다.

18 필통과 지퍼의 중앙을 표시한 다음

19 지퍼의 쇠부분만 살짝 보이게 시침 클립으로 고정을 합니다.

20 안감이 겉으로 나오게 뒤집은 다음 홈질로 촘촘히 손바느질 해주세요.

21 지퍼의 양 끝도 손바느질로 고정을 합니다.

22 지퍼를 닫으니 멋진 필통이 되었네요.

23 마지막으로 지퍼고리까지 달아주니 더 예쁩니다.

필통
겉감 1장, 양면 접착솜 1장
안감 1장
27.5cm
20.5cm

SCIENL
DAY FES
MO
GRANU
PIT
SHOWS

슬리퍼

오늘 아침은 제법 춥다.
자다 말고 발끝에 구겨진 이불 끝자락을 붙들어 올리며
"아~춥네" 했더니 자던 울 서방이 대답한다.
"응~~~" 뭐여 지도 덮어달라는 겨?

내 이불 끝자락을 살포시 덮어주며
올해도 이렇게 가나 싶어 못내 아쉽다.
날이 더 추워지기 전에
발바닥에 땀을 달고 사는
우리 오씨들에게
슬리퍼나 만들어줘야지 싶다.

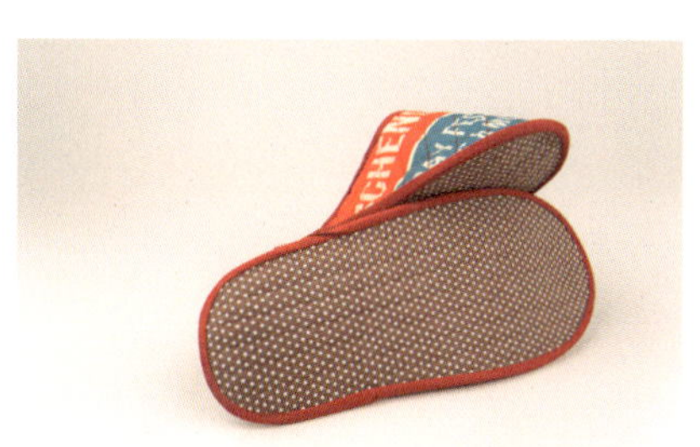

슬리퍼

재료
청바지, 원단 1/4마, 바이어스 테이프, 접착솜
5온스 1/4마, 미끄럼방지 펠트 1/4마

원단 출처 : 꾸밈디자인

겉감 재단 **배치도(55×45cm)**

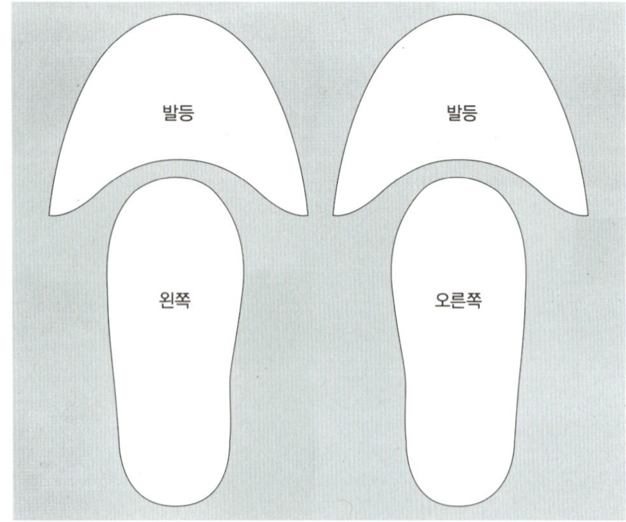

: 발등 원단 누비고
재단하기

01 겉감에 사용될 원단 위에 도안대로 그려주고 사방에 여유를 둔 다음 2장 재단하세요.

02 겉감에 누벼줄 선을 수성펜으로 그려주세요.

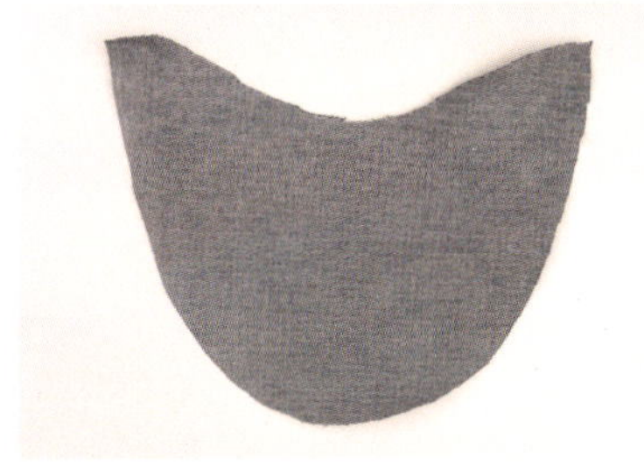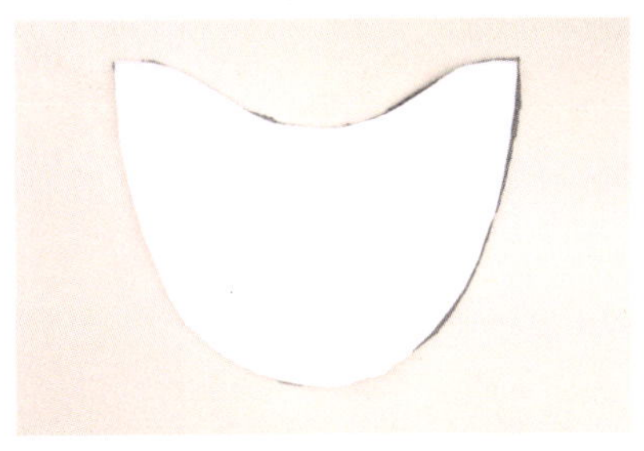

03 안감에 사용될 청바지에 도안대로 2장을 그려서 넉넉하게 재단하세요.

04 접착솜 5온스를 넉넉하게 재단한 안감의 안쪽에 올려놓습니다.

05 그리고 겉감을 그 위에 올려 놓으세요.

06 선을 그려놓은 대로 재봉틀로 박아주세요.

07 그려놓은 슬리퍼 발등 모양의 도안대로 잘라줍니다.

08 슬리퍼 발등 겉면 2장을 모두 재단합니다.

02

: 발등에 바이어스 대어주기

09 안쪽에 바이어스를 시침 핀으로 고정하고 표시된 선대로 박음질하세요.

10 박음질 한 바이어스를 위로 올려서

11 겉으로 돌려주세요.

12 바이어스는 가운데부터 안으로 한 번 접고 또 한 번 접어서 시침 클립으로 고정하면 됩니다.

13 가운데부터 시작해서 양쪽으로 시침 클립으로 고정하고 표시된 선대로 박음질하세요.

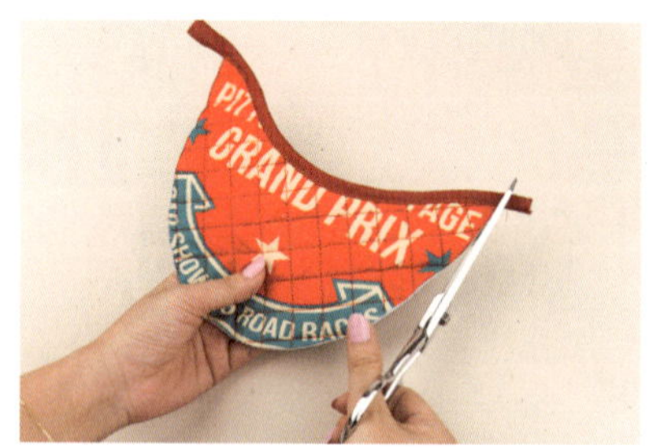

14 양 끝에 나온 바이어스를 잘라주고

15 한 쪽을 완성하였으면 나머지 한 쪽도 이렇게 완성하세요.

16 미끄럼방지 펠트지를 준비합니다.

17 미끄럼방지 펠트를 안쪽으로 놓고

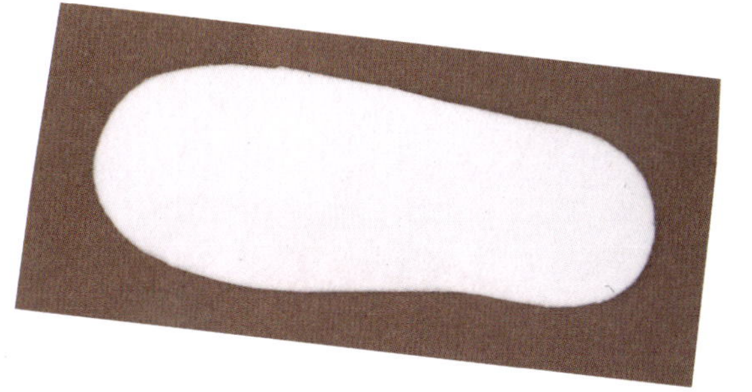

18 거기에 발바닥 안쪽솜 도안을 이용해 재단을 해서 중앙에 올려놓으세요.

19 그리고 그 위에 청바지 바닥에 누벼줄 선을 그린 다음

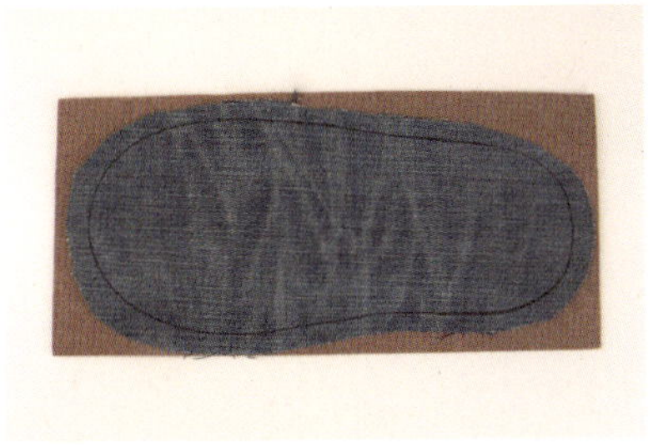

20 미끄럼방지 펠트 위에 청바지 바닥을 올려놓으세요.

21 그려놓은 선대로 발바닥 부분을 재봉틀로 박음질하세요.

22 다 누볐으면 모양대로 잘라주세요. 슬리퍼의 오른쪽 발바닥이 완성되었습니다.

04

: 발등과 바닥 박음질하기

23 완성된 오른쪽 바닥 위에 발등 원단을 올려놓고 시침 클립으로 고정을 한 후

24 발등 주변을 시침질로 고정하세요.

25 바이어스를 댈때는 첨에 한 번 접고 시작을 해서

26 끝부분을 시작 부분에 올려놓습니다.

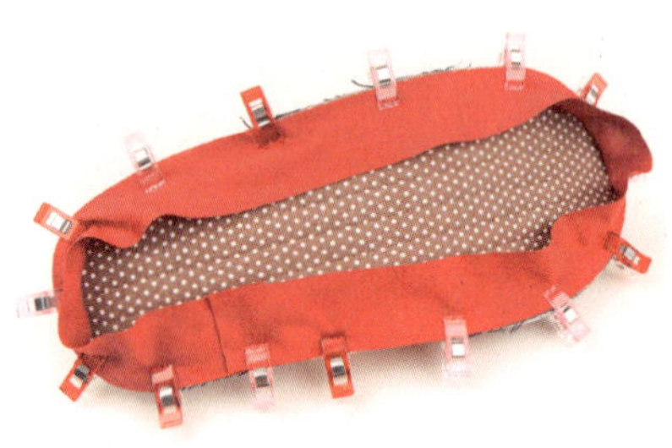

27 전체를 골고루 시침 클립을 꽂은 다음

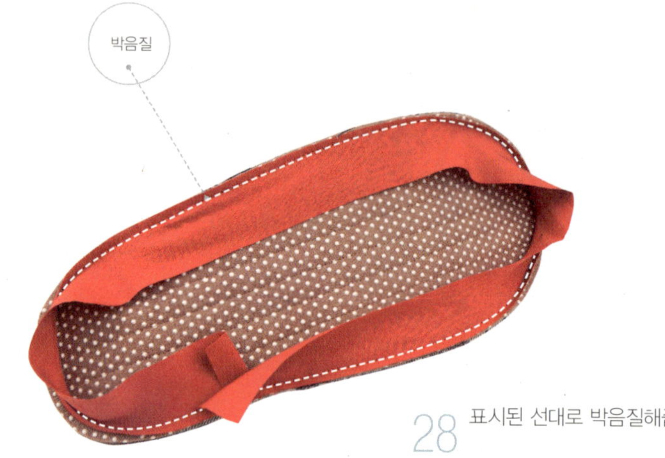

28 표시된 선대로 박음질해줍니다.

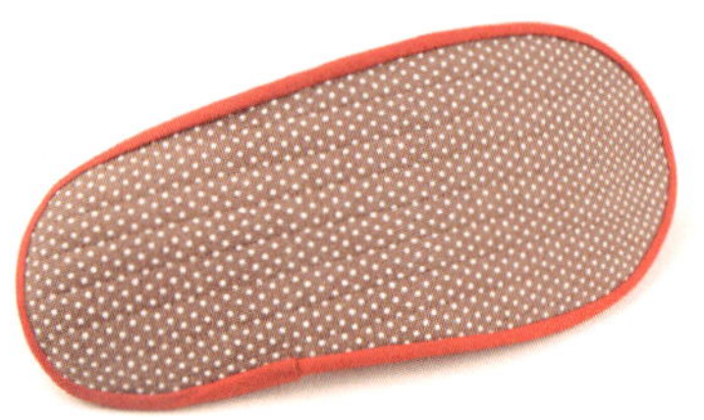

29 박음질한 바이어스를 겉으로 꺾어줍니다.

30 이렇게 바이어스를 올려주면 됩니다.

31 바이어스를 한 번 접고 다시 한 번 더 접어서 집어넣고, 시침 클립으로 골고루 고정을 시키고 박음질하세요.

32 멋진 리폼슬리퍼가 완성되었네요. 같은 방법으로 왼쪽도 만들어 보세요.

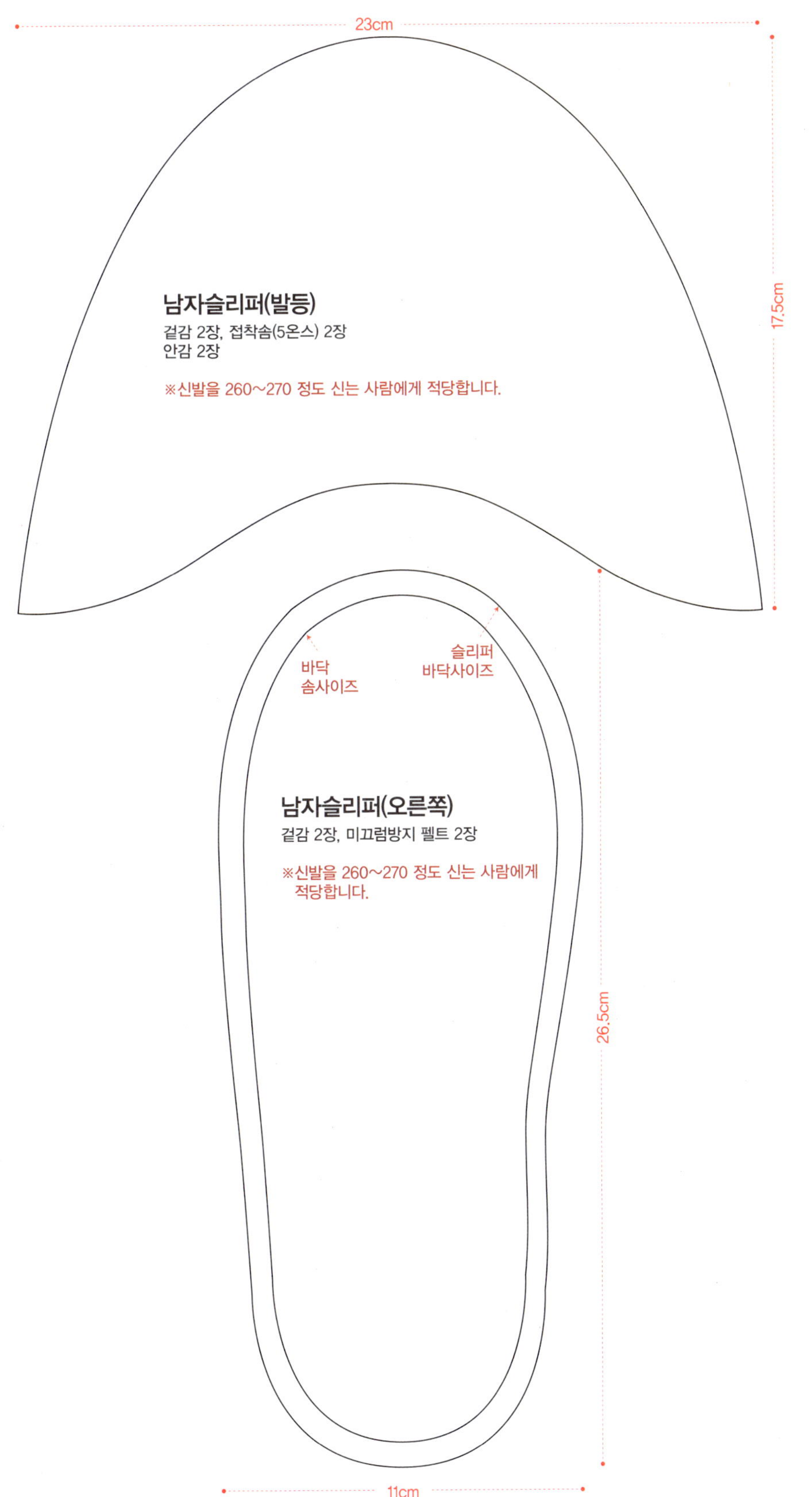
23cm
17.5cm
남자슬리퍼(발등)
겉감 2장, 접착솜(5온스) 2장
안감 2장
※신발을 260~270 정도 신는 사람에게 적당합니다.
바닥
솜사이즈
슬리퍼
바닥사이즈
남자슬리퍼(오른쪽)
겉감 2장, 미끄럼방지 펠트 2장
※신발을 260~270 정도 신는 사람에게
적당합니다.
26.5cm
11cm

동전지갑

오락가락하는 하는 날씨에
여름이 온지도 모르고 지나버렸네.
그래도 얼마나 다행인가.
내가 작업하는 내내 고맙게도 이쁘게 내려준 비.
그닥 덥지 않게 작업을 할 수 있었던 올여름은
계절이 내게 작은 복을 선물한 것만 같았다.

한 여름, 만들기도 쉽고 선물하기도 편한
동전지갑을 만들어 봤다.
누구나 이쁘다며 엄청나게 사랑을 받았던
이 쬐그만한 동전지갑.
오늘은 깔별로 함 만들어 볼까나.

동전지갑

재료
겉감 1/4마, 안감 1/4마, 접착솜 5온스 1/4마, 10cm
똑딱이 프레임

원단 출처 : 엔조이퀼트

겉감 재단 **배치도(27.5×45cm)**

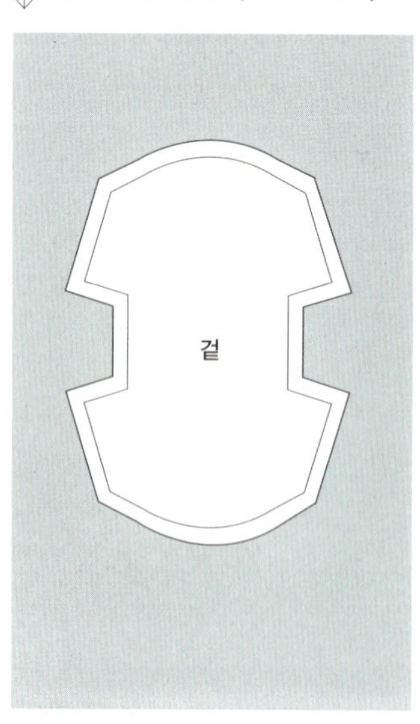

안감 재단 **배치도(27.5×45cm)**

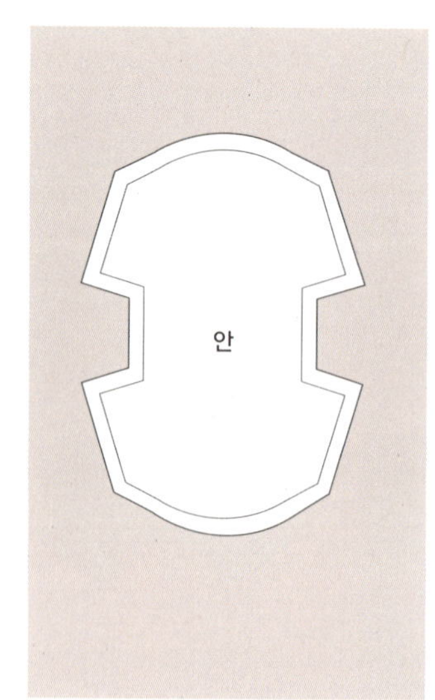

01

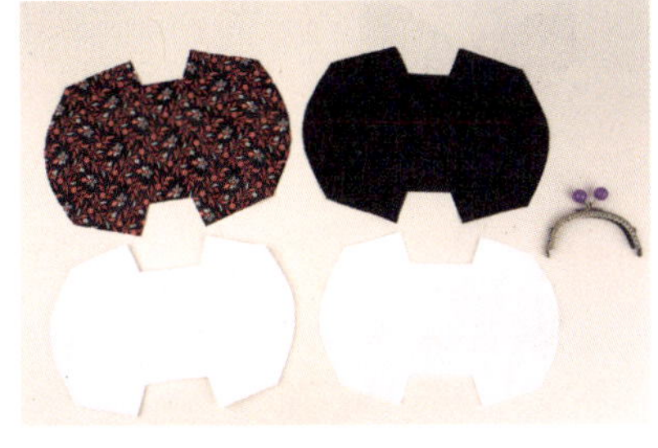

01 도안대로 재료를 준비합니다.

02 시접을 1cm로 하여 겉감을 재단하세요.

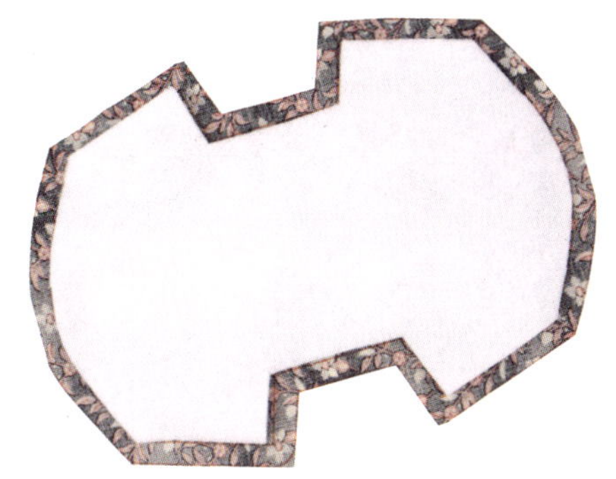

03 시접없이 접착솜 5온스를 재단해서 겉감의 안쪽에 올려놓고 겉에서 다림질을 하세요.

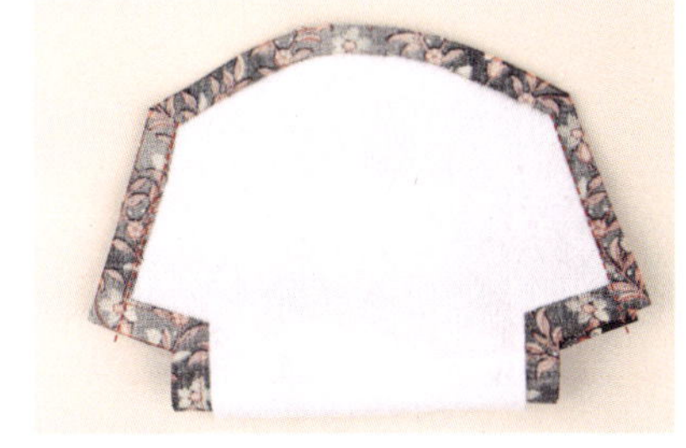

04 먼저 표시된 선대로 박음질하세요.

05 양옆은 이렇게 잡아서 고정을 하는데

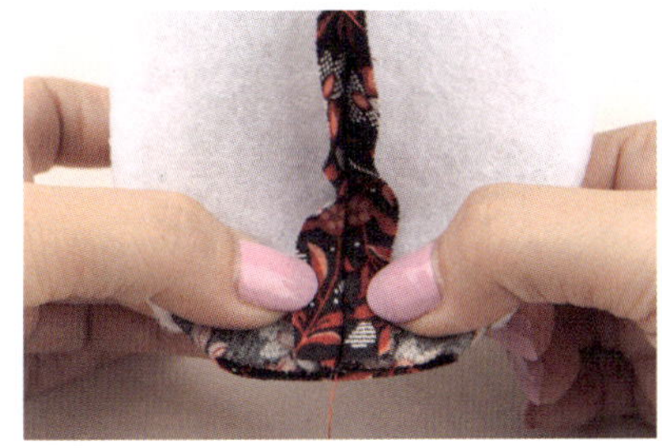

06 시접은 꼭 가름솔로 해야 나중에 뒤집을 때 편리하답니다.

07 겉감이 완성되었습니다.

08 안감도 도안대로 시접 1cm로 재단을 해 놓고

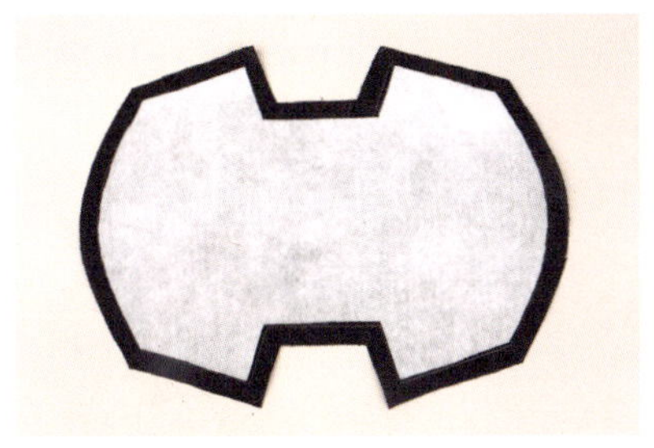

09 접착솜 2온스를 올려놓고 겉쪽에서 다림질을 해주세요.

10 그리고 표시된 선대로 박음질해줍니다.

11 안감도 겉감과 마찬가지로 양옆을 이렇게 잡아주세요.

12 시접을 가름솔로 해서 박음질해야 좋습 니다.

02

: 겉감 속에 안감 넣고 박음질하기

13 완성된 겉감과 안감입니다.

14 안감을 겉감 속에 집어넣고

 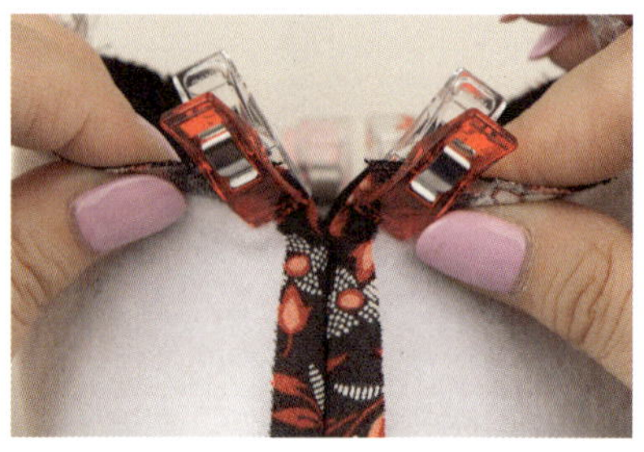 

15 시침 클립으로 고정을 시켜줍니다.

16 박지 않았던 곳이 벌어져 있어야 나중에 뒤집을 때 이곳이 울지 않아요

17 동전지갑의 상단은 창구멍을 제외하고, 손 바느질로 마무리를 해주세요.

19 창구멍으로 겉감을 꺼내어줍니다.

18 창구멍이 보이시죠?

20 창구멍은 공그르기로 마무리하구요.

21 상침으로 표시된 부분을 듬성듬성 바느질 해주세요.

03

: 동전지갑에 프레임 달기

22 완성된 동전지갑 겉으로 프레임을 벌려서 넣어주세요.

23 옆의 중심을 맞춰서 한쪽부터 차근차근 집어넣고

24 첫번 째 구멍은 안쪽에서 바깥쪽으로 바늘을 통과 시켜줍니다.

25 다시 다음 구멍으로 바늘을 통과시켜주고

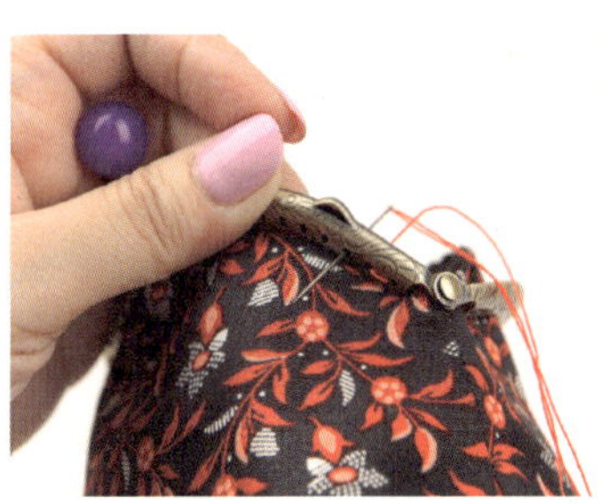

26 또 옆구멍으로 바늘을 안쪽에서 바깥쪽으로 통과시켜주세요.

27 이렇게 계속 반복을 하다가 되돌아 오면 동전지갑이 완성됩니다.

28 완성된 동전지갑입니다.

24.5cm
17cm
10cm 프레임 동전지갑
겉감 1장, 접착솜(5온스) 1장
안감 1장

Coffe

부엉이가족

옹기종기 한 가족을 만들어 봤는데
이거 너무 이쁘네. ㅋㅋ
리폼하고 남은 청바지 조각으로 만든
알콩달콩 부엉이가족.

다 만들고 보니 우리 가족이랑 조금 다르네.
우리 가족이라면 엄마부엉이가
앞치마를 아빠부엉이한테 넘겨줘야 하는데….
우리집 요리사는 아빠부엉이.

나는 요리에 재주가 없는 여자로 태어난 것인지
도대체 뭘 만들어도 늘 뭔가 부족한 요리가 나온다.
올해는 진짜 요리다운 요리를 배워서
애들에게 감동을 주고 싶다.

부엉이가족

재료
청바지, 방울솜, 끈, 단추

부엉이가족

01

: 부엉이 몸 바느질하기

01 재료를 준비합니다.

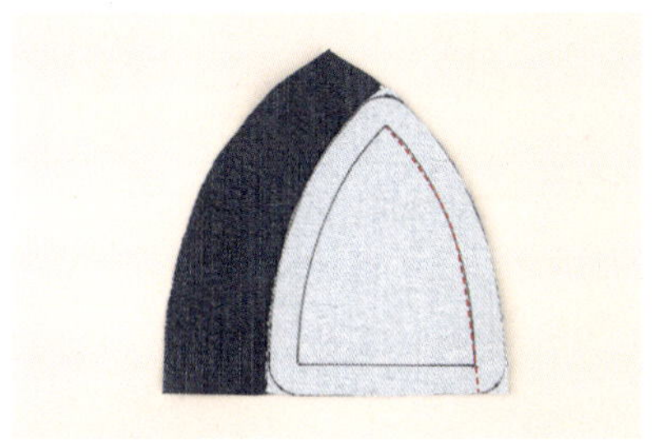

02 표시된 선대로 바느질하세요.

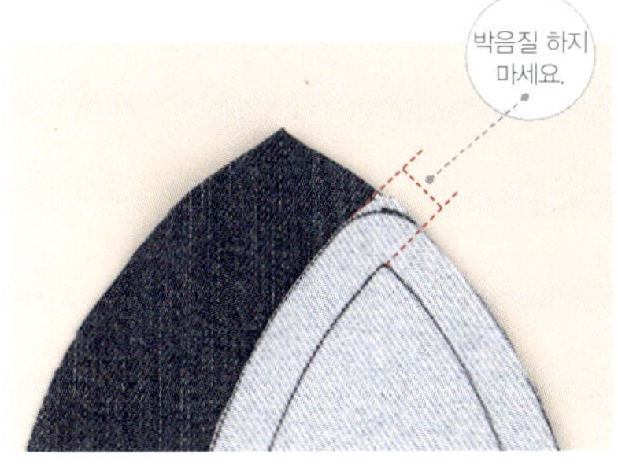

03 표시된 부분은 절대로 바느질해서는 안 돼요.

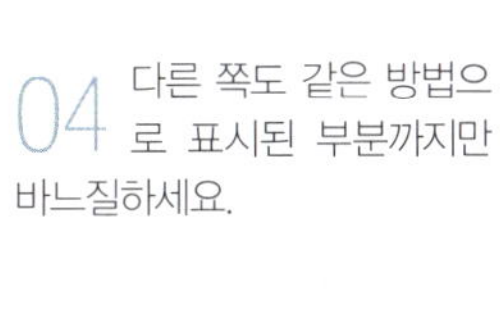

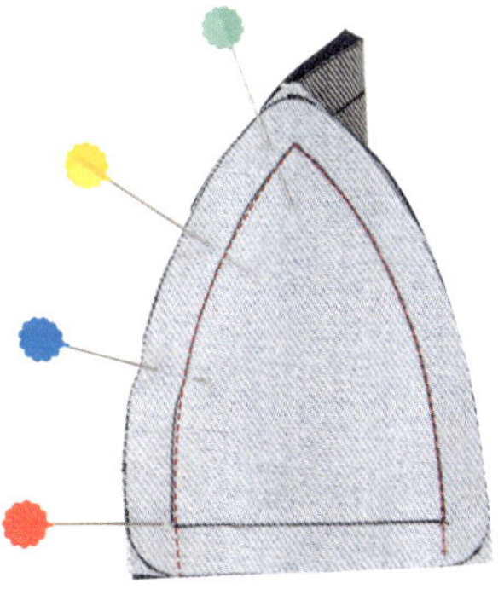

04 다른 쪽도 같은 방법으로 표시된 부분까지만 바느질하세요.

05 박음질 하면 이런 상태가 되고 표시된 부분만 잡아서 바느질하세요.

06 뾰족한 부분은 가위로 비스듬히 잘라주세요.

07 뾰족한 부분은 최대한 시접을 조금 남기는 게 나중에 뒤집었을 때 예쁩니다.

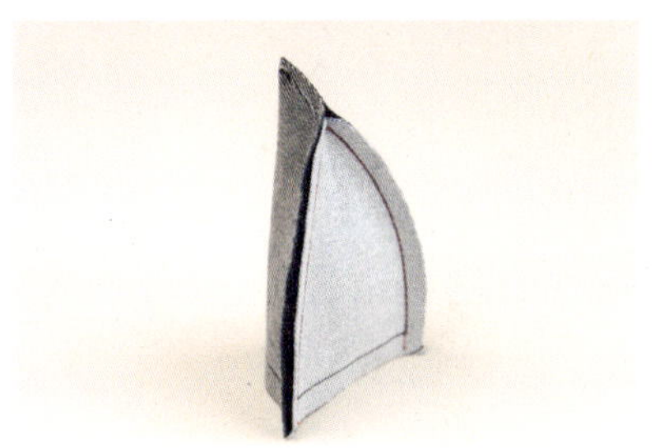

08 바느질이 다 되었네요. 이제 뒤집어 주세요.

02

: 부엉이 몸에 솜 넣어주고
  바느질하기

09 뒤집은 상태에서 뾰족한 부분이 만들어
   지도록 많이 빼주세요.

10 적당한 위치로 뾰족한 부분을 접어줍니다.

11 뾰족한 부분을 부엉이 배와 같이 바느질
   해주세요.

12 아래 하단을 듬성듬성 홈질을 해주세요.

13 홈질을 한 부분의 실은 남겨놓고

14 구멍에 방울솜을 넣어줍니다.

15 빵빵하게 다 넣었으면 홈질한 부분을 잡
   아당겨서 구멍을 메워주세요.

16 솜이 튀어 나오지 않도록 꼼꼼히 마무리
   를 합니다.

03

: 부엉이 눈과 넥타이 달아주고
  마무리하기

17 마무리를 한 구멍 위에 끈을 한번 접어서
   이렇게 바느질 해주세요.

18 여러 번 바느질해서 잘 고정을 했으면

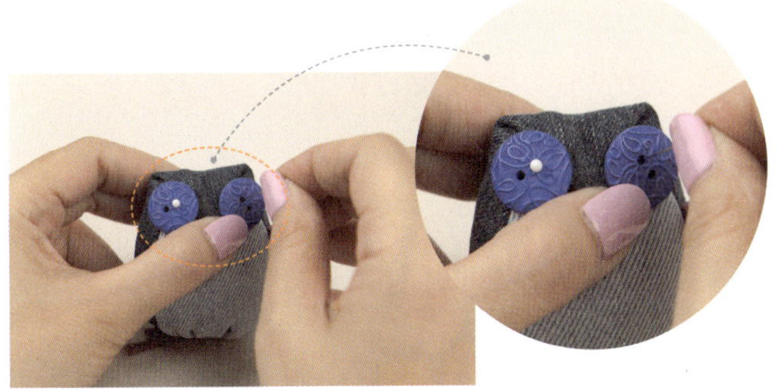

19 부엉이 눈을 달아주어야 하는데, 시침 핀
   으로 위치를 정하세요.

20 한 쪽씩 시침 핀을 빼가면서 눈을 바느질
   해주세요.

21 아빠부엉이라서 넥타이를 만들어 달아주
   었습니다.

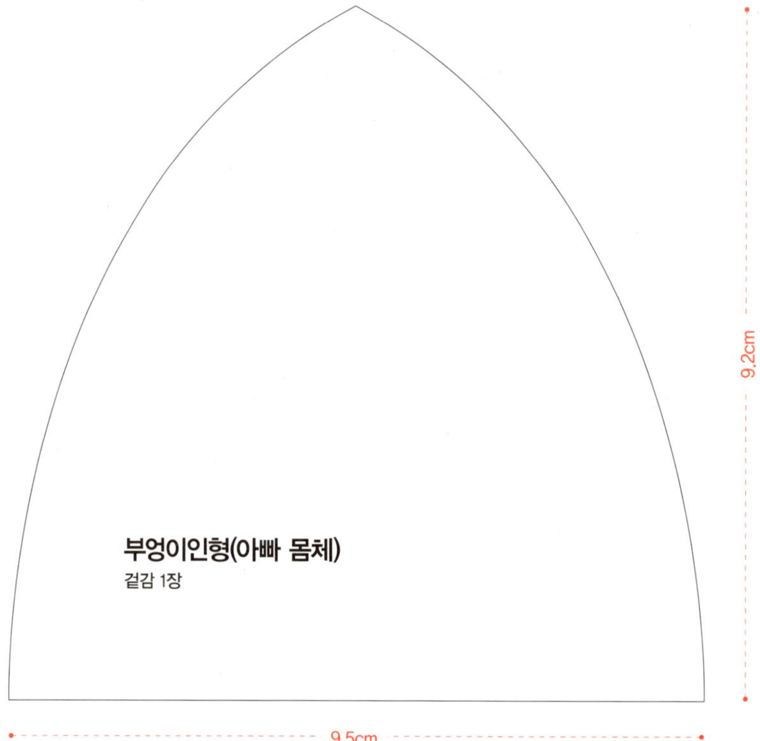

9.2cm
부엉이인형(아빠 몸체)
겉감 1장
9.5cm

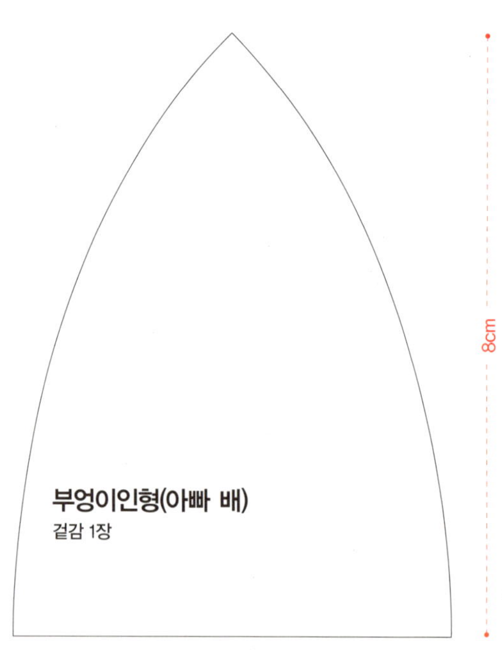

8cm
부엉이인형(아빠 배)
겉감 1장
6cm

?

시크한 보라고양이의 핸드메이드

유쾌한 수다 바느질 교실

펴낸날　　초판 1쇄 인쇄 2015년 10월 13일
　　　　　　초판 1쇄 발행 2015년 10월 20일

지은이　　조애희
펴낸이　　최병윤
펴낸곳　　리얼북스
출판등록　2013년 7월 24일 제315-2013-000042호

주소　　　서울 마포구 성산동 275-56 교홍빌딩 302호
전화　　　02-334-4045
팩스　　　02-334-4046
이메일　　sbdori@naver.com
홈페이지　www.realbooks.co.kr

종이　　　일문지업
인쇄제본　(주)알래스카인디고
디자인　　아홉번째 서재
메인 사진　윤돌
과정 사진　김범준

ⓒ 조애희

ISBN　　　979-11-86173-23-7　13590

값은 뒤표지에 있습니다.
잘못 만들어진 책은 구입하신 서점에서 바꾸어 드립니다.